21世纪大学本科计算机专业系列教材

数字电子技术基础

王克义 编著

清華大学出版社
北京

内容简介

本书讲述数字电子技术的基本概念和技术，内容包括数制与编码、逻辑代数基础及应用、常用逻辑门电路、组合逻辑电路、时序逻辑电路、常用逻辑部件、脉冲信号的产生与整形、数/模和模/数转换、硬件描述语言 VHDL、可编程逻辑器件及其开发工具等。

本书严格按照教学大纲编写，内容精练，层次清楚，实用性强，可作为高等学校理工科各专业电子技术基础课程教材，也可作为高职高专及高等教育自学考试教材。

图书在版编目（CIP）数据

数字电子技术基础 / 王克义编著．—北京：清华大学出版社，2013.2（2022.6重印）
（21世纪大学本科计算机专业系列教材）
ISBN 978-7-302-30751-8

Ⅰ．①数… Ⅱ．①王… Ⅲ．①数字电路—电子技术—高等学校—教材 Ⅳ．①TN79

中国版本图书馆 CIP 数据核字（2012）第 284541 号

责任编辑：张瑞庆 徐跃进
封面设计：常雪影
责任校对：梁 毅
责任印制：宋 林

出版发行：清华大学出版社
网　　址：http://www.tup.com.cn，http://www.wqbook.com
地　　址：北京清华大学学研大厦 A 座　**邮　　编**：100084
社 总 机：010-83470000　**邮　　购**：010-62786544
投稿与读者服务：010-62776969，c-service@tup.tsinghua.edu.cn
质 量 反 馈：010-62772015，zhiliang@tup.tsinghua.edu.cn
课 件 下 载：http://www.tup.com.cn，010-83470236
印 装 者：三河市铭诚印务有限公司
经　　销：全国新华书店
开　　本：185mm×260mm　**印　　张**：16　**字　　数**：397 千字
版　　次：2013 年 2 月第 1 版　**印　　次**：2022 年 6 月第 6 次印刷
定　　价：42.00 元

产品编号：038400-03

本书主审：李晓明

前言

FOREWORD

随着电子技术的迅速发展和计算机技术的广泛应用，“数字电子技术”已成为高等学校理工科各专业的一门重要的技术基础课程。

当前，数字电子技术领域中的新概念、新器件和新方法不断涌现，特别是可编程逻辑器件和电子设计自动化(EDA)技术的普遍应用，对数字电路和系统的设计理念、设计方法产生了很大影响，其中一个重要变化是设计者更加注重对描述方法的理解和掌握。硬件描述语言是数字技术领域一种新的描述方法，它已成为现代数字电子系统设计和开发的重要方法和技术。

本书紧密围绕数字电子技术的核心知识，在选材和内容安排上注重基本理论与实际应用相结合，注意反映数字电子技术的最新发展。全书详细介绍了数制与编码、逻辑代数基础、门电路、组合逻辑电路和时序逻辑电路的分析与设计、脉冲信号的产生与整形以及数/模和模/数转换等方面的基本内容。在此基础上，专门编写了“硬件描述语言 VHDL 基础”和“可编程逻辑器件及其开发工具”两章内容。

同其他程序语言类似，硬件描述语言有其自身的一套完整的语法体系，为了使初学者容易阅读和在教学中便于实施，本书将“硬件描述语言 VHDL 基础”单列一章。在实际教学中可根据具体情况选择该章相关内容和前面章节融合起来讲授，也可单独讲解。

关于逻辑器件的图形符号，本书除了 EDA 开发工具部分外，均采用国家标准(国标)逻辑图形符号。对于 EDA 开发工具部分，考虑到使用工具软件的方便，则直接采用了其元件库自身提供的图形符号。

书中每章后面的小结概括了全章的重点内容，供复习、总结时参考。每章后面的习题，多是为巩固和理解课程内容必做的练习，并没列出过难的习题，题量也不大，读者参考例题一般能独立完成。书后给出了部分习题的参考答案。此外，书中所有 VHDL 示例程序均已经过上机调试，并给出了典型示例程序的仿真波形图。

本书是作者在近年承担北京大学计算机系本科生、北京大学理科实验班教学实践基础上编写而成的，并参考和吸收了国内外优秀教材的有关内容。在此，特向有关作者一并致谢。

在本书的编写和出版过程中，承蒙北京大学信息科学技术学院及清华大学出版社领导的热情支持和帮助，谨向他们表示衷心的感谢。

由于时间及水平所限，书中一定存在不少缺点和错误，诚请读者和使用本书的教师批评、指正。

本书 PPT 课件及 EDA 开发工具已放于清华大学出版社网站（www. tup. com. cn ）本书网页中，欢迎读者选用。

作　者
2012 年 9 月于北京大学
E-mail：wky@pku. edu. cn

目录

CONTENTS

第 1 章 数制与编码

电子电路按其处理信号的不同通常可分为模拟电子电路及数字电子电路两大类，简称模拟电路及数字电路。模拟电路处理的信号是模拟信号，这种信号在时间上和幅值上都是连续变化的。例如模拟温度、压力变化的电信号、模拟语音的音频信号等。

数字电路处理的是数字信号，数字信号与模拟信号不同，它是指在时间上和幅值上都是离散的信号。例如刻度尺的读数，各种门电路(后面将介绍)的输入输出信号等。数字电路及其组成器件是构成各种数字电子系统尤其是数字电子计算机的基础。

本章重点介绍数字电子系统及电子计算机中有关数制和编码的基础知识。

1.1 进位记数制

1.1.1 进位记数制及其基数和权

进位记数制(简称进位制)是指用一组固定的数字符号和特定的规则表示数的方法。在人们日常生活和工作中，最熟悉最常用的是十进制，此外还有十二进制、六十进制等。在数字系统和计算机领域，常用的进位记数制是二进制、八进制及十六进制。

研究和讨论进位记数制的问题涉及两个基本概念，即基数和权。在进位记数制中，一种进位制所允许选用的基本数字符号(也称数码)的个数称为这种进位制的基数。不同进位制的基数不同。例如在十进制中，是选用 0～9 这 10 个数字符号来表示的，它的基数是 10；在二进制中，是选用 0 和 1 这两个数字符号来表示的，它的基数是 2，等等。

同一个数字符号处在不同的数位时，它所代表的数值是不同的，每个数字符号所代表的数值等于它本身乘以一个与它所在数位对应的常数，这个常数叫做位权，简称权(weight)。例如十进制数个位的位权是 1，十位的位权是 10，百位的位权是 100，以此类推。一个数的数值大小就等于该数的各位数码乘以相应位权的总和。例如：

十进制数 $2918=2\times1000+9\times100+1\times10+8\times1$

1.1.2 几种常用的进位记数制

1. 十进制

十进制数有 10 个不同的数字符号(0、1、2、3、4、5、6、7、8、9)，即它的基数为 10；每个数位计满 10 就向高位进位，即它的进位规则是“逢十进一”。任何一个十进制数，都可以用一个多项式来表示，例如：

$$312.25=3\times10^2+1\times10^1+2\times10^0+2\times10^{-1}+5\times10^{-2}$$

式中等号右边的表示形式，称为十进制数的多项式表示法，也叫按权展开式；等号左边的形式，称为十进制的位置记数法。位置记数法是一种与位置有关的表示方法，同一个数字符号处于不同的数位时，所代表的数值不同，即其权值不同。容易看出，上式各位的权值分别为 10^2、10^1、10^0、10^{-1}、10^{-2}。一般地说，任意一个十进制数 N 都可以用多项式表示法写成如下形式：

$$(N)_{10}=\pm(K_{n-1}\cdot10^{n-1}+K_{n-2}\cdot10^{n-2}+\cdots+K_1\cdot10^1+K_0\cdot10^0+K_{-1}\cdot10^{-1}+\cdots+K_{-m}\cdot10^{-m})=\pm\sum_{i=-m}^{n-1}K_i\cdot10^i$$

其中，$K_i(n-1\leqslant i\leqslant -m)$ 表示第 i 位的数字符号，可以是 0～9 十个数字符号中的任何一个，由具体的十进制数 N 来确定。m、n 为正整数，m 为小数位数，n 为整数位数。

实际的数字系统以及人们日常使用的进位记数制并不仅仅是十进制，其他进位制的计数规律可以看成是十进制记数规律的推广。对于任意的 R 进制来说，它有 R 个不同的数字符号，即基数为 R，记数进位规则为"逢 R 进一"。数 N 可以用类似上面十进制数的多项式表示法书写如下：

$$(N)_R=\pm(K_{n-1}\cdot R^{n-1}+K_{n-2}\cdot R^{n-2}+\cdots+K_1R^1+K_0\cdot R^0+K_{-1}R^{-1}+\cdots+K_{-m}\cdot R^{-m})=\pm\sum_{i=-m}^{n-1}K_i\cdot R^i$$

其中 $K_i(n-1\leqslant i\leqslant -m)$ 表示第 i 位的数字符号，可以是 R 个数字符号中的任何一个，由具体的 R 进制数 N 来确定。m、n 为正整数，m 为小数位数，n 为整数位数。若 $R=2$，即为二进制记数制。它是数字系统特别是电子计算机中普遍采用的进位记数制。

2. 二进制

二进制数的基数为 2，即它所用的数字符号个数只有两个（0 和 1）。它的记数进位规则为"逢二进一"。

在二进制中，由于每个数位只能有两种不同的取值（要么为 0，要么为 1），这就特别适合使用仅有两种状态（如导通、截止；高电平、低电平等）的开关元件来表示，一般是采用电子开关元件，目前绝大多数是采用半导体集成电路的开关器件来实现。

对于一个二进制数，也可以用类似十进制数的按权展开式予以展开，例如二进制数 11011.101 可以写成：

$$(11011.101)_2=1\times2^4+1\times2^3+0\times2^2+1\times2^1+1\times2^0+1\times2^{-1}+0\times2^{-2}+1\times2^{-3}$$

一般地说，任意一个二进制数 N，都可以表示为：

$$(N)_2=\pm(K_{n-1}\cdot2^{n-1}+K_{n-2}\cdot2^{n-2}+\cdots+K_1\cdot2^1+K_0\cdot2^0+K_{-1}\cdot2^{-1}+\cdots+K_{-m}\cdot2^{-m})=\pm\sum_{i=-m}^{n-1}K_i\cdot2^i$$

其中，K_i 为 0 或 1，由具体的数 N 来确定。m、n 为正整数，m 为小数位数，n 为整数位数。

二进制数的优点不仅仅是由于它只有两种数字符号，因而便于数字系统与电子计算机内部的表示与存储。它的另一个优点就是运算规则的简便性，而运算规则的简单，必然导致运算电路的简单以及相关控制的简化。后面将具体讨论二进制算术运算及逻辑运算的规则。

3. 八进制

八进制数的基数 $R=8$,每位可能取 8 个不同的数字符号 0、1、2、3、4、5、6、7 中的任何一个,进位规则是"逢八进一"。

由于 3 位二进制数刚好有 8 种不同的数位组合(如下所示),所以一位八进制数容易改写成相应的 3 位二进制数来表示。

八进制:0, 1,2,3,4,5,6,7

二进制:000,001,010,011,100,101,110,111

这样,把一个八进制数每位变换为相等的 3 位二进制数,组合在一起就成了相等的二进制数。

【例 1-1】 将八进制数 53 转换成二进制数。

八进制	5	3
	↓	↓
二进制	101	011

所以,$(53)_8=(101011)_2$。

【例 1-2】 将八进制数 67.721 转换成二进制数。

八进制	6	7.	7	2	1
	↓	↓	↓	↓	↓
二进制	110	111.	111	010	001

所以,$(67.721)_8=(110111.111010001)_2$。

【例 1-3】 将二进制数转换成八进制数。

二进制	101	111	011.	011	111
	↓	↓	↓	↓	↓
八进制	5	7	3.	3	7

所以,$(101111011.011111)_2=(573.37)_8$。

显然,用八进制比二进制书写要简短、易读,而且与二进制间的转换也较方便。

4. 十六进制

十六进制数的基数 $R=16$,每位用 16 个数字符号 0、1、2、3、4、5、6、7、8、9、A、B、C、D、E、F 中的一个表示,进位规则是"逢十六进一"。

由于 4 位二进制数刚好有 16 种不同的数位组合(如下所示),所以一位十六进制数可以改写成相应的 4 位二进制数来表示:

十六进制	0,	1,	2,	3,	4,	5,	6,	7
	↓	↓	↓	↓	↓	↓	↓	↓
二进制	0000,	0001,	0010,	0011,	0100,	0101,	0110,	0111
十六进制	8,	9,	A,	B,	C,	D,	E,	F
	↓	↓	↓	↓	↓	↓	↓	↓
二进制	1000,	1001,	1010,	1011,	1100,	1101,	1110,	1111

这样,把一个十六进制数的每位变换为相等的 4 位二进制数,组合在一起就变成了相等

的二进制数。

【例 1-4】 十六进制数转换为二进制数。

十六进制	D	3	F
	↓	↓	↓
二进制	1101	0011	1111

所以,$(D3F)_{16}=(110100111111)_2$。

【例 1-5】 二进制转换为十六进制。

二进制	1110	0010
	↓	↓
十六进制	E	2

所以,$(11100010)_2=(E2)_{16}$。

由上面的介绍可以看出,使用十六进制或八进制表示具有如下的优点:

(1) 容易书写、阅读,也便于人们记忆。

(2) 容易转换成可用电子开关元件存储、记忆的二进制数。所以,它们是电子计算机工作者所普遍采用的数据表示形式。

1.2 不同进位制数之间的转换

一个数从一种进位制表示变成另外一种进位制表示,称为数的进位制转换。实现这种转换的方法是多项式替代法和基数乘除法。下面结合具体例子讨论这两种方法的应用。

1.2.1 二进制数转换为十进制数

【例 1-6】 将二进制数 101011.101 转换为十进制数。

这里,只要将二进制数用多项式表示法写出,并在十进制中运算,即按十进制的运算规则算出相应的十进制数值即可。

$$\begin{aligned}(101011.101)_2&=(2^5+2^3+2^1+2^0+2^{-1}+2^{-3})_{10}\\&=(32+8+2+1+0.5+0.125)_{10}\\&=(43.625)_{10}\end{aligned}$$

这个例子说明,为了求得某二进制数的十进制表示形式,只要把该二进制数的按权展开式写出,并在十进制系统中计算,所得结果就是该二进制数的十进制形式,即实现了由二进制到十进制的数制转换。

顺便指出,用类似的方法可将八进制数转换为十进制数。

【例 1-7】 将八进制数 155 转换为十进制数。

$$(155)_8=(1\times8^2+5\times8^1+5\times8^0)_{10}=(109)_{10}$$

上述这种用以实现数制转换的方法,称为多项式替代法。

1.2.2 十进制数转换为二进制数

1. 十进制整数转换为二进制整数

【例 1-8】 将十进制数 935 转换为二进制数。

设$(935)_{10}=(B_nB_{n-1}\cdots B_1B_0)_2$，其中$B_nB_{n-1}\cdots B_1B_0$为所求二进制数的各位数值，当然，它们非0即1。因此，只要准确地定出所求二进制数的各位数值究竟是0还是1，就可确定与$(935)_{10}$相等的二进制数。

将上式右边写成按权展开式，则有

$$(935)_{10}=B_n\cdot 2^n+B_{n-1}\cdot 2^{n-1}+\cdots+B_1\cdot 2^1+B_0\cdot 2^0 \tag{1-1}$$

将式(1-1)两边同除以2，并且为了简便，省略十进制的下标注，则可得：

$$\frac{935}{2}=B_n\cdot 2^{n-1}+B_{n-1}\cdot 2^{n-2}+\cdots+B_1\cdot 2^0+\frac{B_0}{2} \tag{1-2}$$

这里，首先确定B_0是1还是0，由式(1-2)容易得出如下判断：

① 如果935能够被2整除，则说明B_0必为0；

② 如果935不能被2整除，则说明B_0必为1。

在本例中，因为935不能被2整除，所以$B_0=1$，它正好是$\frac{935}{2}$的余数。

根据$B_0=1$，由式(1-2)又可得：

$$\frac{935}{2}-\frac{1}{2}=B_n\cdot 2^{n-1}+B_{n-1}\cdot 2^{n-2}+\cdots+B_1$$

$$467=B_n\cdot 2^{n-1}+B_{n-1}\cdot 2^{n-2}+\cdots+B_1 \tag{1-3}$$

再将式(1-3)两边同除以2，用同样的判断方法又可以确定出B_1是0还是1。因为467不能被2整除，所以$B_1=1$。

如此连续地做下去，就可以将$B_0B_1\cdots B_{n-1}B_n$，逐一确定下来，也即得到所求的二进制数。

现将整个推算过程表示如下：

除数	被除数/商	余数	
2	935	余数=1=B_0	…转换后的最低位
2	467	余数=1=B_1	
2	233	余数=1=B_2	
2	116	余数=0=B_3	
2	58	余数=0=B_4	
2	29	余数=1=B_5	
2	14	余数=0=B_6	
2	7	余数=1=B_7	
2	3	余数=1=B_8	
2	1	余数=1=B_9	…转换后的最高位
	0		

所以，转换结果为：

$$(935)_{10}=(B_9B_8\cdots B_1B_0)_2=(1110100111)_2$$

另外，类似地，采用"除8取余"或"除16取余"的方法，即可将一个十进制整数转换为八进制整数或十六进制整数。

一般地，可以将给定的一个十进制整数转换为任意进制的整数，只要用所要转换的数制的基数去连续除给定的十进制整数，最后将每次得到的余数依次按正确的高、低位顺序列出，即可得到所要转换成的数制的数。

【例 1-9】 转换十进制数 2803 为十六进制数，即$(2803)_{10}=(?)_{16}$。

解

16	2803	余数=3，H_0=3	…转换后的最低位
16	175	余数=15，H_1=F	
16	10	余数=10，H_2=A	…转换后的最高位
	0		

因此，$(2803)_{10}=(H_2H_1H_0)_{16}=(\mathrm{AF3})_{16}$。

上述这种数制转换的方法称为基数除法或“除基取余”法。可概括为：“除基取余，直至商为 0，注意确定高、低位”。

2. 十进制小数转换为二进制小数

【例 1-10】 将十进制小数 0.5625 转换成二进制小数。

解　设$(0.5625)_{10}=(0.B_{-1}B_{-2}\cdots B_{-m})_2$，即

$$(0.5625)_{10}=B_{-1}\cdot 2^{-1}+B_{-2}\cdot 2^{-2}+\cdots+B_{-m}\cdot 2^{-m} \tag{1-4}$$

其中，B_{-1}，B_{-2}，…，B_{-m}为所求二进制小数的各位数值，它们非 0 即 1。将式(1-4)两边同乘以 2，得

$$1.1250=B_{-1}+B_{-2}\cdot 2^{-1}+\cdots+B_{-m}\cdot 2^{-m+1} \tag{1-5}$$

由于等式两边的整数与小数必须对应相等，得到$B_{-1}=1$。同时由式(1-5)又可得

$$0.1250=B_{-2}\cdot 2^{-1}+\cdots+B_{-m}\cdot 2^{-m+1} \tag{1-6}$$

式(1-6)两边再乘以 2，得

$$0.2500=B_{-2}+\cdots+B_{-m}\cdot 2^{-m+2}$$

因此又可得到$B_{-2}=0$。

如此继续下去，可逐一确定出B_{-1}，B_{-2}，…，B_{-m}的值，可以写出整个转换过程如下：

0.5625 × 2 = 1.1250	整数部分=1，B_{-1}=1 …转换后的最高位
0.1250 × 2 = 0.2500	整数部分=0，B_{-2}=0
× 2 = 0.5000	整数部分=0，B_{-3}=0
× 2 = 1.0000	整数部分=1，B_{-4}=1 …转换后的最低位

因此，$(0.5625)_{10}=(0.B_{-1}B_{-2}B_{-3}B_{-4})_2=(0.1001)_2$。

值得注意的是，在十进制小数转换成二进制小数时，整个计算过程可能无限地进行下去，这时，一般考虑到计算机实际字长的限制，只取有限位数的近似值就可以了。

同样，这个方法也可推广到十进制小数转换为任意进制的小数，只需用所要转换成的数制的基数去连续乘给定的十进制小数，每次得到的整数部分即依次为所求数制小数的各位数。不过应注意，最先得到的整数部分应是所求数制小数的最高有效位。

上述这种数制转换方法称为基数乘法或“乘基取整”法。可概括如下：“乘基取整，注意确定高、低位及有效位数”。

另外，如果一个数既有整数部分又有小数部分，则可用前述的“除基取余”及“乘基取整”

的方法分别将整数部分与小数部分进行转换，然后合并起来就可得到所求结果。例如：

$$(17.25)_{10} \Rightarrow (17)_{10} + (0.25)_{10}$$

$$\downarrow \qquad \downarrow$$

$$(10001)_2 + (0.01)_2 \Rightarrow (10001.01)_2$$

所以，$(17.25)_{10}=(10001.01)_2$。

1.2.3 任意两种进位制数之间的转换

由前面的介绍可知，为实现任意两种进位制数之间的转换(例如从 α 进制转换成 β 进制)，可以用“基数乘除法”或“多项式替代法”直接从 α 进制转换成 β 进制，此时如果熟悉 α 进制的运算规则就可以采用“基数乘除法”；如果熟悉 β 进制的运算规则就采用“多项式替代法”。但有时可能对 α 进制与 β 进制的运算规则都不熟悉，那么一种方便的方法就是利用十进制作桥梁。

首先将 $(N)_\alpha$ 转换为 $(N)_{10}$，这里采用“多项式替代法”，在十进制系统中进行计算；然后将 $(N)_{10}$ 转换为 $(N)_\beta$，这里采用“基数乘除法”，也是在十进制系统中进行计算。

【例 1-11】 把 $(301.23)_4$ 转换成五进制数。

第一步，采用多项式替代法把该数转换成十进制数。

$$\begin{aligned} N &= 3\times 4^2 + 0\times 4^1 + 1\times 4^0 + 2\times 4^{-1} + 3\times 4^{-2} \\ &= 48 + 0 + 1 + 0.5 + 0.1875 \\ &= 49.6875 \end{aligned}$$

即 $(301.23)_4=(49.6875)_{10}$

第二步，采用基数乘除法把该数从十进制转换为五进制(整数部分与小数部分分开进行)。

整数部分：

除数	被除数	余数
5	49	余数4
5	9	余数4
5	1	余数1
	0	

↑ 取余

小数部分：

取整	运算
	0.6875
	× 5
3…	3.4375
	× 5
2…	2.1875
	× 5
0…	0.9375
	× 5
4…	4.6875

↓ 取整

即 $(49.6875)_{10}=(144.3204)_5$(取 4 位小数)。

所以 $(301.23)_4=(144.3024)_5$(取 4 位小数)。

1.3 二进制数的算术运算和逻辑运算

1.3.1 二进制数的算术运算

二进制数的算术运算规则非常简单,其具体运算规则如下。

1. 加法运算规则

二进制加法规则是:0+0=0,0+1=1,1+0=1,1+1=10("逢二进一")。

【例 1-12】 1010+111=10001　　　　1011.101+10.01=1101.111

```
   1010      被加数        1011.101    被加数
+   111      加数     +      10.01     加数
-------              -------------
  10001      和            1101.111    和
```

2. 减法运算规则

二进制减法规则是:0-0=0,1-0=1,1-1=0,0-1=1("借一当二")。

【例 1-13】 1011-101=110　　　　1101.111-10.01=1011.101

```
   1011      被减数        1101.111    被减数
-   101      减数     -      10.01     减数
-------              -------------
    110      差            1011.101    差
```

3. 乘法运算规则

二进制乘法规则是:0×0=0,0×1=0,1×0=0,1×1=1。

【例 1-14】 1011×1010=1101110

```
       1011      被乘数
   ×   1010      乘数
   --------
       0000  ┐
      1011   │
     0000    │   部分积
 +  1011     ┘
 -----------
    1101110      乘积
```

从这个例子中可以看出,在二进制乘法运算时,若相应的乘数位为1,则把被乘数照写一遍,只是它的最后一位应与相应的乘数位对齐(这实际上是一种移位操作);若相应的乘数位为0,则部分积各位均为0;当所有的乘数位都乘过之后,再把各部分积相加,便得到最后乘积。所以,实质上二进制数的乘法运算可以归结为"加"(加被乘数)和"移位"两种操作。

4. 除法运算规则

二进制数的除法是乘法的逆运算,这与十进制数的除法是乘法的逆运算一样。因此利用二进制数的乘法及减法规则可以容易地实现二进制数的除法运算。

【例 1-15】 110110÷1010=101…100

```
                101       商
除数 1010 ) 110110        被除数
            1010
            ------
              1110
              1010
            ------
               100        余数
```

1.3.2 二进制数的逻辑运算

数字系统与计算机中能够实现的另一种基本运算是逻辑运算。逻辑运算与算术运算有着本质上的差别，它是按位进行的，其运算的对象及运算结果只能是0和1这样的逻辑量。这里的0和1并不具有数值大小的意义，而仅仅具有如“真”和“假”、“是”和“非”这样的逻辑意义。二进制数的逻辑运算实际上是将二进制数的每一位都看成逻辑量时进行的运算。

基本的逻辑运算有逻辑“或”、逻辑“与”和逻辑“非”三种，常用的还有逻辑“异或”运算。有关逻辑运算的具体运算规则将在2.1.2节中予以说明。

1.3.3 移位运算

移位运算是二进制数的又一种基本运算。计算机指令系统中都设置有各种移位指令。移位分为逻辑移位和算术移位两大类。

1. 逻辑移位

所谓逻辑移位，通常是把操作数当成纯逻辑代码，没有数值含义，因此没有符号与数值变化的概念；操作数也可能是一组无符号的数值代码（即无符号数），通过逻辑移位对其进行数值的变化、判别或某种加工。逻辑移位可分为逻辑左移、逻辑右移、循环左移和循环右移。

逻辑左移是将操作数的所有位同时左移，最高位移出原操作数之外，最低位补0。逻辑左移一位相当于将无符号数乘以2。例如，将01100101逻辑左移一位后变成11001010，相当于$(101)_{10}\times2=202$。

逻辑右移是将操作数的所有位同时右移，最低位移出原操作数之外，最高位补0。逻辑右移一位相当于将无符号数除以2。例如，将10010100逻辑右移一位后变成01001010，相当于$148\div2=74$。

循环左移就是将操作数的所有位同时左移，并将移出的最高位送到最低位。循环左移的结果不会丢失被移动的数据位。例如，将10010100循环左移一位后变成00101001。

循环右移就是将操作数的所有位同时右移，并将移出的最低位送到最高位。它也不会丢失被移动的数据位。例如，将10010100循环右移一位后变成01001010。

2. 算术移位

算术移位是把操作数当作带符号数进行移位，所以在算术移位中，必须保持符号位不变，例如一个正数在移位后还应该是正数。如果由于移位操作使符号位发生了改变（由1变0，或由0变1），则应通过专门的方法指示出错信息（如将“溢出”标志位置1）。

与逻辑移位类似，算术移位可分为算术左移、算术右移、循环左移和循环右移。

算术左移的移位方法与逻辑左移相同，就是将操作数的所有位同时左移，最高位移出原操作数之外，最低位补0。算术左移一位相当于将带符号数（补码）乘以2。例如，将11000101算术左移一位后变成10001010，相当于$(-59)\times2=-118$，未溢出，结果正确。

算术右移是将操作数的所有位同时右移，最低位移出原操作数之外，最高位不变。算术右移一位相当于将带符号数（补码）除以2。例如，将10111010算术右移一位变成11011101，相当于$(-70)\div2=-35$，未溢出，结果正确。

循环左移和循环右移的操作与前述逻辑移位时的情况相同，都是不丢失移出原操作数的位，而将其返回到操作数的另一端。

1.4 数据在计算机中的表示形式

1.4.1 机器数与真值

电子计算机实质上是一个二进制的数字系统，在机器内部，二进制数总是存放在由具有两种相反状态的存储元件构成的寄存器或存储单元中，即二进制数码 0 和 1 是由存储元件的两种相反状态来表示的。另外，对于数的符号(正号＋和负号－)也只能用这两种相反的状态来区别。也就是说，只能用 0 或 1 来表示。

数的符号在机器中的一种简单表示方法为：规定在数的前面设置一位符号位，正数符号位用 0 表示，负数符号位用 1 表示。这样，数的符号标识也就"数码化"了。即带符号数的数值和符号统一由数码形式(仅用 0 和 1 两种数字符号)来表示。例如，正二进制数 $N_1=+1011001$，在计算机中表示为：

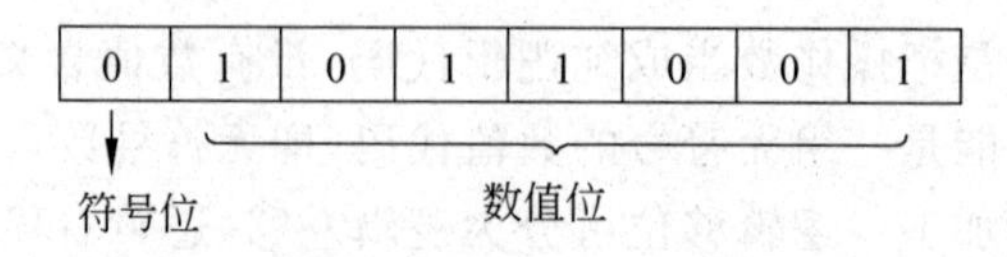

负二进制数 $N_2=-1011001$，在计算机表示为：

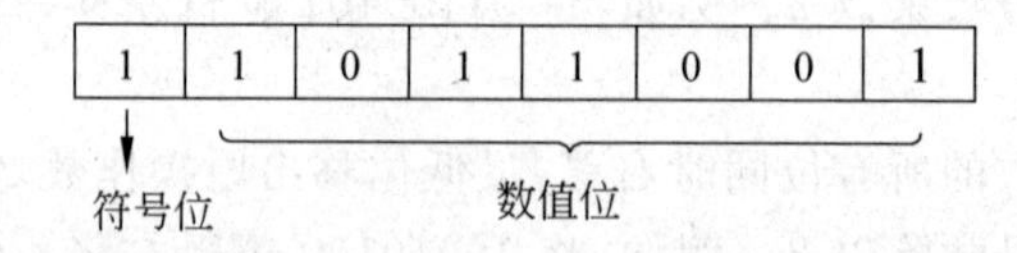

为了区别原来的数与它在机器中的表示形式，将一个数(连同符号)在机器中加以数码化后的表示形式，称为机器数，而把机器数所代表的实际值称为机器数的真值。例如，上面例子中的 $N_1=+1011001$、$N_2=-1011001$ 为真值，它们在计算机中的表示 01011001 和 11011001 为机器数。

在将数的符号用数码(0 或 1)表示后，数值部分究竟是保留原来的形式，还是按一定规则做某些变化，这要取决于运算方法的需要。从而有机器数的 3 种形式，即原码、补码和反码。下面首先介绍机器数的这 3 种表示形式，然后简要介绍移码的特点及用途。

1.4.2 常见的机器数形式

1. 原码

原码是一种比较直观的机器数表示形式。约定数码序列中的最高位为符号位，符号位为 0 表示该数为正数，为 1 表示该数为负数；其余有效数值部分则用二进制的绝对值表示。

例如：

真值 x	$[x]_{原}$
+0.1001	0.1001
-0.1001	1.1001
+1001	01001
-1001	11001

在后面讨论定点数与浮点数表示时将会看到，定点数又有定点小数和定点整数之分，所

以下面分别给出定点小数和定点整数的原码定义。

(1) 若定点小数原码序列为 $x_0.x_1x_2\cdots x_n$，则

$$[x]_{原}=\begin{cases}x, & 0\leqslant x<1\\1-x, & -1<x\leqslant 0\end{cases}\tag{1-7}$$

式中 x 代表真值，$[x]_{原}$ 为原码表示的机器数。

例如：

$x=+0.1011$，则 $[x]_{原}=0.1011$；

$x=-0.1011$，则 $[x]_{原}=1-(-0.1011)=1+0.1011=1.1011$。

(2) 若定点整数原码序列为 $x_0x_1\cdots x_n$，则

$$[x]_{原}=\begin{cases}x, & 0\leqslant x<2^n\\2^n-x, & -2^n<x\leqslant 0\end{cases}\tag{1-8}$$

例如：

$x=+1011$，则 $[x]_{原}=01011$；

$x=-1011$，则 $[x]_{原}=2^4-(-1011)=10000+1011=11011$。

需要注意的是，在式(1-7)和式(1-8)中，有效数位是 n 位(即 $x_1\sim x_n$)，连同符号位是 $n+1$ 位。

对于原码表示，具有如下特点：

① 原码表示中，真值 0 有两种表示形式。

以定点小数的原码表示为例：

$[+0]_{原}=0.00\cdots0$　$[-0]_{原}=1-(-0.00\cdots0)=1+0.00\cdots0=1.00\cdots0$

② 在原码表示中，符号位不是数值的一部分，它仅是人为约定("0 为正，1 为负")，所以符号位在运算过程中需要单独处理，不能当作数值的一部分直接参与运算。

原码表示简单直观，而且容易由其真值求得，相互转换也较方便。但计算机在用原码做加减运算时比较麻烦。比如当两个数相加时，如果是同号，则数值相加，符号不变；如果是异号，则数值部分实际上是相减，此时必须比较两个数绝对值的大小，才能确定谁减谁，并要确定结果的符号。这件事在手工计算时是容易解决的，但在计算机中，为了判断同号还是异号，比较绝对值的大小，就要增加机器的硬件设备，并增加机器的运行时间。为此，人们找到了更适合计算机进行运算的其他机器数表示法。

2. 补码

为了理解补码的概念，先来讨论一个日常生活中校正时钟的例子。假定时钟停在 7 点，而正确的时间为 5 点，要拨准时钟可以有两种不同的拨法，一种是倒拨 2 个格，即 7－2＝5(做减法)；另一种是顺拨 10 个格，即 7＋10＝12＋5＝5(做加法，钟面上 12＝0)。这里之所以顺拨(做加法)与倒拨(做减法)的结果相同，是由于钟面的容量有限，其刻度是十二进制，超过 12 以后又从零开始计数，自然丢失了 12。此处 12 是溢出量，又称为模(Mod)。这就表明，在舍掉进位的情况下，"从 7 中减去 2"和"往 7 上加 10"所得的结果是一样的。而 2 和 10 的和恰好等于模数 12。我们把 10 称作－2 对于模数 12 的补码。

计算机中的运算受一定字长的限制，它的运算部件与寄存器都有一定的位数，因而在运算过程中也会产生溢出量，所产生的溢出量实际上就是模。可见，计算机的运算也是一种有模运算。

在计算机中不单独设置减法器，而是通过采用补码表示法，把减去一个正数看成加上一个负数，并把该负数用补码表示，然后一律按加法运算规则进行计算。当然，在计算机中不是像上述时钟例子那样以 12 为模，在定点小数的补码表示中是以 2 为模。

下面分别给出定点小数与定点整数的补码定义：

(1) 若定点小数的补码序列为 $x_0.x_1\cdots x_n$，则

$$[x]_{补} = \begin{cases} x, & 0 \leqslant x < 1 \\ 2 + x, & -1 \leqslant x < 0 \end{cases} \quad (\bmod\ 2) \tag{1-9}$$

式中，x 代表真值，$[x]_{补}$ 为补码表示的机器数。

例如：

$x=+0.1011$，则$[x]_{补}=0.1011$；

$x=-0.1011$，则$[x]_{补}=2+(-0.1011)=10.0000-0.1011=1.0101$。

(2) 若定点整数的补码序列为 $x_0x_1\cdots x_n$，则

$$[x]_{补} = \begin{cases} x, & 0 \leqslant x < 2^n \\ 2^{n+1} + x, & -2^n \leqslant x < 0 \end{cases} \quad (\bmod\ 2^{n+1}) \tag{1-10}$$

例如：

$x=+1011$，则$[x]_{补}=01011$；

$x=-1011$，则$[x]_{补}=2^5+(-1011)=100000-1011=10101$。

对于补码表示，具有如下特点：

① 在补码表示中，最高位 x_0（符号位）表示数的正负，虽然在形式上与原码表示相同，即“0 为正，1 为负”，但与原码表示不同的是，补码的符号位是数值的一部分，因此在补码运算中符号位像数值位一样直接参加运算。

② 在补码表示中，真值 0 只有一种表示，即 00…0。

另外，根据以上介绍的补码和原码的特点，容易发现由原码转换为补码的规律，即当 $x>0$ 时，原码与补码的表示形式完全相同；当 $x<0$ 时，从原码转换为补码的变化规律为：“符号位保持不变(仍为 1)，其他各位求反，然后末位加 1”，简称“求反加 1”。

例如：$x=0.1010$，则$[x]_{原}=0.1010$，$[x]_{补}=0.1010$

$x=-0.1010$，则$[x]_{原}=1.1010$，$[x]_{补}=1.0110$

容易看出，当 $x<0$ 时，若把$[x]_{补}$除符号位外“求反加 1”，即可得到$[x]_{原}$。也就是说，对一个补码表示的数，再次求补，可得该数的原码。

3. 反码

反码与原码相比，两者的符号位一样。即对于正数，符号位为 0；对于负数，符号位为 1。但在数值部分，对于正数，反码的数值部分与原码按位相同；对于负数，反码的数值部分是原码的按位求反，反码也因此而得名。

与补码相比，正数的反码与补码表示形式相同；而负数的反码与补码的区别是末位少加一个 1。因此不难由补码的定义推出反码的定义。

(1) 若定点小数的反码序列为 $x_0.x_1\cdots x_n$，则

$$[x]_{反} = \begin{cases} x, & 0 \leqslant x < 1 \\ (2-2^{-n})+x, & -1 < x \leqslant 0 \end{cases} \quad [\bmod\ (2-2^{-n})] \tag{1-11}$$

式中 x 代表真值，$[x]_{反}$ 为反码表示的机器数。

(2) 若定点整数的反码序列为 $x_0x_1\cdots x_n$,则

$$[x]_{反}=\begin{cases}x, & 0\leqslant x<2^n\\(2^{n+1}-1)+x, & -2^n<x\leqslant 0\end{cases}\quad[\mathrm{mod}\ (2^{n+1}-1)]\qquad(1\text{-}12)$$

0 在反码表示中有两种形式,例如,在定点小数的反码表示中:

$$[+0]_{反}=0.00\ldots0,\quad[-0]_{反}=1.11\ldots1$$

如上所述,由原码表示容易得到相应的反码表示。例如:

$$x=+0.1001,\quad[x]_{原}=0.1001,\quad[x]_{反}=0.1001$$

$$x=-0.1001,\quad[x]_{原}=1.1001,\quad[x]_{反}=1.0110$$

如今,反码通常已不单独使用,而主要是作为求补码的一个中间步骤来使用。补码是现代计算机系统中表示负数的基本方法。

4. 原码、补码和反码之间的转换

根据前面对原码、补码和反码各自特点的介绍和分析,现将它们之间的相互转换规则汇总于图 1.1 中。

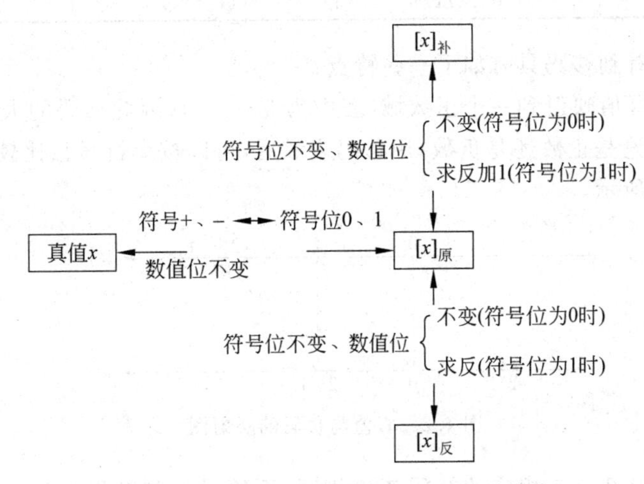

图 1.1 真值、原码、补码和反码之间的转换

例如:

$$\begin{array}{ll}x=+0.1101 & x=-0.1101\\ [x]_{原}=0.1101 & [x]_{原}=1.1101\\ [x]_{补}=0.1101 & [x]_{补}=1.0011\\ [x]_{反}=0.1101 & [x]_{反}=1.0010\end{array}$$

5. 移码表示法

由于原码、补码、反码的大小顺序与其对应的真值大小顺序不是完全一致的,所以为了方便地比较数的大小(如浮点数的阶码比较),通常采用移码表示法,并常用来表示整数。它的定义如下:

设定点整数移码形式为 $x_0x_1x_2\cdots x_n$,则

$$[x]_{移}=2^n+x\qquad -2^n\leqslant x<2^n$$

式中 x 为真值,$[x]_{移}$ 为其移码。

可见移码表示法实质上是把真值 x 在数轴上向正方向平移 2^n 单位,移码也由此而得

名。也可以说它是把真值 x 增加 2^n，所以又叫增码。

例如：若 $x=+1011$，则 $[x]_{移}=2^4+x=10000+1011=11011$

若 $x=-1011$，则 $[x]_{移}=2^4+x=10000-1011=00101$

真值、移码、补码之间的关系如表 1-1 所示。

表 1-1　真值、移码、补码对照表

真值 x(十进制)	真值 x(二进制)	$[x]_{移}$	$[x]_{补}$
−128	−10000000	00000000	10000000
−127	−01111111	00000001	10000001
⋮	⋮	⋮	⋮
−1	−00000001	01111111	11111111
0	−00000000	10000000	00000000
+1	+00000001	10000001	00000001
⋮	⋮	⋮	⋮
+127	+01111111	11111111	01111111

从表 1-1 可以看到移码具有如下一些特点：

(1) 移码是把真值映射到一个正数域(表中为 0～255)，因此移码的大小可以直观地反映真值的大小。无论是正数还是负数，用移码表示后，可以按无符号数比较大小。真值与移码的映射如图 1.2 所示。

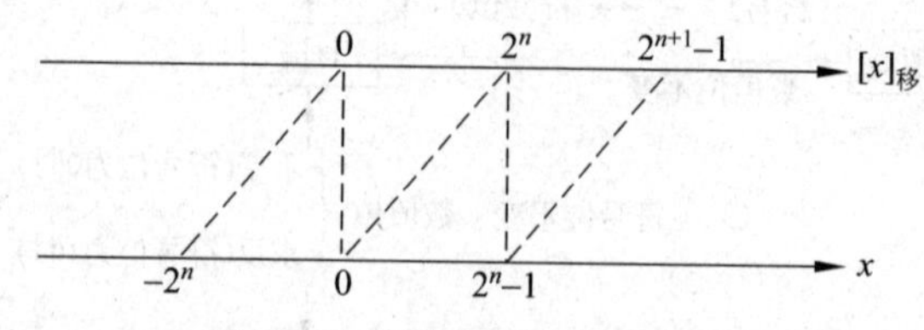

图 1.2　真值与移码的映射图

(2) 移码的数值部分与相应的补码各位相同，而符号位与补码相反。在移码中符号位为 0 表示真值为负数，符号位为 1 表示真值为正数。

(3) 移码为全 0 时，它对应的真值最小。

(4) 真值 0 在移码中的表示是唯一的，即 $[\pm 0]_{移}=2^n\pm 000\cdots0=1000\cdots0$。

6. 机器数形式的比较和小结

(1) 原码、补码、反码和移码均是计算机能识别的机器数，机器数与真值不同，它是一个数(连同符号)在计算机中加以数码化后的表示形式。

(2) 正数的原码、补码和反码的表示形式相同，负数的原码、补码和反码各有不同的定义，它们的表示形式不同，相互之间可依据特定的规则进行转换。

(3) 4 种机器数形式的最高位 x_0 均为符号位。原码、补码和反码表示中，x_0 为 0 表示正数，x_0 为 1 表示负数；在移码表示中，x_0 为 0 表示负数，x_0 为 1 表示正数。

(4) 原码、补码和反码既可用来表示浮点数(后面将介绍)中的尾数，又可用来表示其阶码；而移码则主要用来表示阶码。

(5) 0 在补码和移码表示中都是唯一的，0 在原码和反码表示中都有两种不同的表示形式。

1.4.3 数的定点表示与浮点表示

在数字系统和计算机中，按照对小数点处理方法的不同，数的表示可分为定点表示和浮点表示，用这两种方法表示的数分别称为定点数和浮点数。

1. 定点表示法

定点表示法约定计算机中所有数的小数点位置固定不变，它又分为定点小数和定点整数两种形式。

1）定点小数

所谓定点小数是指：约定小数点固定在最高数值位之前、符号位之后，机器中所能表示的数为二进制纯小数，数 x 记作 $x_0.x_1x_2\cdots x_n$，其中 $x_i=0$ 或 1，$0\leqslant i\leqslant n$，其编码格式如下：

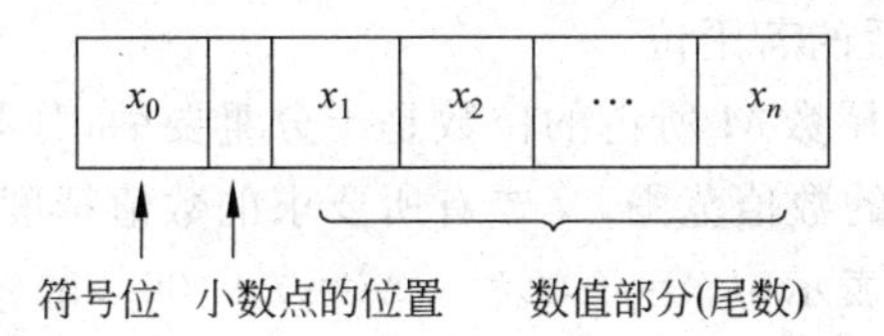

符号位 x_0 用来表示数的正负。小数点的位置是隐含约定的，机器硬件中并不需要用专门的电路具体表示这个“小数点”。$x_1x_2\cdots x_n$ 是数值部分，也称尾数，尾数的最高位 x_1 称为最高数值位。

在正定点小数中，如果数值位的最后一位 x_n 为 1，前面各位都为 0，则数 x 的值最小，即 $x_{min}=2^{-n}$；如果数值位全部为 1，则数 x 的值最大，即 $x_{max}=1-2^{-n}$。

所以正定点小数的表示范围为：$2^{-n}\leqslant x\leqslant 1-2^{-n}$。

在机器中，当出现小于 x_{min} 的数时，称为“下溢”(underflow)，当作机器零处理；当出现大于 x_{max} 的数时，称为“溢出”或“上溢”(overflow)，机器将无法表示。

2）定点整数

所谓定点整数是指：约定小数点固定在最低数值位之后，机器中所能表示的数为二进制纯整数，数 x 记作 $x_0x_1x_2\cdots x_n$，其中 $x_i=0$ 或 1，$0\leqslant i\leqslant n$，其编码格式如下：

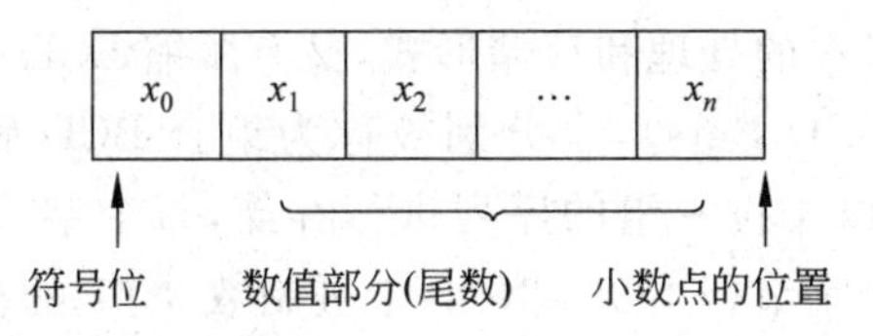

在正定点整数中，如果数值位的最后一位 x_n 为 1，前面各位都为 0，则数 x 的值最小，即 $x_{min}=1$；如果数值位全部为 1，则数 x 的值最大，即 $x_{max}=2^n-1$。

所以正定点整数的表示范围为：$1\leqslant x\leqslant 2^n-1$。

2. 浮点表示法

在实际的科学及工程计算中，经常会涉及到各种大小不一的数。采用上述定点表示法，用划一的比例因子来处理，很难兼顾既要防止溢出又要保持数据的有效精度两方面的要求。为了协调数的表示范围与精度的关系，可以让小数点的位置随着比例因子的不同而在一定范围内自由浮动，这就是数的浮点表示法。

在数的浮点表示中，数据代码分为尾数和阶码两部分。尾数表示有效数字，阶码表示小数点的位置。加上符号位，浮点数通常表示为：

$$N=(-1)^s\times M\times R^E$$

其中 M(mantissa)是浮点数的尾数，R(radix)是基数，E(exponent)是阶码，S(sign)是数据的符号位。在大多数计算机中，基数 R 取定为 2，是个常数，在系统中是约定的，不需要用代码表示。数据编码中的尾数 M 用定点小数的形式表示，它决定了浮点数的表示精度。在计算机中，浮点数通常被表示成如下格式：

S	E	M

S 是符号位(1=尾数为负数，0=尾数为正数)。

E 是阶码，占符号位之后的若干位。

M 是尾数，占阶码之后的若干位。

合理地分配阶码 E 和尾数 M 所占的位数是十分重要的，分配的原则是应使得二进制表示的浮点数既要有足够大的数值范围，又要有所要求的数值精度。

【例 1-16】 设浮点数表示中，$S=0$，$E=3$，$M=0.0100_2$，试分别求出 $R=2$ 和 $R=16$ 时表示的数值。

解 根据浮点数的表示方法，当 $R=2$ 时，表示的数值为 $N=(-1)^0\times0.0100\times2^3=2^3\times1/4=2$；当 $R=16$ 时，表示的数值为 $N=(-1)^0\times0.0100\times16^3=16^3\times1/4=1024$。

1.4.4 二-十进制编码

1. 二-十进制编码特点

人们最熟悉、最习惯的是十进制记数系统，而在数字设备和计算机内部，数是用二进制表示的。为了解决这一矛盾，可把十进制数的每位数字用若干位二进制数码来表示。通常称这种用若干位二进制数码来表示一位十进制数的方法为二-十进制编码，简称 BCD 码(Binary Coded Decimal)。二-十进制编码具有二进制编码的形式，这就满足了计算机内部需采用二进制的要求，同时又保持了十进制数的特点。它可以作为人与计算机联系时的一种中间表示，而且计算机也可以对这种形式表示的数直接进行运算。

按照 BCD 码在计算机中的处理和存储形式，又有压缩 BCD 码(Packed BCD Data)及非压缩 BCD 码(Unpacked BCD Data)，也分别被称为组合 BCD 码和分离 BCD 码。在组合 BCD 码中，十进制数字串以 4 位一组的序列进行存储，每个字节(8 位)存放两个十进制数字，一个十进制数字占半个字节(4 位)。例如，十进制数 9502 的存储形式如下：

$$\underbrace{1001\ 0101}_{\text{第一个字节}}\quad\underbrace{0000\ 0010}_{\text{第二个字节}}$$

在分离 BCD 码中，每个十进制数字存储在 8 位字节的低 4 位，高 4 位的内容无关紧要。也就是说，每个字节只存储一个十进制数字。在此种格式中，十进制数 9502 需要占 4 字节，其存储形式如下：

$$\underbrace{uuuu\ 1001}_{\text{第一个字节}}\quad\underbrace{uuuu\ 0101}_{\text{第二个字节}}\quad\underbrace{uuuu\ 0000}_{\text{第三个字节}}\quad\underbrace{uuuu\ 0010}_{\text{第四个字节}}$$

其中 u 表示任意(既可为 1，也可为 0)。

2. 8421 码

8421 码是最基本最常见的一种二-十进制编码形式，也称 8421BCD 码。它是将十进制数的每个数字符号用4位二进制数码来表示，每位都有固定的权值。因此，称它为有权码或加权码(Weighted Code)。8421码各位的权值从高位到低位依次为：$W_3=2^3=8$，$W_2=2^2=4$，$W_1=2^1=2$，$W_0=2^0=1$，所以，与4位二进制数$b_3b_2b_1b_0$相对应的一位十进制数D可以表示为：

$$D = 8b_3 + 4b_2 + 2b_1 + b_0$$

表1-2列出了十进制数字与8421码的对应关系。

表1-2　十进制数字与8421码的对应关系

十进制数字	0	1	2	3	4	5	6	7	8	9
8421码	0000	0001	0010	0011	0100	0101	0110	0111	1000	1001

从表1-2可见，用8421码表示的每个十进制数字与用普通二进制表示的完全一样。或者说，每个十进制数字所对应的二进制代码，就是与该十进制数字等值的二进制数。因此，在8421码中，有6种代码(1010，1011，1100，1101，1110，1111)是不可能出现的，也称它们为非法的8421码。

任何一个十进制数要写成8421码表示时，只要把该十进制数的各位数字分别转换成对应的8421码即可，如$(253)_{10}=(001001010011)_{8421}$。

反过来，任何一个8421码表示的十进制数，也可以方便地转换成普通的十进制数形式。如$(0101011110010001)_{8421}=(5791)_{10}$。

1.4.5　其他几种BCD码

1. 2421码

2421码是另一种形式的有权码，它也是用4位二进制代码来表示一位十进制数，各位的权值分别为：

$$W_3 = 2,\quad W_2 = 4,\quad W_1 = 2,\quad W_0 = 1$$

同样，用b_3、b_2、b_1、b_0分别代表2421码的4位二进制代码，则一位十进制数D可表示为：

$$D = 2b_3 + 4b_2 + 2b_1 + b_0$$

表1-3列出了2421码与十进制数的对应关系。其中给出了两种编码方案，即A组和B组，本书采用B组。

表1-3　2421码与十进制数的对应关系

十进制数	2421码		十进制数	2421码	
	A组	B组		A组	B组
0	0000	0000	5	0101	1011
1	0001	0001	6	0110	1100
2	0010	0010	7	0111	1101
3	0011	0011	8	1110	1110
4	0100	0100	9	1111	1111

【例 1-17】 用 2421 码对十进制数 $N=(3462)_{10}$进行编码。

3：0011，4：0100，6：1100，2：0010

所以 $N=(3462)_{10}=(0011010011000010)_{2421}$。

2421 码(B 组)是一种具有自补特性的编码，简称自补码。也就说，用这种编码表示的十进制数，只要自身按位求反，就能得到该数对 9 之补的 2421 码(所谓一位十进制数字对 9 之补，即为 9 与该数字之差，例如 4 对 9 之补是 9－4＝5，0 对 9 之补是 9－0＝9 等)。例如，十进制数字 4 的 2421 码是 0100，把 0100 自身按位求反得 1011，代码 1011 就是 4 对 9 之补(9－4＝5)的 2421 码。

上述自补特性对十进制减法特别有用，它可以使运算电路简单。

2. 余 3 码

余 3 码也是用 4 位二进制代码表示一位十进制数字，但对于同样一个十进制数字，余 3 码比相应的 8421 码多出 0011(十进制数 3)，故称余 3 码。也可以说，余 3 码是把十进制数 3(二进制代码 0011)加到相应的 8421 码中而形成的一种二-十进制编码。它是一种无权码。

另外，余 3 码也是一种自补码，会给十进制减法运算带来方便。余 3 码与十进制数的对应关系如表 1-4 所示。

表 1-4　余 3 码与十进制数的对应关系

十进制数	8421 码	余 3 码	十进制数	8421 码	余 3 码
0	0000	0011	5	0101	1000
1	0001	0100	6	0110	1001
2	0010	0101	7	0111	1010
3	0011	0110	8	1000	1011
4	0100	0111	9	1001	1100

【例 1-18】 余 3 码对十进制数 $N=(1986)_{10}$进行编码。

1：0100，9：1100，8：1011，6：1001

所以 $N=(1986)_{10}=(0100110010111001)_{余3码}$。

3. 格雷码(Gray Code)

格雷码是一种常用的无权 BCD 码，由于它本身的编码特征有利于信息代码变换的可靠性，所以它也是一种典型的可靠性编码。

格雷码的编码方案很多，下面给出其中的一种，如表 1-5 所示。从表 1-5 可以看到格雷码的编码特点：

任何两个相邻数的二进制代码之间，包括头、尾的 0 和 15 的二进制代码之间，只有一位不同。换句话说，由这种代码表示的一个数变成下一个相邻数时，只要将该数的相应二进制代码改变一位即可。

这种编码的优点是可靠性强。为了说明这一点，先看一下不用这种编码，而用普通的二进制编码时，由一个数变成下一个相邻数时的情形。例如，由 7 变到 8(即由二进制代码 0111 变到 1000)，4 位二进制代码都要发生变化。而在实际的电子器件中，各位的状态改变总是有先后之别的，尽管这种先后差别可能极其微小，但有时却是不可忽略的。例如第一位变得很快，就会瞬时地从 0111 跳变到 1111，而在此瞬间，就可以说代码没能变为 1000，而出现了错误代码1111，这种错误代码的出现虽然短暂，但在某些情况下却是不允许的，因为它可能产生错误的输出结果或导致错误的逻辑操作。

表1-5　格雷码的一种编码方案

十进制数	二进制码	格雷码	十进制数	二进制码	格雷码
0	0000	0000	8	1000	1100
1	0001	0001	9	1001	1101
2	0010	0011	10	1010	1111
3	0011	0010	11	1011	1110
4	0100	0110	12	1100	1010
5	0101	0111	13	1101	1011
6	0110	0101	14	1110	1001
7	0111	0100	15	1111	1000

采用格雷码，就在编码方式上杜绝了上述瞬时错误代码的出现。因为在改变为相邻数前后，代码只有一位不同，即避免了由于多位二进制代码不能在严格相同的时刻一起改变而产生的错误输出结果。

从相应的二进制码转换成表1-5所示格雷码的规则为：格雷码的第i位(G_i)是二进制码的第i位(B_i)位和第$i+1$位(B_{i+1})的模2加，即：

$$G_i = B_i \oplus B_{i+1}$$

式中$\oplus$表示模2加，其运算规则为：$0\oplus0=0$，$0\oplus1=1$，$1\oplus0=1$，$1\oplus1=0$。

例如，$(13)_{10}=0\ 1\ 1\ 0\ 1$　…二进制码

$\vee\ \vee\ \vee\ \vee$

$\oplus\ \oplus\ \oplus\ \oplus$

$1\ \ 0\ \ 1\ \ 1$　…格雷码

结合表1-5，可逐一验证上述编码规则。

4. 五中取二码

五中取二码也是一种无权BCD码，但它却是另一种编码规则——“五中取二”，即在5位二进制代码中取2位为1，其余位为0。

5位二进制代码共有32种组合(00000，00001，00010，00011，…，11111)，但满足上述特点的却恰好有10种组合，用它们分别代表10个十进制数字符号，如表1-6所示。

表1-6　五中取二码的编码

十进制数	0	1	2	3	4	5	6	7	8	9
五中取二码	11000	00011	00101	00110	01001	01010	01100	10001	10010	10100

【例1-19】 用五中取二码对十进制数$N=(351)_{10}$进行编码。

从表1-6可得：

3：00110，　5：01010，　1：00011

所以$N=(351)_{10}=(001100101000011)_{\text{五中取二码}}$。

通过检测五中取二码中1的个数，可以判断所传送的代码是否出错。如果只有一位出

错，那么通过检查5位代码中1的个数，显然可以检测出错来；如果有两位代码同时出错时，只要不是同时出现在1和0位上（即不是两位中有一位1错成0而另一位0错成1的情形），那么也是可以检测出错的；3位或5位同时出错总可以检测出来，4位同时出错则有可能检测不出来。当然，在一定的设备和器件条件下，多位同时出错的可能性总是较小的。

通过前面的介绍可以看到，格雷码和五中取二码在考虑编码方案时，只是依据某种规则（“相邻代码只有一位不同”，“五中取二”），而代码中的各位并无权值的大小，这就是前面提到的无权码的含义。

1.5 字符代码

前面讨论了怎样用二进制代码表示十进制数。在实际使用中，除了十进制数之外，还经常需要用二进制代码表示各种符号，例如英文字母、标点符号及运算符号等。通常把这种用以表示各种符号（包括字母、数字、标点符号、运算符号以及控制符号等）的二进制代码称为字符代码。

最常见的字符代码有两种，一种是现已被广泛采用的ASCII码（American Standard Code for Information Interchange，美国信息交换标准码），另一种是IBM公司的EBCDIC码（Extended BCD Interchange Code，扩展BCD交换码）。ASCII编码表如表1-7所示。

代码的二进制位数称为代码长度。若代码长度为n位，则可以表示的字符数最多为2^n个。由表1-7可知，ASCII码的长度为7位，因此可以表示128个字符。它不仅包括各种打印字符，如大写和小写字母、十进制数字、若干标点符号和专用符号，还有各种控制字符，如回车（CR）、换行（LF）、换页（FF）、传输结束（EOT），等等。

表1-7 ASCII码编码表

列		0	1	2	3	4	5	6	7
行	位 654→ ↓ 3210	000	001	010	011	100	101	110	111
0	0000	NUL	DLE	SP	0	@	P	`	p
1	0001	SOH	DC1	!	1	A	Q	a	q
2	0010	STX	DC2	"	2	B	R	b	r
3	0011	ETX	DC3	#	3	C	S	c	s
4	0100	EOT	DC4	$	4	D	T	d	t
5	0101	ENQ	NAK	%	5	E	U	e	u
6	0110	ACK	SYN	&	6	F	V	f	v
7	0111	BEL	ETB	’	7	G	W	g	w
8	1000	BS	CAN	(	8	H	X	h	x
9	1001	HT	EM	)	9	I	Y	i	y
A	1010	LF	SUB	*	:	J	Z	j	z
B	1011	VT	ESC	+	;	K	[	k	{
C	1100	FF	FS	,	<	L	\	l	|
D	1101	CR	GS	—	*	M	]	m	}
E	1110	SO	RS	.	>	N	Λ	n	~
F	1111	SI	US	/	?	O	_	o	DEL

另外，用 ASCII 码表示的字符在计算机内部是按 8 位一组的格式来存储的，因此可以将除 7 位代码位之外的第八位作为奇偶校验位。但经常是将该位置 0，即不设奇偶校验位。在表 1-7 中，第 0、1、2 和 7 列的特殊控制字符功能解释如下：

NUL	空	DLE	数据链路换码
SOH	标题开始	DC1	机控 1
STX	正文开始	DC2	机控 2
ETX	正文结束	DC3	机控 3
EOT	传输结束	DC4	机控 4
ENQ	询问	NAK	否定
ACK	承认	SYN	同步
BEL	响铃	ETB	信息组传送结束
BS	退格	CAN	作废
HT	横表	EM	介质结束
LF	换行	SUB	取代
VT	纵表	ESC	换码
FF	换页	FS	文件分隔符
CR	回车	GS	组分隔符
SO	移出	RS	记录分隔符
SI	移入	US	单元分隔符
SP	空格	DEL	删除

本章小结

本章主要介绍了数制与编码的有关基础知识，包括进位记数制、不同进位制数之间的转换方法、机器数与真值的概念以及常见的机器数表示形式等方面的内容。

(1) 本章首先讨论了进位记数制的概念，并分别介绍了在数字系统与计算机领域中常用的二进制、八进制和十六进制表示形式及特点。

(2) 常用的不同进位制数之间转换的方法有两种，即多项式替代法和基数乘除法。用多项式替代法可以方便地实现二进制到十进制的转换。十进制到二进制的转换可采用基数乘除法，即“乘基取整”和“除基取余”的方法。

(3) 原码、补码和反码均是计算机能识别的机器数。机器数与真值不同，它是一个数(连同符号)在计算机中加以数码化后的表示形式。正数的原码、补码及反码的表示形式相同。负数的原码、补码及反码各有不同的定义，它们的表示形式不同，相互之间可按特定的规律进行转换。零在补码中的表示是唯一的，而零在原码和反码中都有两种不同的表示形式。

(4) 移码是把真值映射到一个正数域，因此移码的大小可以直观地反映真值的大小。无论是正数还是负数，用移码表示后，可以按无符号数比较大小。在移码中符号位为 0 表示真值为负数，符号位为 1 表示真值为正数。真值 0 在移码中的表示是唯一的。浮点数的阶码，通常采用移码表示法。

(5) BCD码是用二进制的编码形式来表示十进制数，BCD码又可分为有权码和无权码两种类型。有权码的每位二进制代码都有固定的权值，因此有权码可以写出按权展开式；无权码的每位代码无权值的大小，它是按某种特定的规则进行编码，因此无权码写不出按权展开式。

习　题　1

1.1　什么叫进位记数制中的基数与权值？

1.2　分别说明二进制、八进制与十六进制的特点及相互转换方法。

1.3　用二进制运算规则计算下列各式：

(1) 101111＋11011　　(2) 1000－101

(3) 1010×101　　(4) 10101001÷1101

1.4　将下列二进制数转换成十进制数：

$(1100)_2$　$(10101101)_2$　$(11111111)_2$　$(1010.0101)_2$

1.5　将下列十进制数转换成二进制数：

75，98，64，128，1023，32.3125

1.6　指出机器数与真值的区别，并分别说明正数与负数的原码、补码和反码表示的特点。

1.7　写出下列二进制数的原码、补码和反码表示形式：

0.1001011　－0.1011010　＋1100110　－1100110

1.8　什么叫BCD码？什么是有权码和无权码？为什么说格雷码是一种无权码？

1.9　完成下列转换：

(1) $(375.236)_8=(\quad)_2=(\quad)_{16}$

(2) $(13.5)_{10}=(\quad)_{8421}=(\quad)_2$

(3) $(11001.1)_2=(\quad)_{10}=(\quad)_{8421}$

(4) $(1001.0101)_{8421}=(\quad)_{10}=(\quad)_2$

(5) $(0101.0011)_{8421}=(\quad)_{\text{余3码}}=(\quad)_{2421}$

第 2 章 逻辑代数的基本原理及应用

逻辑代数是研究数字系统逻辑设计的基本工具。

本章主要讨论逻辑代数的基本概念和运算规律,以及在数字系统的设计中怎样应用它来进行逻辑等式的证明和逻辑函数的化简。

2.1 逻辑代数的基本概念

2.1.1 逻辑代数的特点

在普通代数中,变量可以取任意实数,例如对于函数 $F(x)=2x+1$,x 可以有任意多个取值,即 $-\infty \leqslant x \leqslant +\infty$;当然 x 也可以在一定区间内取值,例如 $-2<x<+2$,$x \leqslant 5$,$x \geqslant \pi$ 等,即使 x 在有限区间内取值,也有无穷多个可取的数。这一点,大家是熟知的。

逻辑代数与普通代数不同,它是一种二值代数系统。在这种代数系统中,任何变量只能有 0 和 1 两种取值,并且这里的 0 和 1 不再像普通代数中那样具有数值大小的意义,而仅仅是表明两种对立状态(例如,“是”和“非”,“有”和“无”,“低”和“高”,“关”和“开”等)的符号,或者说它们具有了某种“逻辑”的含义。人们称这样的变量为逻辑变量。相应地,这些变量之间的函数关系,也是由一组特定的逻辑运算规则决定的。

逻辑代数是从逻辑学研究中引用数学工具逐步发展而来的。人们为了摆脱逻辑学研究中繁复的语言文字的描述,使用了一套有效的符号来建立逻辑思维的数学模型,进而将复杂的逻辑问题抽象为一种简单的符号演算。这个概念首先由莱布尼兹(Leibniz)提出,乔治·布尔(George Boole)总结了前人的研究成果,于 1847 年在他的著作中第一次进行了系统的论述,这就是有名的布尔代数。1938 年,香农(Shannon)将布尔代数直接应用于电话开关电路的分析,给布尔代数找到了广阔的应用前景,并加速了电子计算机时代的到来。1952 年前后,维奇(Veitch)和卡诺(Karnaugh)先后提出图解法的概念和方法,在工程上十分有用的卡诺图也即由此而来。从此逻辑代数成为研究和设计数字电子系统不可缺少的重要数学工具。

2.1.2 基本逻辑运算

像普通代数有自己的基本运算及基本定律一样,逻辑代数也有自己的基本运算及若干条基本运算定律,下面分别予以介绍。

1. “或”运算

“或”运算也叫逻辑加，又叫逻辑和，其运算符号为＋或者∨。“或”运算的逻辑表达式为：$C=A+B$ 或 $C=A\vee B$，读作：C 等于 A 加 B，也可以读作：C 等于 A 或 B。这里的 A、B、C 都是逻辑变量，其中的 A、B 是进行逻辑加运算的两个变量，C 是运算结果。“或”运算的规则是：A 或者 B，只要有一个是 1，则 C 就为 1；只有当 A、B 全为 0 时，其运算结果才为 0。可简述为“有 1 得 1，全 0 得 0”。为了说明这种“或”运算的特点，可以列举全部可能的取值情形如下(两个变量共有 4 种可能的取值情形)：

当 $A=0$，$B=0$ 时，则 $C=0$，即 $0\vee 0=0$；

当 $A=0$，$B=1$ 时，则 $C=1$，即 $0\vee 1=1$；

当 $A=1$，$B=0$ 时，则 $C=1$，即 $1\vee 0=1$；

当 $A=1$，$B=1$ 时，则 $C=1$，即 $1\vee 1=1$；

这里需要注意逻辑加与算术加的不同点，特别是 $1\vee 1=1$。

可以把上面列举的 4 种情形变成表格的形式。一般地，称列出逻辑变量的全部可能取值及对应的输出函数值所形成的表格为真值表(truth table)，也有人叫全值表。两个逻辑变量进行“或”运算的真值表如表 2-1 所示。

表 2-1 “或”运算真值表

A	B	$C=A\vee B$	A	B	$C=A\vee B$
0	0	0	1	0	1
0	1	1	1	1	1

【例 2-1】 如图 2.1 所示，用两个并联开关控制灯 C，不难看出，灯亮的条件是：或者开关 A 接通，或者开关 B 接通；也可以反过来说，只有当开关 A、B 都不接通时，灯才不亮。

如果将开关接通的状态记作 1，反之为 0；将灯亮记作 1，反之为 0。于是，图 2.1 所示电路的工作状态可用“或”运算的逻辑表达式来描述，即 $C=A+B$。

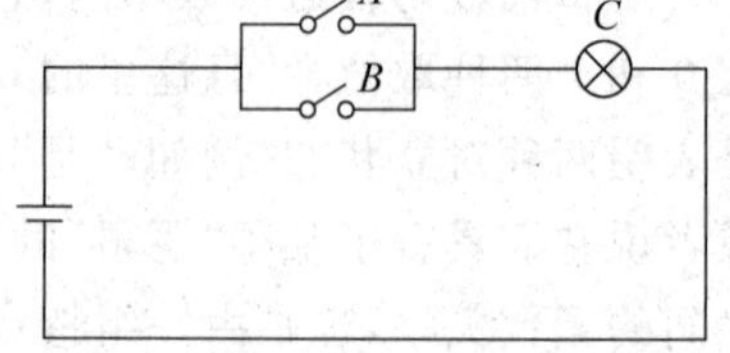

图 2.1 两个并联开关控制灯 C

这就是说，只要有一个开关接通($A=1$，$B=0$ 或 $A=0$，$B=1$)或者两个开关都接通($A=B=1$)，灯就亮($C=1$)；仅当两个开关都断开时($A=B=0$)，灯才不亮($C=0$)。这正是“或”运算真值表(见表 2-1)所列举的各种情形。

“或”运算常用于将一个已知二进制数的某一位或某几位置 1，而其余各位保持不变。例如，欲使二进制数 10101100 的最低一位置 1，而其余各位不变，就可用 00000001 与之相“或”来实现。即：

$$\begin{array}{r} 10101100 \\ \vee\ \ 00000001 \\ \hline 10101101 \end{array}$$

2. “与”运算

“与”运算也叫逻辑乘，又叫逻辑积，其运算符号记为·、×或∧，有时也可略去不写。“与”运算的逻辑表达式为 $C=A\cdot B$ 或 $C=A\times B$，$C=A\wedge B$，读作：C 等于 A 乘 B，也可读作：C 等于 A 与 B。这里 A、B、C 都是逻辑变量，其中 A、B 是进行"与"运算的两个变量，C 是运算结果。"与"运算的规则是：两个逻辑量中只要有一个为 0，其运算结果就为 0；只有当两个逻辑量全为 1 时，其运算结果才为 1。可简述为"有 0 得 0，全 1 得 1"。

A 和 B 两个变量进行"与"运算的真值表如表 2-2 所示。

表 2-2 "与"运算真值表

A	B	$C=A\cdot B$	A	B	$C=A\cdot B$
0	0	0	1	0	0
0	1	0	1	1	1

【例 2-2】 如图 2.2 所示，两个串联开关 A、B 控制灯 C，其开关控制功能可以用"与"运算来描述。

同样，将开关的接通状态记作 1，反之为 0；将灯亮记作 1，反之为 0。则描述该电路工作状态的"与"运算表达式为：

$$C = A \cdot B$$

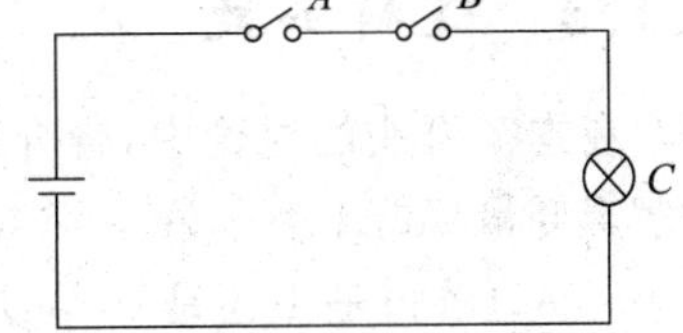

图 2.2 两个串联开关控制灯 C

这就是说，只有当开关 A 与 B 同时接通（$A=1$，$B=1$），灯才亮（$C=1$）；否则（$A=1$，$B=0$；$A=0$，$B=1$；$A=0$，$B=0$）灯不亮（$C=0$）。这正是"与"运算真值表（见表 2-2）所列举的各种情形。

"与"运算常用于将一个已知二进制数的某一位或某几位置 0，而其余各位保持不变。例如，欲使二进制数 01010011 的最低两位置 0，而其余各位保持不变，就可用 11111100 与之相"与"来实现。即：

$$\begin{array}{r} 0\,1\,0\,1\,0\,0\,1\,1 \\ \wedge\quad 1\,1\,1\,1\,1\,1\,0\,0 \\ \hline 0\,1\,0\,1\,0\,0\,0\,0 \end{array}$$

3. "非"运算

"非"运算又叫"反"运算，也叫逻辑否定，其运算符号记为－或 ¬。"非"运算的逻辑表达式为：$C=\overline{A}$，或 $C=\neg A$。读作：C 等于"A 非"或 C 等于"A 反"。式中 A、C 都是逻辑变量，A 是进行"非"运算的变量，C 为运算结果。"非"运算的规则是：若 A 为 1，则 $\overline{A}$ 为 0；反之，若 A 为 0，则 $\overline{A}$ 为 1。可简述为"1 非为 0，0 非为 1"。

"非"运算的真值表很简单，如表 2-3 所示。

表 2-3 "非"运算真值表

A	$C=\overline{A}$	A	$C=\overline{A}$
0	1	1	0

这里不再给出可以由"非"运算来描述的具体例子，请读者自己结合"非"运算的特点试列举之。

4. "异或"运算

"异或"又称模 2 加，其运算规则是：0 和任何数相"异或"该数不变，1 和任何数相"异或"该数变反。可简述为"相同得 0，不同得 1"。其运算符号为 ∀ 或⊕，如下所示：

$$0\forall 0=0 \quad 0\forall 1=1 \quad 1\forall 0=1 \quad 1\forall 1=0$$

也可表示为：

$$0\oplus 0=0 \quad 0\oplus 1=1 \quad 1\oplus 0=1 \quad 1\oplus 1=0$$

【例 2-3】 $0110\forall 1001=1111$

"异或"运算常用于将一个已知二进制数的某些位变反而其余各位保持不变。例如，欲使 10101100 的最低两位变反而其余各位不变，就可以用 00000011 与之进行"异或"运算来实现。即：

$$\begin{array}{r} 10101100 \\ \forall \quad 00000011 \\ \hline 10101111 \end{array}$$

2.1.3 逻辑函数

在本节开头的讨论中，曾介绍过逻辑函数的初步概念。这里再进一步阐述如下：设有 n 个逻辑变量 $A_1, A_2, \cdots, A_n$，$f(A_1, A_2, \cdots, A_n)$代表 $A_1, A_2, \cdots, A_n$ 构成的逻辑函数，$f(A_1, A_2, \cdots, A_n)$的值是 1 还是 0，取决于 $A_1, A_2, \cdots, A_n$ 的取值。

例如，逻辑函数 $f(A,B,C)=AB+\overline{A}C+BC$，如果取 $A=1,B=1,C=0$，那么 $f(1,1,0)=1\cdot 1+\overline{1}\cdot 0+1\cdot 0=1$；如果取 $A=1,B=0,C=1$，则 $f(1,0,1)=1\cdot 0+\overline{1}\cdot 1+0\cdot 1=0$。

逻辑函数与普通代数中的函数相比，应注意它的两个特点：

(1) 逻辑函数中的变量只能有 0 和 1 两种取值。

(2) 逻辑函数中各变量之间的运算关系只能是"与"、"或"、"非"3 种基本逻辑运算。

2.1.4 逻辑函数的相等

设有两个逻辑函数：

$$F_1=f_1(A_1, A_2, \cdots, A_n), \quad F_2=f_2(A_1, A_2, \cdots, A_n)$$

如果对应于逻辑变量 $A_1, A_2, \cdots, A_n$ 的任何一组取值，F_1 和 F_2 的值都相同，则称 $F_1=F_2$。换句话说，如果 F_1 和 F_2 有相同的真值表，则 $F_1=F_2$；反之，如果 $F_1=F_2$，则它们的真值表一定相同。

由此可以知道，要证明两个逻辑函数是否相等，只要把它们的真值表分别列出，看看是否一样，如果真值表是一样的，那么它们就是相等的。

【例 2-4】 设 $F_1=A+\overline{A}B$，$F_2=A+B$

试证：$F_1=F_2$。

证明 列出它们的真值表，如表 2-4 所示。

表 2-4 F_1 和 F_2 的真值表

A	B	$F_1=A+\overline{A}B$	$F_2=A+B$
0	0	0	0
0	1	1	1
1	0	1	1
1	1	1	1

由表 2-4 可见，对于 A、B 的每一组取值，F_1 的值都和 F_2 的值相同。根据上述逻辑函数相等的定义，所以 $F_1=F_2$。

2.2 逻辑代数的基本公式

根据表 2-1、表 2-2、表 2-3 给出的"或"、"与"、"非"的运算规则及上面介绍的真值表证明方法，可以得到逻辑代数的一组基本公式。

0-1 律：

$$\begin{cases}0+A=A & \text{(2-1)}\\ 1+A=1 & \text{(2-2)}\end{cases}$$

$$\begin{cases}1\cdot A=A & \text{(2-1)}'\\ 0\cdot A=0 & \text{(2-2)}'\end{cases}$$

互补律：

$$A+\overline{A}=1 \quad \text{(2-3)}$$

$$A\cdot\overline{A}=0 \quad \text{(2-3)}'$$

重迭律：

$$A+A=A \quad \text{(2-4)}$$

$$A\cdot A=A \quad \text{(2-4)}'$$

交换律：

$$A+B=B+A \quad \text{(2-5)}$$

$$A\cdot B=B\cdot A \quad \text{(2-5)}'$$

结合律：

$$(A+B)+C=A+(B+C) \quad \text{(2-6)}$$

$$(A\cdot B)\cdot C=A\cdot(B\cdot C) \quad \text{(2-6)}'$$

分配律：

$$A\cdot(B+C)=A\cdot B+A\cdot C \quad \text{(2-7)}$$

$$A+B\cdot C=(A+B)\cdot(A+C) \quad \text{(2-7)}'$$

吸收律：

$$\begin{cases}A+AB=A & \text{(2-8)}\\ A+\overline{A}B=A+B & \text{(2-9)}\end{cases}$$

$$\begin{cases}A\cdot(A+B)=A & \text{(2-8)}'\\ A\cdot(\overline{A}+B)=AB & \text{(2-9)}'\end{cases}$$

反演律：

$$\overline{A+B}=\overline{A}\cdot\overline{B} \quad \text{(2-10)}$$

$$\overline{A\cdot B}=\overline{A}+\overline{B} \quad \text{(2-10)}'$$

包含律：

$$AB+\overline{A}C+BC=AB+\overline{A}C \quad \text{(2-11)}$$

$$(A+B)(\overline{A}+C)(B+C)=(A+B)(\overline{A}+C) \quad \text{(2-11)}'$$

对合律：

$$\overline{\overline{A}}=A \quad \text{(2-12)}$$

上面给出的每一个公式都可以方便地用真值表的方法给以证明。

例如，证明反演律 $\overline{A+B}=\overline{A}\cdot\overline{B}$，$\overline{A\cdot B}=\overline{A}+\overline{B}$。

证明 列出真值表(为简单起见，将两个表列在一起)如表 2-5 所示。

表 2-5 用真值表证明逻辑等式

A	B	$\overline{A+B}$	$\overline{A}\cdot\overline{B}$	$\overline{A\cdot B}$	$\overline{A}+\overline{B}$
0	0	1	1	1	1
0	1	0	0	1	1
1	0	0	0	1	1
1	1	0	0	0	0

由表2-5可见，反演律成立。

用真值表的方法证明逻辑等式，当变量较多时是很麻烦的，但它却是直接的证明，而不依赖其他定理。

反演律通常也称德·摩根(De Morgan)定理，它是逻辑代数中十分重要且经常使用的定理。

德·摩根定理也可以推广到多变量情形，即：

$$\overline{A_0+A_1+\cdots+A_n}=\overline{A}_0\cdot\overline{A}_1\cdot\cdots\cdot\overline{A}_n \qquad (2\text{-}13)$$

$$\overline{A_0\cdot A_1\cdot\cdots\cdot A_n}=\overline{A}_0+\overline{A}_1+\cdots+\overline{A}_n \qquad (2\text{-}13)'$$

上面给出的基本公式也是逻辑代数的基本定律。正如普通代数和其他数学领域一样，只要确立某些基本定律和公式是正确的，在以后证明更复杂的关系式时，这些定律和公式就可作为求证的手段和依据。今后，在证明其他逻辑等式或进行逻辑函数的化简时，可直接利用上述公式。

另外，包含律具有如下推论：

$$AB+\overline{A}C+BCD=AB+\overline{A}C \qquad (2\text{-}14)$$

$$(A+B)(\overline{A}+C)(B+C+D)=(A+B)(\overline{A}+C) \qquad (2\text{-}14)'$$

以上两个公式，当然可以用真值表法给以证明。但为了练习利用基本公式的证明方法，下面给出利用基本公式而作出的证明。

证明 $AB+\overline{A}C+BCD$

$=AB+\overline{A}C+(BC)+BCD$ [由包含律]

$=AB+\overline{A}C+BC(1+D)$ [由分配律]

$=AB+\overline{A}C+BC$ [由0-1律]

$=AB+\overline{A}C$ [由包含律]

式(2-14)证毕。

$(A+B)(\overline{A}+C)(B+C+D)$

$=\overline{\overline{A+B}+\overline{\overline{A}+C}+\overline{B+C+D}}$ [由反演律]

$=\overline{\overline{A}\,\overline{B}+A\overline{C}+\overline{B}\,\overline{C}\,\overline{D}}$ [由反演律]

$=\overline{\overline{A}\,\overline{B}+A\overline{C}}$ [由式(2-14)]

$=\overline{\overline{A}\,\overline{B}}\cdot\overline{A\overline{C}}$ [由反演律]

$=(A+B)(\overline{A}+C)$ [由反演律]

式(2-14)′证毕。还有其他不同证法，读者可自行试之。

式(2-11)及其推论式(2-14)说明如下事实：在一个“积之和”表达式中，如果其中的两个乘积项之一包含了原变量A，另一个乘积项包含了反变量$\overline{A}$，而这两个乘积项的其余因子都是第三个乘积项的因子，则第三个乘积项是多余的。

2.3 逻辑代数的3个重要规则

2.3.1 代入规则

“任何一个含有变量A的等式，如果将所有出现A的位置都代之以同一个逻辑函数F，则此等式仍然成立”，人们称这一规则为代入规则。

因为任何一个逻辑函数也和任一个逻辑变量一样，只有0和1两种取值，所以上述规则显然是成立的。有了代入规则，就可以将前面已推导出的等式中的变量用任意的逻辑函数代替，从而扩大了等式的应用范围。即对基本公式中的某个变量代之以某个函数后所得到的等式，可直接当作公式作用。

【例 2-5】 已知 $A+\overline{A}=1$，而函数 $F=BC$，将等式中的 A 代之以 $F=BC$，则有 $BC+\overline{BC}=1$。

【例 2-6】 已知 $\overline{A+B}=\overline{A}\,\overline{B}$，这是二变量的德·摩根定理。若将等式中的 B 用 $F=B+C$ 代入，就得到：

$$\overline{A+(B+C)}=\overline{A}\cdot\overline{B+C}$$

即：

$$\overline{A+B+C}=\overline{A}\cdot\overline{B}\cdot\overline{C}$$

这是三变量的德·摩根定理。

值得注意的是，在使用代入规则时，一定要把等式中所有出现某个变量(例如 A)的地方，都代之以同一个逻辑函数，否则，代入后所得新的等式不能成立。例如，已知 $A+\overline{A}B=A+B$，将等式中所有出现 A 的地方都代之以 $f=AC$，则等式仍然成立，即 $AC+\overline{AC}B=AC+B$；但是 $AC+\overline{A}B\neq AC+B$，其原因在于只是将等式中的原变量 A 代之以 $f=AC$，而等式中以反变量 $\overline{A}$ 形式出现的地方，没有用 $f=AC$ 代替 A。

2.3.2 反演规则

“设 F 为一个逻辑函数表达式，如果将 F 中所有的 · 变 +，+ 变 · ，0 变 1，1 变 0，原变量变反变量，反变量变原变量，那么所得到的新的逻辑函数表达式就是 $\overline{F}$”。这就是反演规则。

反演规则是反演律的推广应用。利用反演规则，可以方便地求出一函数的“反”。

【例 2-7】 已知 $F=AB+\overline{C}\,\overline{D}$，根据反演规则可得：

$$\overline{F}=(\overline{A}+\overline{B})\cdot(C+D)$$

【例 2-8】 已知 $x=A[\overline{B}+(C\overline{D}+\overline{E}F)]$，根据反演规则可得：

$$\overline{x}=\overline{A}+\{B\cdot[(\overline{C}+D)\cdot(E+\overline{F})]\}$$

值得注意的是，在使用反演算规则时，不要把原来的运算次序搞乱，例2-8中所加的大、中、小括号就是为了明确运算次序的。

2.3.3 对偶规则

考查前面介绍的逻辑代数基本定律的公式不难看出，所有这些定律的公式总是成对出现的，例如：

$$\left.\begin{aligned}A+B&=B+A\\A\cdot B&=B\cdot A\end{aligned}\right\}\text{交换律}$$

$$\left.\begin{aligned}(A+B)+C&=A+(B+C)\\(A\cdot B)\cdot C&=A\cdot(B\cdot C)\end{aligned}\right\}\text{结合律}$$

$$\left.\begin{array}{l} A\cdot(B+C)=A\cdot B+A\cdot C \\ A+B\cdot C=(A+B)\cdot(A+C) \end{array}\right\} \text{分配律}$$

人们称这一特性为逻辑代数的对偶性。在成对出现的等式中,第一式等号两端的表达式都是相应第二式等号两端表达式的对偶式。下面先给出对偶式的定义:

设 F 是一个逻辑函数表达式,如果将 F 中所有·变+,+变·,1 变 0,0 变 1,而变量保持不变,那么就得到一个新的逻辑函数表达式 F',则称 F' 为 F 的对偶式。

【例 2-9】 如 $F=A\cdot(B+\overline{C})$

则 $F'=A+B\cdot\overline{C}$

如 $F=(A+B)\cdot(\overline{A}+C)\cdot(C+DE)$

则 $F'=A\cdot B+\overline{A}\cdot C+C\cdot(D+E)$

从上面的例子可以看到,如果 F 的对偶式是 F',那么 F' 的对偶式就是 F,即 F 和 F' 互为对偶式。

对偶规则:"如果两个逻辑函数表达式 F 和 G 相等,那么它们的对偶式 F' 和 G' 也相等。"

证明 因为 $F=G$,所以 $\overline{F}=\overline{G}$。根据反演规则,$\overline{F}$ 和 $\overline{G}$ 可以从表达式 F 和 G 得到,即 F 和 G 中的·换为+,+换为·,0 换为 1,1 换为 0,原变量换为反变量,反变量换为原变量。如果再把 $\overline{F}$ 和 $\overline{G}$ 中所有变量都代以它们的"反",那么就得到 F' 和 G'。根据代入规则,由于 $\overline{F}=\overline{G}$,所以 $F'=G'$。

【例 2-10】 已知 $\overline{A}B+AC+BC=\overline{A}B+AC$,则等式两端表达式的对偶式也相等,即:

$$(\overline{A}+B)\cdot(A+C)\cdot(B+C)=(\overline{A}+B)\cdot(A+C)$$

【例 2-11】 已知 $A\cdot(B+C+D)=A\cdot B+A\cdot C+A\cdot D$,则等式两端表达式的对偶式也相等,即:

$$A+B\cdot C\cdot D=(A+B)\cdot(A+C)\cdot(A+D)$$

注意在求逻辑表达式的对偶式时,同样也要注意运算符号的先后顺序。

由上可见,当证明了某一等式成立时,便可根据对偶规则得到其对偶式的等式,这就使得需要证明的公式的数目减少了一半。这也是要掌握对偶规则的主要目的。

2.4 逻辑函数的代数化简法

2.4.1 代数化简法概述

从前面介绍的逻辑函数相等的概念可以知道,一个逻辑函数可以有多种不同的表达式。如果把它们分类,主要有"与或"表达式、"或与"表达式、"与非与非"表达式、"或非或非"表达式以及"与或非"表达式等,如下例:

$$\begin{array}{ll} F=AB+\overline{A}C & \text{“与或”表达式} \\ =(A+C)\cdot(\overline{A}+B) & \text{“或与”表达式} \\ =\overline{\overline{AB}\cdot\overline{\overline{A}C}} & \text{“与非与非”表达式} \\ =\overline{\overline{A+C}+\overline{\overline{A}+B}} & \text{“或非或非”表达式} \\ =\overline{A\overline{B}+\overline{A}\,\overline{C}} & \text{“与或非”表达式} \end{array}$$

即使对同一类型来说，函数的表达式也不是唯一的，如上例的"与或"表达式：

$$
\begin{aligned}
F &= AB + \bar{A}C = AB + \bar{A}C + BC \\
&= ABC + AB\bar{C} + \bar{A}BC + \bar{A}\,\bar{B}C \\
&= \cdots
\end{aligned}
$$

由于表达式的繁简不同，实现它们的逻辑电路(第3章将具体介绍)也不相同。那么，到底是用什么样的表达式才能使实现它们的逻辑电路最简呢？一般地说，如果表达式比较简单，那么实现它们的逻辑电路所用的元件也就比较少，设备也就比较简单。

为了得到较简单的逻辑表达式，就需对给定的逻辑函数进行化简。常用的化简方法有代数法、图解法和列表法。本书主要介绍代数法和图解法(即卡诺图法)。对列表法有兴趣的读者可查阅参考文献[1]。

代数化简法也叫公式化简法，它是运用逻辑代数的基本公式对逻辑表达式进行化简，使用这种方法。要求熟练地掌握和运用前面已经介绍的有关定理和公式。下面先介绍如何将一个"与或"表达式化为最简的"与或"表达式。由于逻辑函数的对偶性。也就不难化简"或与"表达式。

2.4.2 "与或"表达式的化简

所谓最简的"与或"表达式，通常是指：

(1) 表达式中的乘积项(与项)个数最少；

(2) 在满足(1)的条件下，每个乘积项中变量个数最少。

例如，前面例子给出的不同形式的"与或"表达式中，$F=AB+\bar{A}C$ 为最简。下面通过具体例子说明这种类型的逻辑表达式的化简方法。

【例 2-12】

$$
\begin{aligned}
F &= AB+\bar{B}C+\bar{A}C \\
&= AB+(\bar{A}+\bar{B})C && [\text{由分配律}] \\
&= AB+\overline{AB}C && [\text{由反演律}] \\
&= AB+C && [\text{由吸收律}]
\end{aligned}
$$

【例 2-13】

$$
\begin{aligned}
F &= AB+\bar{A}\,\bar{B}+A\bar{B}CD+\bar{A}BCD \\
&= AB+\bar{A}\,\bar{B}+(A\bar{B}+\bar{A}B)\cdot CD && [\text{由分配律}] \\
&= AB+\bar{A}\,\bar{B}+\overline{\overline{A\bar{B}}\cdot\overline{\bar{A}B}}\cdot CD && [\text{由反演律}] \\
&= AB+\bar{A}\,\bar{B}+\overline{(\bar{A}+B)\cdot(A+\bar{B})}\cdot CD && [\text{由反演律}] \\
&= AB+\bar{A}\,\bar{B}+\overline{AB+\bar{A}\,\bar{B}}\cdot CD && [\text{由分配律}] \\
&= AB+\bar{A}\,\bar{B}+CD && [\text{由吸收律}]
\end{aligned}
$$

本例也可用下述方法化简

$$
\begin{aligned}
F &= AB+\bar{A}\,\bar{B}+A\bar{B}CD+\bar{A}BCD \\
&= A(B+\bar{B}CD)+\bar{A}(\bar{B}+BCD) && [\text{由分配律}] \\
&= A(B+CD)+\bar{A}(\bar{B}+CD) && [\text{由吸收律}] \\
&= AB+ACD+\bar{A}\,\bar{B}+\bar{A}CD && [\text{由分配律}] \\
&= AB+\bar{A}\,\bar{B}+CD(A+\bar{A}) && [\text{由分配律}] \\
&= AB+\bar{A}\,\bar{B}+CD
\end{aligned}
$$

可见，化简的方法并非唯一，可灵活运用已掌握的公式。

【例 2-14】 $F=AC+\bar{C}D+ADE$

$=AC+\bar{C}D$ [由包含律的推论]

【例 2-15】 $F=A\bar{B}+BD+\bar{A}D+DC$

$=A\bar{B}+D(B+\bar{A})+DC$ [由分配律]

$=A\bar{B}+\overline{A\bar{B}}\cdot D+DC$ [由反演律]

$=A\bar{B}+D+DC$ [由吸收律]

$=A\bar{B}+D(1+C)$ [由分配律]

$=A\bar{B}+D$

2.4.3 "或与"表达式的化简

通过逻辑变量的逻辑加运算构成"或"项，再通过"或"项的逻辑乘运算即可构成"或与"表达式。例如：$F=(A+C)(A+\bar{B})$就是由"或"项$(A+C)$和$(A+\bar{B})$进行逻辑乘而构成的"或与"表达式。

和最简的"与或"表达式相对应，一个"或与"表达式是否为最简，可由下述两条标准来衡量：

(1) 表达式中的"或项"最少；

(2) 在满足(1)的条件下，每个"或"项的变量个数最少。

也就是说，在化简"或与"表达时，尽量减少"或"项的数目以及每个"或"项中变量的个数。

可以用两种方法对"或与"表达式进行化简。一种方法是直接运用前面成对给出的基本公中的"或与"形式的公式。

【例 2-16】 $F=A(A+B)(\bar{A}+D)(\bar{B}+D)(A+C)$

$=A(\bar{A}+D)(\bar{B}+D)$ [由式(2-8)′]

$=AD(\bar{B}+D)$ [由式(2-9)′]

$=AD$ [由式(2-8)′]

另一种方法是二次对偶法。即，若原函数 F 是"或与"表达式，则它的对偶式 F' 必然是"与或"表达式，对 F' 使用人们较熟悉的"与或"形式的公式进行化简，化简后再求 F' 的对偶式$(F')'$，即得 F 的最简"或与"表达式。

【例 2-17】 $F=(A+B)(\bar{A}+C)(B+C)(A+C)$

先求 F 的对偶式并进行化简：

$F'=AB+\bar{A}C+BC+AC$

$=AB+\bar{A}C+AC$ [由包含律]

$=AB+C(\bar{A}+A)$ [由分配律]

$=AB+C$

再求 F' 的对偶式，即可得 F 的最简"或与"表达式：

$$(F')'=F=(A+B)\cdot C$$

代数化简法要求灵活运用逻辑代数的基本定律和公式。它的优点是，在某些情况下用起来很简便，特别是当变量较多时这一点体现得更加明显。例如：

$$A+A\bar{B}C\bar{D}E=A;\quad AC+\bar{A}CDE+BCDEFG=AC+\bar{A}CDE=AC+CDE$$

它的缺点是，没有明确的、规律化的化简步骤，随着每个人对基本公式的熟练程度不同，化简的步骤和过程也不一样。因此，不便于通过计算机自动化地实现逻辑函数的化简。

另外，利用代数化简法有时不易判断化简结果是否最简，所以代数化简法有一定的局限性。但是它对于熟悉逻辑代数的基本原理和常用公式以及在实际的逻辑电路设计工作中还是很有用处的。

本章小结

本章主要介绍了逻辑代数的基础知识，包括逻辑代数的基本概念、基本逻辑运算、逻辑代数的基本定律及规则、逻辑等式的证明以及逻辑函数的化简等方面的内容。

(1) 逻辑代数是一种二值代数系统。在这种代数系统中，变量只有 0 和 1 两种取值可能，变量之间的基本运算有 3 种，即"或"运算、"与"运算和"非"运算。本章用真值表的形式分别给出了这 3 种运算的基本规则。

(2) 逻辑代数有一组基本定律、基本公式和 3 个重要规则，熟练地应用它们进行逻辑等式的证明以及逻辑函数式的化简、变换等，是学习后续章节内容的必备基础。

习 题 2

2.1 逻辑代数与普通代数有哪些主要区别？

2.2 什么叫真值表？试写出两个变量进行"与"运算、"或"运算及"非"运算的真值表。

2.3 列出下列逻辑函数的真值表，说明各题中 F_1 和 F_2 有何关系：

(1) $F_1=ABC+\overline{A}\,\overline{B}\,\overline{C}$

$F_2=\overline{A\overline{B}+B\overline{C}+C\overline{A}}$

(2) $F_1=A\overline{B}+B\overline{C}+C\overline{A}$

$F_2=\overline{A}B+\overline{B}C+\overline{C}A$

2.4 对下列逻辑函数表达式，指出当 A、B、C 为哪些取值组合时，F 的值为 1？

(1) $F=AB+\overline{A}C$

(2) $F=(A+\overline{B})(A+\overline{C})$

(3) $F=\overline{AB+B\overline{C}}(A+B)$

2.5 写出下列表达式的对偶式：

(1) $f=(A+B)(\overline{A}+C)(C+DE)+F$

(2) $f=\overline{A\,\overline{BC}}(\overline{A}+C)$

2.6 利用反演规则求下列函数的反函数：

(1) $f=(A+\overline{B}+\overline{C})(\overline{A}+B+C)$

(2) $f=A\overline{B}+\overline{B}C+C(\overline{A}+D)$

2.7 利用逻辑代数的基本定理和公式证明下列等式：

(1) $AB+\overline{A}C+\overline{B}C=AB+C$

(2) $A\overline{B}+BD+\overline{A}D+DC=A\overline{B}+D$

(3) $BC+D+\overline{D}(\overline{B}+\overline{C})(AD+B)=B+D$

(4) $ABC+\overline{A}\,\overline{B}\,\overline{C}=\overline{A\overline{B}+B\overline{C}+C\overline{A}}$

(5) $A\overline{B}+B\overline{C}+C\overline{A}=\overline{A}B+\overline{B}C+\overline{C}A$

(6) $AB+BC+CA=(A+B)(B+C)(C+A)$

2.8 用公式法将下列函数化简为最简的“与或”表达式：

(1) $F=\overline{A}\,\overline{B}\,\overline{C}+\overline{A}BC+ABC+AB\overline{C}$

(2) $F=A\overline{B}+B+BCD$

(3) $F=\overline{A}B+\overline{A}C+\overline{B}\,\overline{C}+AD$

(4) $F=\overline{A}\,\overline{B}+\overline{A}\,\overline{C}D+AC+B\overline{C}$

(5) $F=A(B+\overline{C})+\overline{A}(\overline{B}+C)+BCD+\overline{B}\,\overline{C}D$

第 3 章 逻辑门电路

所谓逻辑门电路就是实现一些基本逻辑运算的电路。最基本的逻辑运算可以归结成“与”、“或”、“非”3 种。所以最基本的逻辑门电路就是“与”门、“或”门和“非”门。

本章将具体介绍几种基本的逻辑门电路，同时也介绍其他类型的一些门电路，如集电极开路门、三态门、传输门等。

3.1 分立元件的门电路

对于数字电路的初学者来说，从分立元件的角度来认识门电路到底怎样实现“与”、“或”、“非”的逻辑功能和工作原理，是非常直观和易于理解的。因此，下面对分立元件的逻辑门电路作简要介绍。

3.1.1 二极管“与”门

二极管“与”门电路原理图如图 3.1 所示。图 3.1 中 A、B 代表“与”门的输入，F 代表输出。如果约定 +5V 电压代表逻辑值 1，0V 电压代表逻辑值 0，并且假定二极管的正向导通电阻为 0，反向截止电阻无限大，那么图 3.1 所示电路的输入输出关系可如表 3-1 所示。

表 3-1 二极管“与”门电路的输入输出关系

A		B		F	
电压/V	逻辑值	电压/V	逻辑值	电压/V	逻辑值
0	0	0	0	0	0
0	0	+5	1	0	0
+5	1	0	0	0	0
+5	1	+5	1	+5	1

由表 3-1 可见，该电路实现“与”的逻辑功能，故称“与”门电路。其图形符号如图 3.2 所示。

“与”门电路的输出 F 和输入 A、B 之间的逻辑关系表达式为：

$$F=A\cdot B$$

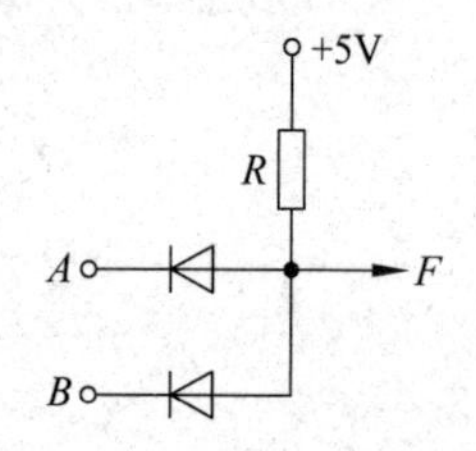

图 3.1 二极管“与”门电路

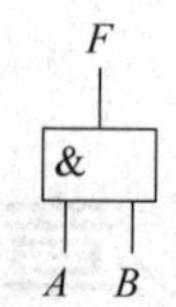

图 3.2 “与”门图形符号

3.1.2 二极管“或”门

二极管“或”门电路原理图如图 3.3 所示。

二极管“或”门电路的输入 A、B 和输出 F 的关系如表 3-2 所示。

表 3-2 二极管“或”门电路的输入输出关系

A		B		F	
电压/V	逻辑值	电压/V	逻辑值	电压/V	逻辑值
0	0	0	0	0	0
0	0	+5	1	+5	1
+5	1	0	0	+5	1
+5	1	+5	1	+5	1

由表 3-2 可见，该电路实现“或”的逻辑功能，故称“或”门电路，其图形符号如图 3.4 所示。

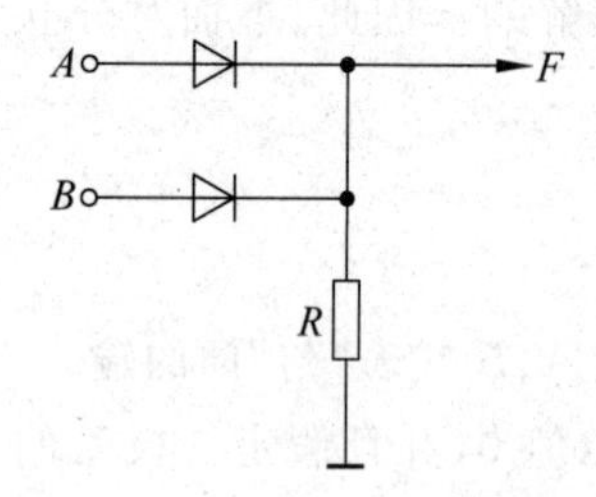

图 3.3 二极管“或”门电路

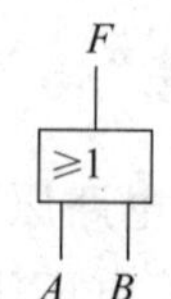

图 3.4 “或”门图形符号

“或”门电路的输出 F 和输入 A、B 之间的逻辑关系表达式为：

$$F = A + B$$

3.1.3 “非”门

“非”门也叫反门，或叫反相器。它的电路原理图如图 3.5 所示。

假定三极管导通时其集电极输出电压为 0V，三极管截止时其集电极输出电压为+5V，那么图 3.5 所示电路的输入输出关系如表 3-3 所示。

表 3-3 “非”门电路的输入输出关系

A		F	
电压/V	逻辑值	电压/V	逻辑值
0	0	+5	1
+5	1	0	0

由表 3-3 可见,输出 F 是输入 A 的反,故称反门,即 $F=\overline{A}$。非门的图形符号如图 3.6 所示。

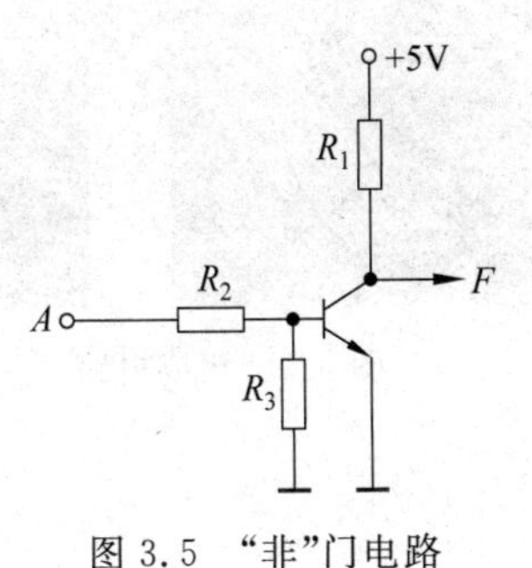

图 3.5 “非”门电路

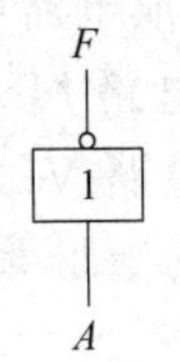

图 3.6 “非”门图形符号

3.1.4 “与非”门

把前面的二极管“与”门的输出接至“非”门的输入,就组成分立元件的“与非”门电路,如图 3.7 所示。该电路的输入输出关系如表 3-4 所示。

表 3-4 “与非”门电路的输入输出关系

A		B		F	
电压/V	逻辑值	电压/V	逻辑值	电压/V	逻辑值
0	0	0	0	+5	1
0	0	+5	1	+5	1
+5	1	0	0	+5	1
+5	1	+5	1	0	0

由表 3-4 可见,“与非”门的输入输出逻辑关系表达式为:

$$F=\overline{A \cdot B}$$

“与非”门的图形符号如图 3.8 所示。

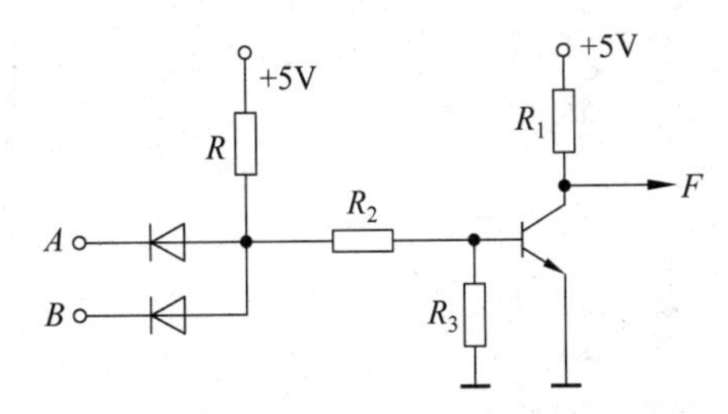

图 3.7 “与非”门电路

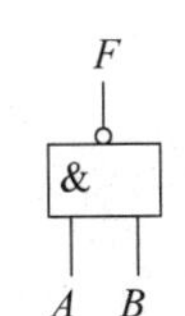

图 3.8 “与非”门图形符号

3.2 集成门电路

上面介绍了用分立元件组成的“与”门、“或”门、“非”门和“与非”门电路。如果把一个门电路所需要的全部元件和连线都制造在同一块半导体芯片上,再把这一芯片封装在一个壳体中,就构成了集成门电路,一般称为集成电路(Integrated Circuit,IC),如图 3.9 所示。集成电路比分立元件电路有许多显著的优点，如体积小、耗电省、重量轻、可靠性高等。所以集成电路一经出现，就受到人们的极大重视并迅速得到广泛应用。

图 3.9　集成电路

根据在一块芯片上含有的门电路数量的多少（又称集成度），集成电路可分为小规模集成电路SSI、中规模集成电路MSI、大规模集成电路LSI和超大规模集成电路VLSI。虽然这几种集成电路中所含门电路的数量并无严格的规定，但大体上可划分如下：

- 小规模集成电路SSI——10个门电路以下；
- 中规模集成电路MSI——10～100个门电路；
- 大规模集成电路LSI——100～几千个门电路；
- 超大规模集成电路VLSI——几千至几十万个门电路。

目前，构成集成电路的半导体器件主要有两大类：一类是利用半导体中两种载流子（电子和空穴）参与导电的双极型器件。另一类是只利用半导体中一种载流子（多数载流子）参与导电的单极型器件。

TTL集成电路是双极型集成电路的典型代表，TTL是晶体管-晶体管逻辑电路（Transistor-Transistor Logic）的缩写。下面首先介绍几种常用的TTL集成门电路，然后再简单介绍一下发射极耦合逻辑电路（ECL）的特点。

3.2.1　TTL"与非"门

图3.10是一个典型的TTL"与非"门电路原理图。

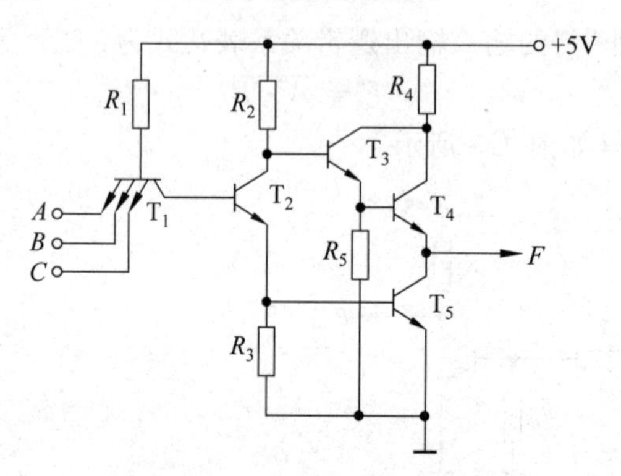

图 3.10　TTL"与非"门电路

这里并不讨论该电路的内部工作原理和工作过程，而只是扼要地说明它的基本组成部分及其作用，以便对它有个感性的认识和了解。我们的主要目的，还是熟悉它的逻辑特性。后边也将介绍逻辑门电路的几个重要的性能指标，为在逻辑设计时正确地使用门电路提供一些必要的基础知识。

图3.10所示电路大体上由3部分组成。第一部分，是由多发射极晶体管 T_1 所构成的输入"与"逻辑；第二部分，是由 T_2 组成的分相放大器，T_2 的集电极上输出反相信号给 T_3，

发射极上输出同相信号给 T_5；第三部分，是由 T_3、T_4、T_5 构成的推拉式输出电路，用以增加该“与非”门电路的输出负载能力和抗干扰能力。下面分析该电路的输入输出逻辑特性。

TTL“与非”门的输入输出关系如表 3-5 所示。

表 3-5　TTL“与非”门的输入输出关系表

A		*B*		*C*		*F*	
电平	逻辑值	电平	逻辑值	电平	逻辑值	电平	逻辑值
低	0	低	0	低	0	高	1
低	0	低	0	高	1	高	1
低	0	高	1	低	0	高	1
低	0	高	1	高	1	高	1
高	1	低	0	低	0	高	1
高	1	低	0	高	1	高	1
高	1	高	1	低	0	高	1
高	1	高	1	高	1	低	0

在表 3-5 中，用逻辑值 1 代表高电平，用逻辑值 0 代表低电平，称为正逻辑；反之，如果用逻辑值 0 代表高电平，用逻辑值 1 代表低电平，则为负逻辑。

在负逻辑的情况下，图 3.10 电路的输入输出关系如表 3-6 所示。

表 3-6　负逻辑情况下的输入输出关系表

A	*B*	*C*	*F*	*A*	*B*	*C*	*F*
1	1	1	0	0	1	1	0
1	1	0	0	0	1	0	0
1	0	1	0	0	0	1	0
1	0	0	0	0	0	0	1

由此可以看出，在正逻辑和负逻辑的不同情况下，同一个图 3.10 所示 TTL 电路的逻辑功能是不相同的。

正逻辑：为“与非”门，其逻辑表达式是 $F=\overline{A \cdot B \cdot C}$；

负逻辑：为“或非”门，其逻辑表达式是 $F=\overline{A+B+C}$。

一般地说，同一个 TTL 门电路，在正逻辑情况下如果是“与”门，则在负逻辑情况下，它为“或”门；反之，如果在正逻辑情况下它是“或”门，则在负逻辑情况下，它为“与”门。

习惯上，常采用正逻辑，即 1 代表高电平，0 代表低电平。在后续章节中，也均采用正逻辑。

3.2.2　其他类型的 TTL 门电路

在实际的数字系统中，需要实现的逻辑功能往往是多种多样的。因此，在 TTL 门电路的系列产品中，除了前面介绍的几种门电路以外，还有其他几种类型的 TTL 门电路，如“或非”门、“与或非”门、“异或”门、集电极开路门、三态门等。下面，选择其中几种常用类型简单介绍。

1. 扩展器和“与或非”门

1）“与”扩展器

在实际使用中，有时会遇到“与非”门的输入端少于输入变量个数的情况，例如要实现逻辑函数 $P=\overline{ABCDEF}$，现只有 3 个输入端的“与非”门，则需要如图 3.11 那样用较多的门电路来实现。

这种实现方法，所用“与非”门的数量较多，信号通过的级数也较多。怎样解决呢？当然可再找多输入端的“与非”门来实现。如没有，则可通过在“与非”门上加“与”扩展器的方法来解决。“与”扩展器的电路很简单，是一只多发射极的三极管，如图 3.12 所示。

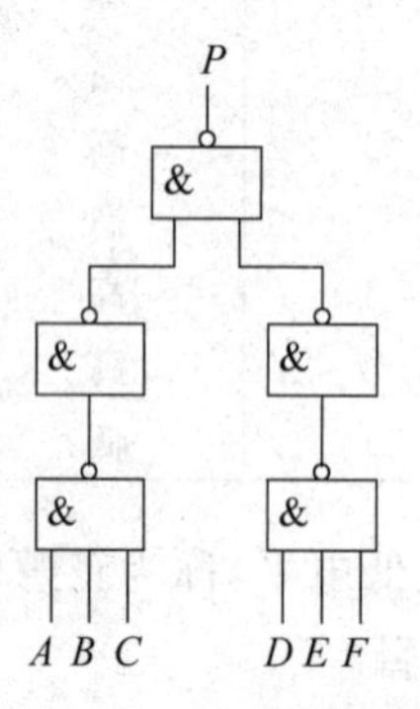

图 3.11 六输入“与非”逻辑的实现

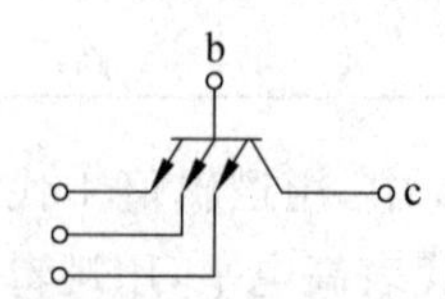

图 3.12 “与”扩展器

使用时，只需将此多发射极管的基极 b 与集电极 c 和“与非”门的 T_1 管的基极和集电极并联相接，就相当于增加了“与非”门的输入端。当然这个“与非”门也必须是能带“与”扩展器的“与非”门，即需有 T_1 管基极和集电极的相应引出线。在有些产品手册上也标明某种“与非”门能否带“与”扩展器。

2）“或”扩展器和“与或非”门

若只用“与非”门来实现逻辑函数 $P=\overline{AB+CD}$，则如图 3.13 所示。

这种实现方法，所用门的个数较多，级数也多。也可用增加“或”扩展器的办法实现。“或”扩展器的具体电路如图 3.14 所示。使用时，将其输出端 c、e 分别和“与非”门电路 T_2 管的集电极和发射极相接，这样就使原来的“与非”门变成了“与或非”门，“与或非”门的图形符号如图 3.15 所示。其输出 F 的逻辑表达式为：

$$F=\overline{AB+CD}$$

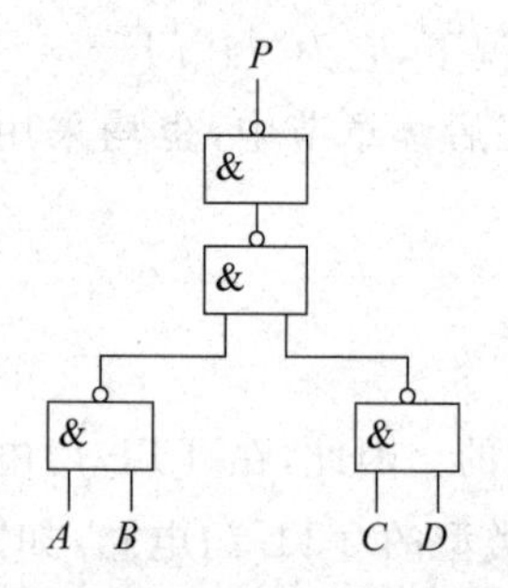

图 3.13 “与或非”逻辑的实现

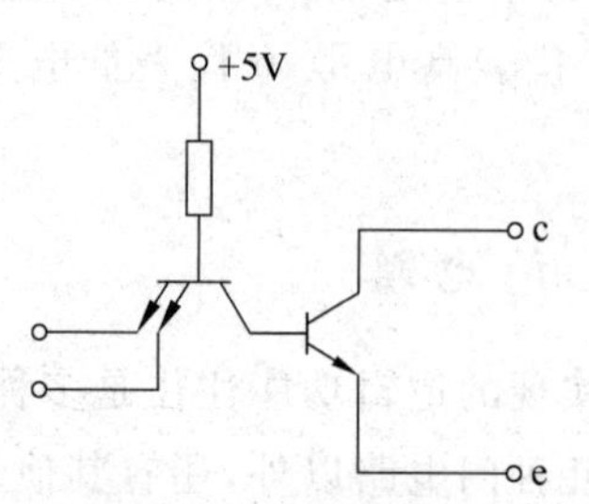

图 3.14 “或”扩展器

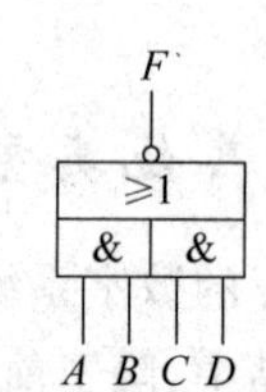

图 3.15 “与或非”门的图形符号

2. “异或”门

“异或”门(Exclusive OR gate)用以实现两个逻辑变量的“异或”运算，其输出表达式为：

$$F = A\overline{B} + \overline{A}B = A \oplus B$$

式中的运算符号$\oplus$就是在第2章中曾介绍过的“异或”运算，也称“模2加”。在那里，曾给出了它的具体运算规则，此处从略。

根据“异或”运算规则，容易列出“异或”门的真值表，如表3-7所示。

表3-7 “异或”门真值表

A	B	$F=A\oplus B$	A	B	$F=A\oplus B$
0	0	0	1	0	1
0	1	1	1	1	0

由真值表容易看出，对于$F=A\oplus B$来说，仅当A、B两个输入变量相异($A=0,B=1$或$A=1,B=0$)时，才有输出$F=1$。这就是“异或”的逻辑含义。

“异或”门的图形符号如图3.16所示。

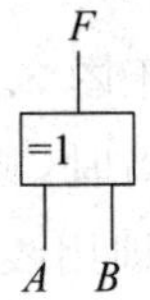

F
=1
A B

图3.16 “异或”门的图形符号

在数字系统中，常用“异或”门来作代码是否相同的比较，也可在奇偶校验电路以及后面将要介绍的全加器电路中。

与“异或”逻辑相对应，还有一种所谓“同或”逻辑，其表达式为：

$$F = AB + \overline{A}\,\overline{B} = A \odot B$$

式中$\odot$为“同或”运算符号。该式的真值表如表3-8所示。

表3-8 “同或”运算真值表

A	B	$F=A\odot B$	A	B	$F=A\odot B$
0	0	1	1	0	0
0	1	0	1	1	1

从真值表不难看出，对于$F=A\odot B$来说，仅当A、B两个输入变量相同($A=0$、$B=0$或$A=1$、$B=1$)时，才有输出$F=1$；否则，输出$F=0$。

另外容易证明：

$$AB + \overline{A}\,\overline{B} = \overline{A\overline{B} + \overline{A}B}$$

即

$$A \odot B = \overline{A \oplus B}$$

所以，也称“同或”为“异或非”。

3. 集电极开路门

在TTL门电路的使用中有一个禁忌，即普通TTL门电路的输出端不能并联相接，即不能把两个或两个以上这样的门电路的输出端相接在一起。这是因为，这样做不仅从逻辑功能上不能明确并联相接后输出端的逻辑含义，而且从电路特性方面说也是不允许的，因为由此会造成门电路器件的损坏。所以，对于普通的TTL门电路输出端的并联相接在任何时候都是禁止的，这是在门电路的逻辑设计和使用中应该遵守的一条规则。

但是，对于图3.10所示的TTL“与非”门电路，如果将输出端加以特殊处理，使输出管T_5的集电极开路，即变成了集电极开路门，如图3.17(a)所示。其逻辑符号如图3.17(b)所示。如果再通过外接负载电阻 R_L 使开路的集电极与 +5V 电源接通，并让两个或两个以上这样的门电路的输出端并联相接，就能使输出 F 有确定的逻辑含义。图 3.18 表示了这样并联相接后的逻辑电路图。

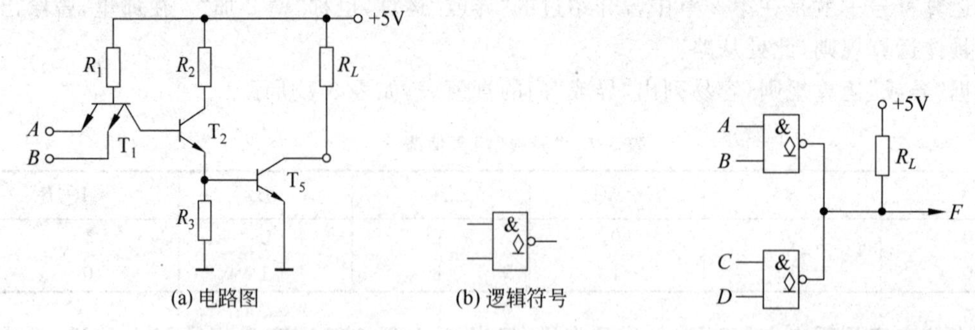

图 3.17　集电极开路门　　　　图 3.18　集电极开路门输出并联相接

对于图 3.18 所示的连接方式，常常有两种名称，一种是根据当两个集电极开路门的输出均为高时，则总输出 F 就为高，这体现了“与”的逻辑关系，因此称为“线与”(wired AND)，即用线连接成“与”；另一种是根据当两个开路门中只要有一个输出为低，则总输出 F 就为低，这又体现了“或”的逻辑关系，所以称为“线或”(wired OR)，即用线连接成“或”。实际上，前者是从正逻辑的角度而后者是从负逻辑的角度来看待这同一种连接关系。而在前面已经介绍过，正逻辑情况下的“与”，就是负逻辑情况下的“或”，所以两种名称叫法的逻辑实质是相同的。然而在后续章节中将会看到，当集电极开路门用在总线传输电路中时，称它的输出连接为“线或”更为贴切。

图 3.18 所示电路的输出函数表达式为：

$$F = \overline{AB} \cdot \overline{CD} = \overline{AB + CD}$$

由于集电极开路门本身所具有的特点，常被应用在一些专门的场合，如数据传输总线、电平转换及对电感性元件的驱动等，在此不再具体介绍。

4. 三态门

现代计算机或数字电子系统多在各功能部件(例如 CPU、存储器、I/O 接口电路等)之间设置公共信号总线(bus)来传送信息。为了使信息传送不产生混乱，对总线必须采用分时使用技术，即对不同的接收和发送部件(也称目的设备和源设备)分时地传送不同的信息。采用这种总线结构，往往需把各功能部件的输出端在一定的控制条件下与总线隔离开。这就是通过采用称为三态门的器件来实现的。

三态门与普通的门电路不同。普通门电路的输出只有两种状态，要么高电平(即逻辑 1)，要么低电平(即逻辑 0)。而三态门的输出有 3 种可能状态，它们是：

(1) 高电平(逻辑 1)；

(2) 低电平(逻辑 0)；

(3) 高阻状态(也称浮空状态)。

其中的第三种状态，是使原来的 TTL 门电路(见图 3.10)的 T_3、T_4 和 T_5 管均处于截止状态，从而使输出端呈现出极高的电阻，人们称这种状态为高阻状态。此时的输出端就好像一根空头的导线，其电压值可浮动在0～5V的任意数值上。

为使TTL电路能够转入高阻状态，还需要增加一些专门的电路措施和一个新的控制端，称为EN(Enable)端，通过1/0逻辑电平来控制，如图3.19所示。

当EN=1时，该门电路像普通TTL"与非"门一样正常工作。当EN=0时，输出处于高阻态。

还有的在控制端上加一个小圆圈，表示EN端的控制作用与图3.19所示的相反，即当EN=0时，该门相当于普通TTL"与非"门一样正常工作；当EN=1时，输出处于高阻态，如图3.20所示。

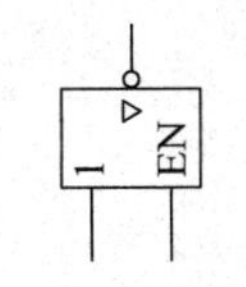

图3.19 三态门

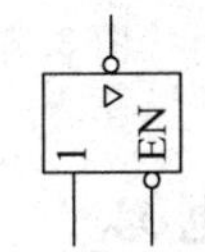

图3.20 另一种EN控制的三态门

当三态门输出端处于高阻状态时，该门电路表面上仍与整个电路系统相接，但实际上对整个系统的逻辑功能和电气特性均不发生任何影响，如同没把它接入系统一样。

利用三态门的上述特性可实现不同设备与总线的连接控制，如图3.21所示。由图可见，只要使其中的某一个控制信号为1，即可实现相应的设备与总线相连。当然在某一时刻内，只能使一个控制信号为1；否则，总线上的信号将发生混乱。

另外，三态门也可方便地应用于双向信息传输的控制上，如图3.22所示。

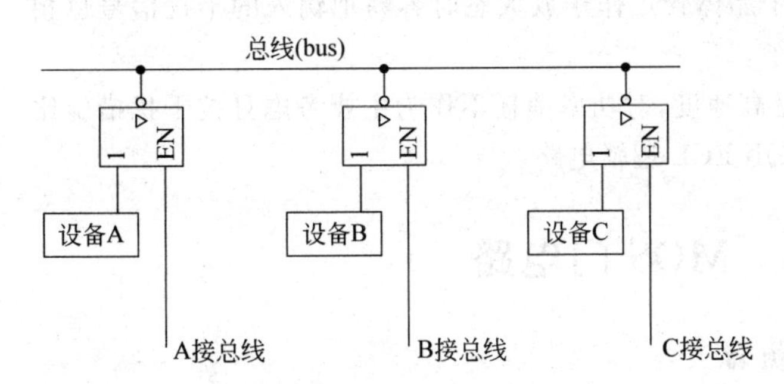

图3.21 利用三态门实现不同设备与总线的连接

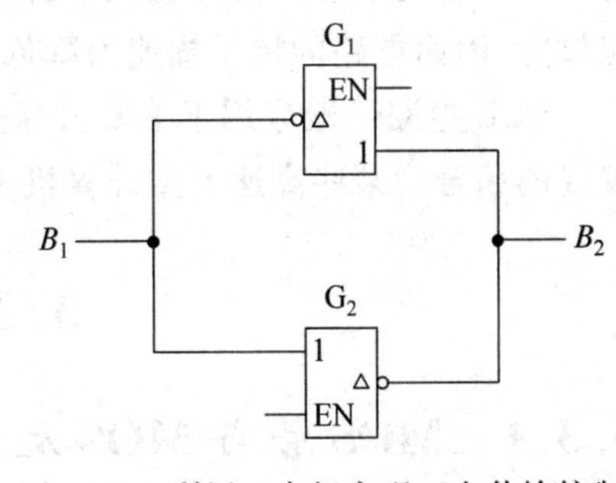

图3.22 利用三态门实现双向传输控制

当希望 $B_2 \to B_1$ 时，只要使：

$\begin{cases} G_1\ \text{有效(正常工作)，令它的 EN=1；} \\ G_2\ \text{高阻态(第三态)，令它的 EN=0。} \end{cases}$

当希望 $B_1 \to B_2$ 时，只要使：

$\begin{cases} G_1\ \text{高阻态(第三态)，使其 EN=0；} \\ G_2\ \text{有效(正常工作)，使其 EN=1。} \end{cases}$

一个由三态门控制的具有双向I/O(输入/输出)功能的数码寄存器电路如图3.23所示。由图可见，当允许输入信号为1时，数据将被送入数码寄存器；当允许输出信号为1时，数据将由数码寄存器送出。同样，允许输入信号和允许输出信号不能同时为1。

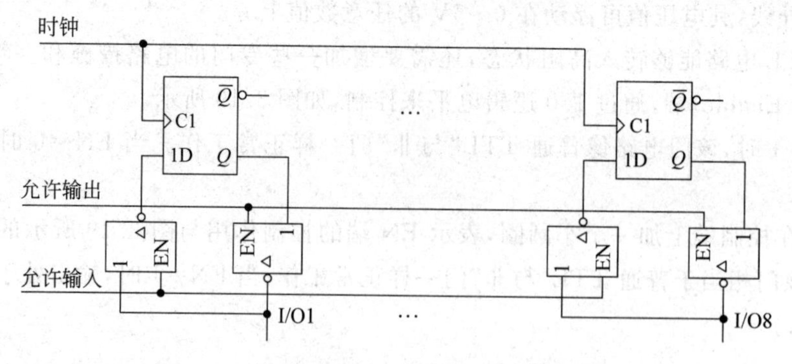

图 3.23 具有双向 I/O 功能的数码寄存器电路

3.2.3 ECL 门电路

前面讨论过的 TTL 门电路,它的两种逻辑电平是以晶体管的截止和饱和的两种状态表示的。这种类型的逻辑电路可靠性高、抗干扰能力较强,缺点是晶体管进入饱和和退出饱和所产生的存储延迟严重地影响了电路速度的提高。

为了进一步提高门电路的工作速度,缩短平均时延,人们又研制了另一类使晶体管器件根本不进入饱和状态的逻辑电路,叫做发射极耦合逻辑 (Emitter Coupled Logic)电路,简称 ECL 电路。ECL 电路仍属于双极型半导体器件。

ECL 电路中的晶体管只工作在放大态和截止态,不进入饱和态,所以它的突出优点是速度快。它的缺点是功耗较大,又由于晶体管工作于放大态时容易把输入的干扰信号也相应放大,因而电路的抗干扰能力降低了。

ECL 电路一般应用于主要目标是高速度,对功率消耗不作为主要考虑且抗干扰措施比较好的场合。某些高速大型计算机采用 ECL 逻辑电路。

3.3 MOS 门电路

3.3.1 MOS 管与 MOS 反相器

在半导体集成电路中,除了采用前面介绍的双极型晶体管外,还有另外一类只利用半导体中多数载流子参与导电的单极型晶体管,即所谓场效应管(Field Effect Transistor, FET)。场效应管分为结型场效应管和绝缘栅型场效应管两种类型,尤其是其中的绝缘栅型场效应管,它的结构是在半导体的沟道上覆以一层氧化物的绝缘层,再蒸发一层金属电极作为控制栅,称为金属-氧化物-半导体(Metal-Oxide-Semiconductor)晶体管,简称 MOS 管。MOS 管也是一种三端器件,3 个电极分别称为栅极(G)、源极(S)、漏极(D),如图 3.24 所示。MOS 管的 3 个电极 G、S、D 分别和双极型晶体管的基极(b)、发射极(e)、集电极(c)相当,所不同的是,MOS 管是电压型控制器件,而双极型晶体管是电流型控制器件。所谓电压型控制器件是指通过栅极所加电压来控制 MOS 管的导通和截止。

MOS 管按其沟道中载流子性质可分为 P 沟道(P-channel)MOS 管和 N 沟道(N-channel)MOS 管两类,简称 PMOS 和 NMOS。以空穴为载流子的 MOS 管称为 P 沟道

MOS 管，以电子为载流子的 MOS 管称为 N 沟道 MOS 管。此外，还有把 P 沟道 MOS 管和 N 沟道 MOS 管同时制造在一块晶片上的所谓互补器件，称为 CMOS 电路。

以 MOS 管作为开关元件的门电路叫做 MOS 门电路。同双极型的 TTL 集成逻辑门电路一样，MOS 器件也有各种各样的集成逻辑门电路，如"与"门、"或"门、"非"门、"与非"门、"或非"门、"与或非"门以及三态门等。就逻辑功能而言，它们与 TTL 门电路并无区别。

MOS 电路的最基本逻辑单元是反相器("非" 门)。由 MOS 管构成的反相器电路如图 3.25 所示。

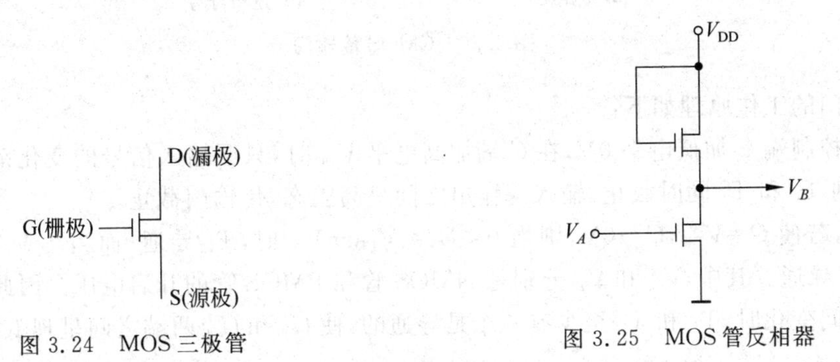

图 3.24　MOS 三极管

图 3.25　MOS 管反相器

需要说明的是，该反相器的漏极负载不是像双极型三极管反相器那样用电阻作负载，而是用一只 MOS 管作负载，称其为负载管。因为 MOS 电路中要在半导体晶片上制造一个 MOS 管要比制造一个电阻容易，而且所占的面积要小得多。

MOS 电路的一个突出优点是功耗低。由于 MOS 管的栅极和源极、漏极之间并不存在直接通路，所以器件的输入阻抗极高。即使考虑到实际存在的约 $10^{12} \sim 10^{15}\,\Omega$ 的泄漏通路，但当栅极电压为 10V 时，其泄漏电流仅为 $10\text{V}/10^{15}\,\Omega = 10^{-14}\,\text{A}$，输入功率为 $10^{-14}\,\text{A} \times 10\text{V} = 10^{-13}\,\text{W}$。也就是说，MOS 管几乎在不消耗输入功率的情况下，能够维持工作。

MOS 电路的另一个优点是尺寸小，在相当于一只双极型晶体管所占的面积上能制作 50 只 MOS 管。因此，有可能将功能非常复杂的逻辑电路制作在很小的面积上。

MOS 电路的主要缺点是工作速度较低。早期的 MOS 集成电路的工作速度比逻辑功能等效的双极型集成电路慢 10～100 倍，甚至更多。然而，MOS 集成电路能在兆赫级的速率下工作，这对许多应用已经足够了。近年来在提高 MOS 电路工作速度方面，也已取得了很大进展。特别是在 CMOS 电路中，由于采用 N 沟 MOS 管与 P 沟 MOS 管互补式电路，其速度有显著的提高。现在生产的高速 CMOS 电路，其工作速度已可和 TTL 媲美。

3.3.2　CMOS 传输门

传输门(Transmisson Gate，TG)的应用比较广泛，不仅可以作为基本单元电路构成各种逻辑电路，用于传输数字信号，还可以传输模拟信号，因此又称模拟开关。图 3.26 为 CMOS 传输门的电路结构和逻辑符号。由图可见，它由一个 NMOS 管(T_1 管)和一个 PMOS 管(T_2 管)并接而成。T_1 管的衬底接地，T_2 管的衬底接电源 V_{DD}。T_1 和 T_2 的源极(S)和漏极(D)分别接在一起作为传输门的输入/输出端(U_I/U_O)。两管的栅极由一对互补信号 C 和 $\overline{C}$ 控制。

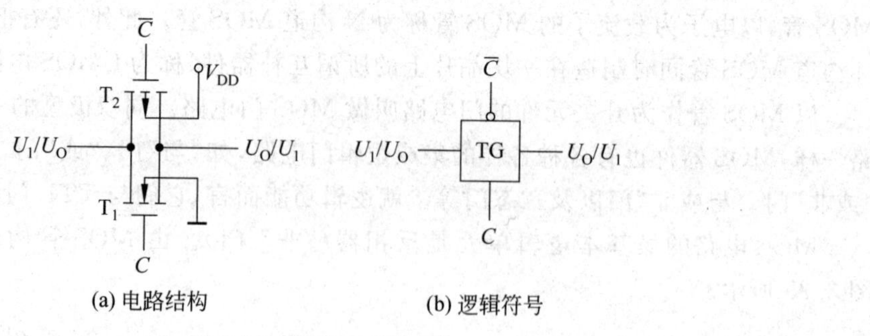

(a) 电路结构　　(b) 逻辑符号

图 3.26　CMOS 传输门

传输门的工作原理如下：

当在控制端 C 加低电平 0V，在 $\overline{C}$ 端加高电平 V_{DD} 时，只要输入信号的变化范围不超出 $0\sim V_{DD}$，则 T_1 和 T_2 同时截止，输入与输出之间呈高阻态，传输门截止。

相反，若使 $C=V_{DD}$，$\overline{C}=0V$，则当 $0<U_I<V_{DD}-V_N$ 时，T_1 导通；而当 $|V_P|<U_I<V_{DD}$ 时，T_2 导通。其中，V_N 和 V_P 分别是 NMOS 管和 PMOS 管的开启电压。因此，当 U_I 在 $0\sim V_{DD}$ 之间变化时，T_1 和 T_2 至少有一个是导通的，使 U_I 和 U_O 两端之间呈现低阻态，传输门导通。

由于 T_1 管、T_2 管的结构形式是对称的，即漏极(D)和源极(S)可互易使用，因而 CMOS 传输门属双向器件，它的输入端和输出端可互换使用。

3.4　逻辑门电路的性能指标

在这里，仅从使用的角度介绍逻辑门电路的几个外部特性参数(以 TTL 电路为例)，目的是希望对逻辑门电路的性能指标有一个概括性的认识，至于每种逻辑门的实际参数，可在具体运用时查阅有关的产品手册和说明。

3.4.1　输出高电平和输出低电平

TTL“与非”门的输出高电平(V_{OH})是指当输入端有一个(或几个)接低电平时，门电路的输出电平。其典型值为 3.6V，指标为 $V_{OH}\geqslant 3V$。

TTL“与非”门的输出低电平(V_{OL})是指在额定负载下，输入全为高电平时的输出电平。V_{OL} 的指标为 $V_{OL}\leqslant 0.35V$。

3.4.2　关门电平、开门电平和阈值电压

通过实验可以测出，一个门电路的输出电平随着输入电平的变化而变化，并且反映出一定的对应关系，人们把反映这种输入输出电平对应关系的函数曲线称为门电路的电压传输特性曲线。下面来看一下 TTL“非”门的电压传输特性曲线，如图 3.27 所示。

从该曲线可以看到，当输入电平 V_I 由 0V 向高变动时，输出电平 V_O 在开始的一段基本保持高电平不变；而当 V_I 超过某一数值 V_{OFF} 后，V_O 就迅速下降达到低电平，并且当 V_I 由 V_{ON} 继续增加时，V_O 基本保持低电平不变。也就是说，只要输入电平在 V_{OFF} 以下就可以使输出保持在稳定的高电平，而只要输入电平在 V_{ON} 以上就可以使输出保持在稳定的低电平。

可见，这里的输入电平 V_{OFF} 和 V_{ON} 是使输出电平发生急剧变化的转折点。其中，V_{OFF} 称作关门电平，它是指在保证输出为额定高电平的90%条件下所允许的最大输入低电平值。V_{OFF} 的典型值为0.8V(以3V为额定输出高电平)，器件手册常给出 $V_{OFF} \geqslant 0.8V$。V_{ON} 称作开门电平，它是指在保证输出为额定低电平时所允许的最小输入高电平值。V_{ON} 的典型值为1.8V，器件手册常给出 $V_{ON} \leqslant 1.8V$。

另外，从图3.27还可以看出，电压传输特性曲线的转折区所对应的输入电压，是输出为高电平还是低电平的分界线。因此，人们形象化地把这个电压叫做阈值电压或门槛电压，并用 V_T 表示。但是转折区所对应的输入电压，实际上有一定的范围。所以，通常把阈值电压 V_T 定义为转折区中间那一点所对应的输入电压值。TTL"与非"门 V_T 的典型值 $V_T = 1.4V$。阈值电压(V_T)是门电路的一个重要特性参数。在电路的分析计算中，常把它作为决定门电路工作状态的关键值。当 $V_I > V_T$ 时，就认为门电路饱和，输出为低电平；当 $V_I < V_T$ 时，就认为门电路截止，输出为高电平。

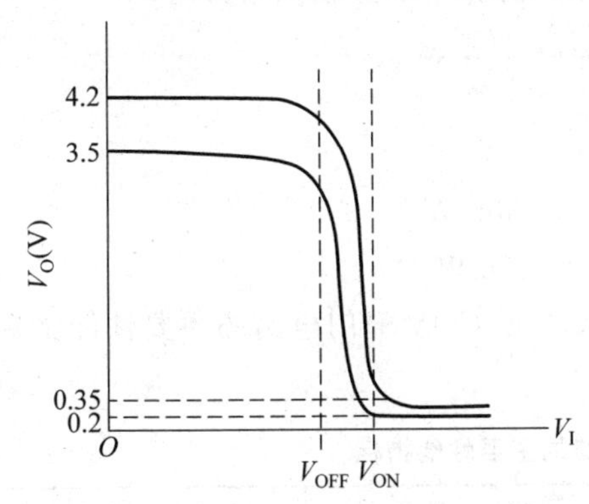

图3.27 TTL"非"门电压传输特性曲线

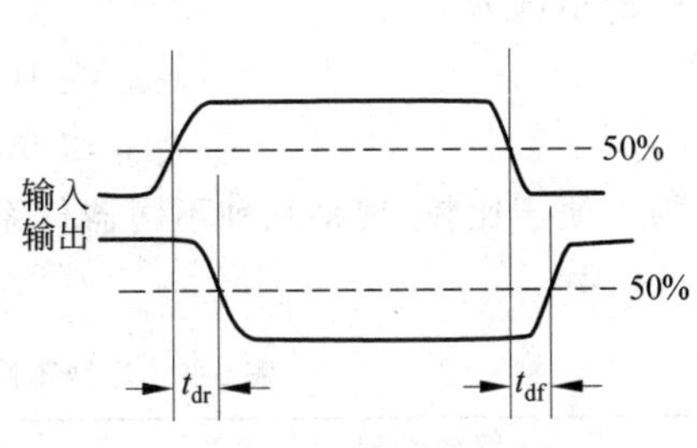

图3.28 反相器的时延

3.4.3 平均延迟时间

平均延迟时间(t_{pd})是一个反映门电路工作速度的重要指标。

一个脉冲信号通过电子器件，其输出信号相对于输入信号总会有时间上的延迟，这是由器件本身的物理特性所决定的。以反相器为例，它的输入信号和输出信号时间关系如图3.28所示。其中 t_{dr} 为前沿延迟时间，t_{df} 为后沿延迟时间。通常取二者的平均值作为这种门电路的时间延迟指标，即平均延迟时间 t_{pd} 为

$$t_{pd} = \frac{t_{dr} + t_{df}}{2}$$

3.4.4 扇入系数和扇出系数

扇入系数(N_i)和扇出系数(N_O)是反映门电路的输入端数目和输出驱动能力的指标。

扇入系数(N_i)：是指符合门电路各项规定参数的输入端数。

集成电路工艺的局限性通常使制造出来的某一类型的门电路有一个最大输入端个数的限制。也就是说，扇入系数是在门电路制造时已被决定。在使用时需要注意的是对多余输入端的处理，比如对"与非"门，应把空闲不用的输入端接为高电平，以防止各种干扰信号由它串入，从而保证整个逻辑系统工作的稳定可靠。

现在集成电路制造厂家根据逻辑设计者的需要，已生产出具有各种扇入系数的逻辑门，例如，二输入“与非”门、三输入“或非”门、五输入“与非”门等。这些门电路的扇入系数分别为2、3和5。

扇出系数(N_o)：是指一个门电路所能驱动的同类门的数目。

典型的扇出系数为8～10，如果要驱动更多的门，制造厂家也可提供比标准门电路能驱动更多门的所谓功率门。

3.4.5 空载导通电源电流和空载截止电源电流

空载导通电源电流(I_{CCL})是指输入端全部悬空，“与非”门处于空载导通(T_5 导通)状态时，电源供给的电流。而空载截止电源电流(I_{CCH})则是在输入端接低电平，“与非”门处于空载截止(T_5 截止)状态时，电源供给的电流。

根据 I_{CCL}、I_{CCH} 和 V_{CC} 的值，很容易求出空载导通功耗 P_{on} 和空载截止功耗 P_{off}。

$$P_{on} = V_{CC} I_{CCL}$$

$$P_{off} = V_{CC} I_{CCH}$$

一般指标为：

$$I_{CCL} \leqslant 10\text{mA}, \quad P_{on} \leqslant 50\text{mW}$$

$$I_{CCH} \leqslant 5\text{mA}, \quad P_{off} \leqslant 25\text{mW}$$

为了便于比较，现将几种不同器件系列(TTL、ECL、COMS)门电路的主要性能指标列于表3-9中。

表3-9 几种不同类型门电路的主要性能指标

器件系列 / 参数名称	TTL	ECL	CMOS
电源电压/V	5	−5.2	3～10
输出高电平/V	3～5	−0.95～−0.7	3～10
输出低电平/V	0～0.4	−5.9～−5.6	0～0.5
延迟时间/ns	5～10	1～2	25
扇出系数	10～20	25	50
功耗/mW	2～10	25	0.1

3.5 常用逻辑门的图形符号

前面曾个别给出过一些逻辑门电路的图形符号，为了查阅方便，这里给出常用逻辑门的图形符号汇总，如图3.29所示。图3.29中的ANSI为美国国家标准协会(American National Standards Institute)的缩写。

利用逻辑门的图形符号可以方便地画出具有确定功能的逻辑表达式的逻辑图。

【例3-1】 已知有逻辑表达式 $F=\overline{\overline{A}B+A\overline{B}}$，并假定输入端只提供原变量 A、B，试用常用逻辑门图形符号画出逻辑图。

用两块“非”门和一块“与或非”门实现的逻辑图如图3.30(a)所示。也可以用一块“与非”门和一块“与或非”门实现，如图3.30(b)所示。

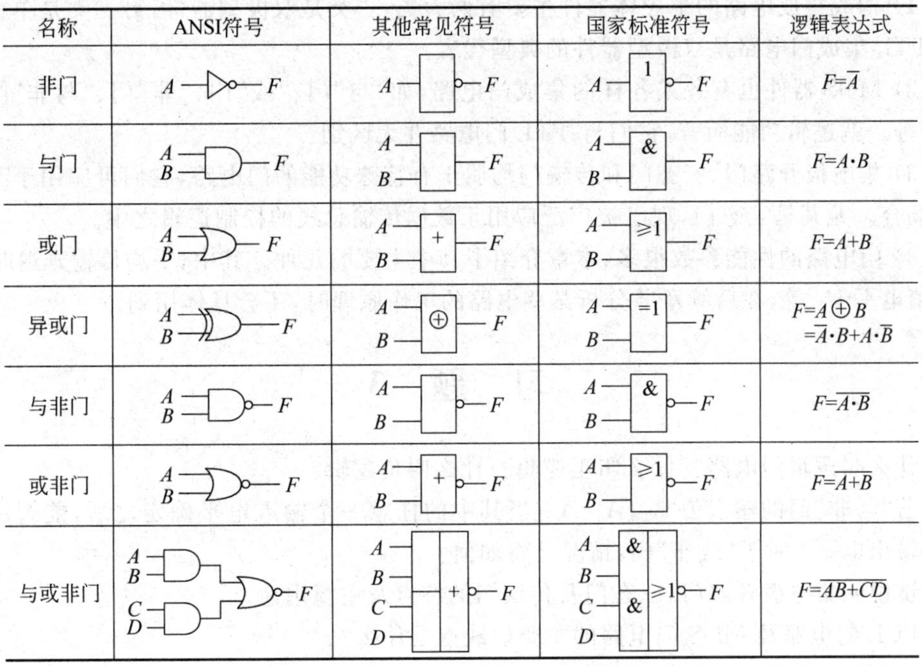

名称	ANSI符号	其他常见符号	国家标准符号	逻辑表达式
非门	A F	A F	A 1 F	$F=\overline{A}$
与门	A B F	A B F	A B & F	$F=A\cdot B$
或门	A B F	A B + F	A B ≥1 F	$F=A+B$
异或门	A B F	A B ⊕ F	A B =1 F	$F=A\oplus B$ $=\overline{A}\cdot B+A\cdot\overline{B}$
与非门	A B F	A B F	A B & F	$F=\overline{A\cdot B}$
或非门	A B F	A B + F	A B ≥1 F	$F=\overline{A+B}$
与或非门	A B C D F	A B C D + F	A B C D & & ≥1 F	$F=\overline{AB+CD}$

图 3.29　常用逻辑门的图形符号

图 3.30 所示的电路也叫"符合器"或"同比较器",它是指只要输入 A 和 B 相同(同为 1 或同为 0)输出 F 就为 1;否则,输出为 0。"同比较器"可用于判断两个二进制数是否相同的逻辑电路中。

【例 3-2】 画出用"与非"门实现 $F=A(B+C+D)$ 的逻辑图。

由于 $F=A(B+C+D)=AB+AC+AD=\overline{\overline{AB}\cdot\overline{AC}\cdot\overline{AD}}$,所以用"与非"门画出的逻辑图如图 3.31 所示。

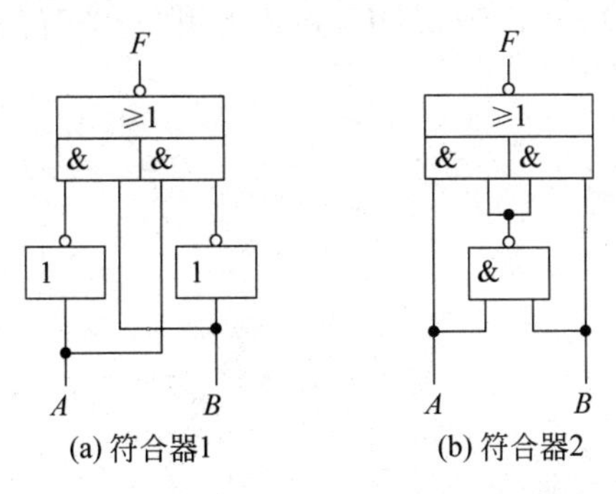

(a) 符合器1　(b) 符合器2

图 3.30　利用逻辑门图形符号画逻辑图

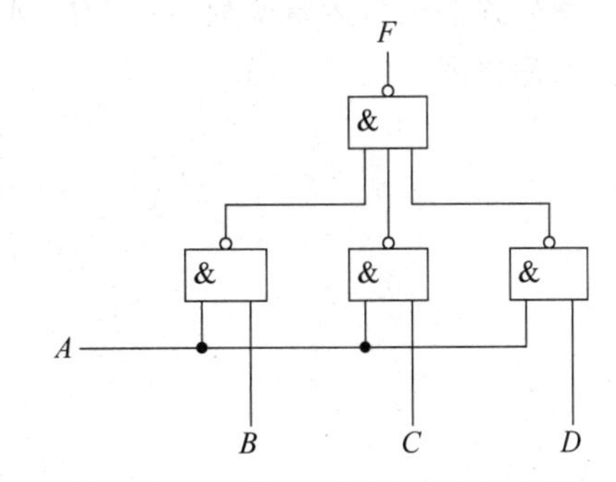

图 3.31　用"与非"门实现的逻辑图

本 章 小 结

本章专门介绍逻辑门电路。首先介绍了"与"门、"或"门和"非"门等几种基本逻辑门电路,然后介绍了集电极开路门、三态门、传输门等其他类型的一些门电路。

(1) 构成集成电路的半导体器件主要有两大类，一类是双极型器件，另一类是单极型器件。TTL 集成门电路是双极型器件的典型代表。

(2) MOS 器件也有各式各样的集成门电路，如“与”门、“或”门、“非”门、“与非”门、“或非”门等。就逻辑功能而言，它们与 TTL 门电路并无区别。

(3) 集电极开路门、三态门和传输门均属于有特殊功能的门电路，它们可应用于某些专门的场合。尤其是三态门，现已被广泛应用于数据传输总线的控制逻辑之中。

(4) 门电路的性能参数很多，本章介绍了其中主要的几种。其中，平均传输延迟时间 t_{pd} 及阈值电平 V_T 等，在后续章节分析某些电路的工作原理时，还会具体用到。

习 题 3

3.1 什么叫逻辑门电路？什么叫正逻辑？什么叫负逻辑？

3.2 若“与非”门的输入为 A_1、A_2、A_3，当其中的任意一个输入电平确定之后，能否决定其输出电平？对于“或非”门，情况又将如何？

3.3 试说明集电极开路门、三态门及传输门的特点及主要用途。

3.4 ECL 门电路及 MOS 门电路的主要优缺点是什么？

3.5 试解释门电路的下列性能参数的含义：

(1) 输出高电平

(2) 输出低电平

(3) 阈值电压

(4) 平均延迟时间 t_{pd}

(5) 扇出系数

3.6 画出“与”门、“或”门、“非”门、“与非”门、“或非”门、“异或”门、“与或非”门的图形符号并写出它们的输出表达式。

3.7 用公式法化简逻辑函数 $F=A\overline{B}+\overline{A}\,\overline{C}+B\overline{C}\,\overline{D}+BCE+BDE$，并画出用“与非”门实现的逻辑图。

第 4 章 组合逻辑电路

数字逻辑电路可以分为两种类型：一类是组合逻辑电路（Combinational Logic Circuit），另一类是时序逻辑电路（Sequential Logic Circuit）。

一个逻辑电路，如果它在任何时刻的输出仅仅是该时刻输入状态的函数，而与先前的输入状态无关，这样的逻辑电路称为组合逻辑电路。也就是说，所谓组合逻辑电路，是指电路在任何时刻产生的稳定输出信号，都仅仅取决于该时刻电路的输入信号，而与先前该电路的输入信号无关。

本章主要介绍组合逻辑电路的有关概念及其分析与设计方法。

4.1 几个基本概念

4.1.1 “积之和”与“和之积”

逻辑函数的“与或”表达式的形式，称为逻辑函数的“积之和”（Sum of Product）形式，也称 SP 型。例如：

$$f(x_1,x_2,x_3)=x_1x_2+x_1x_3+x_1\overline{x_2}x_3$$

$$f(A,B,C,D)=ABC+B\overline{C}D+CD+\overline{A}C\overline{D}$$

它们是“积之和”形式的逻辑函数表达式。

逻辑函数的“或与”表达式的形式，称为逻辑函数的“和之积”（Product of Sum）形式，也称 PS 型。例如：

$$f(u,v,w)=(u+v)(\overline{u}+w)(u+\overline{v}+w)$$

$$f(A,B,C,D)=(A+B+C)(\overline{B}+C+\overline{D})(A+\overline{D})$$

它们是“和之积”形式的逻辑函数表达式。

利用逻辑代数的基本公式，可以将任何一个逻辑函数化为“积之和”或“和之积”的形式。

4.1.2 最小项和最大项

1. 最小项（Minterm）

设有 n 个变量，p 为一个含有 n 个因子的乘积项，如果在 p 中每个变量都以原变量或反变量的形式作为一个因子出现且仅出现一次，则称 p 为 n 个变量的一个最小项。

例如，对于 3 个逻辑变量 A、B、C 来说，有 $\overline{A}\,\overline{B}\,\overline{C}$、$\overline{A}\,\overline{B}C$、$\overline{A}B\overline{C}$、$\overline{A}BC$、$A\overline{B}\,\overline{C}$、$A\overline{B}C$、$AB\overline{C}$、$ABC$ 8 个最小项。

一地说，对于 n 个变量，共有 2^n 个最小项。

为了简化最小项的书写，也可以用 m_i 表示最小项，并按下述规则确定 i 的值：

当乘积项中的变量按序($A,B,C,D,\cdots$)排好以后，如果变量以原变量形式出现时记作 1，以反变量形式出现时记作 0，并把这 1 和 0 序列构成的二进制数化成相应的十进制数，那么这个十进制数就是 i 的值。例如，与最小项 $\overline{A}\,\overline{B}\,\overline{C}$ 对应的二进制数码为 000，所以记 $\overline{A}\,\overline{B}\,\overline{C}=m_0$；与最小项 $A\overline{B}C$ 对应的二进制数码为 101，所以记 $A\overline{B}C=m_5$ 等。

2. 最小项的性质

为了说明最小项的性质，下面列出 3 个变量的全部最小项的真值表，如表 4-1 所示。

表 4-1　三变量全部最小项的真值表

A	B	C	m_0	m_1	m_2	m_3	m_4	m_5	m_6	m_7
0	0	0	1	0	0	0	0	0	0	0
0	0	1	0	1	0	0	0	0	0	0
0	1	0	0	0	1	0	0	0	0	0
0	1	1	0	0	0	1	0	0	0	0
1	0	0	0	0	0	0	1	0	0	0
1	0	1	0	0	0	0	0	1	0	0
1	1	0	0	0	0	0	0	0	1	0
1	1	1	0	0	0	0	0	0	0	1

通过分析表 4-1，可以得出最小项有如下性质：

(1) 对于任意一个最小项，只有一组变量的取值使它的值为 1，而在变量取其他各组值时，该最小项的值都为 0。不同的最小项，使它的值为 1 的那一组变量的取值也不相同。

(2) n 个变量的全体最小项共有 2^n 个，而且它们的和为 1。

因为对于变量的任意一组取值都有一个最小项的值为 1，因此，全体最小项之和恒为 1。

(3) 设 m_i 和 m_j 是 n 个变量的两个最小项，若 $i\neq j$，则 $m_i\cdot m_j=0$。即 n 个变量的任意两个不同的最小项之积恒为 0。

这是因为对于变量的任意一组取值，m_i 和 m_j 不可能同时为 1，因此 $m_i\cdot m_j$ 恒为 0。

3. 最大项(Maxterm)

与最小项相对应，还有最大项，现定义如下：

设有 n 个变量，p 为一个具有 n 项的和，如果在 p 中每一个变量都以原变量或者反变量的形式作为一项出现且仅出现一次，则称 p 为 n 个变量的一个最大项。

同样，对于 n 个变量来说，最大项共有 2^n 个。

例如，两个变量的 4 个最大项为 $\overline{A}+\overline{B}$、$\overline{A}+B$、$A+\overline{B}$、$A+B$。

4.1.3　最小项表达式和最大项表达式

一个逻辑函数的 SP 型或 PS 型并不是唯一的，这仍给人们研究逻辑函数问题带来一些不便，但由最小项所构成的“与或”表达式和由最大项所构成的“或与”表达式却是唯一的。为此，我们专门来讨论这一类逻辑函数表达式。

由最小项之和所构成的逻辑表达式，称为逻辑函数的最小项表达式，也叫逻辑函数的规范"积-和"式，或叫逻辑函数的第一范式。例如：

$$F(A,B,C)=\overline{A}BC+A\overline{B}C+ABC$$

就是逻辑函数 F 的最小项表达式或第一范式。为了简化可写成：

$$F(A,B,C)=m_3+m_5+m_7=\sum m(3,5,7)$$

相应地，由最大项之积所构成的逻辑表达式，称为逻辑函数的最大项表达式，也叫逻辑函数的第二范式。例如：

$$F(A,B,C)=(A+B+C)(A+B+\overline{C})(\overline{A}+B+C)$$

就是逻辑函数 F 的最大项表达式或第二范式。

定理 n 个变量的任何一个逻辑函数，都可以展开成一组最小项的和或最大项的积，并且这种展开是唯一的。

这是一个很重要的定理，它的另一种叙述方法是：

n 个变量的任何一个逻辑函数，都可以展开成第一范式或第二范式，并且这种展开是唯一的。

也有人称它为范式定理。该定理之所以重要，是因为范式(即由最小项的和或最大项的积所组成的逻辑函数表达式)是唯一的，这给研究和使用逻辑函数带来极大的方便。特别是第一范式，这实际上告诉我们，可以把最小项看作构成逻辑函数的基本元素。也就是可以把任何一个逻辑函数，看做由若干最小项所构成。而对第二范式的研究，由于逻辑函数的对偶性，完全可以由对第一范式的研究推出。

这里省略了该定理的证明，仅给出由给定的逻辑函数写出它的范式的方法。

1. 真值表法

对给定的逻辑函数，列出它的真值表，然后由真值表写出范式。

第一范式：在真值表中，找出函数 F 的值为1的所有行，对每一行变量的取值组合，如果变量取值为1，则写出相应的原变量；如果变量取值为0，则写出相应的反变量。然后写出该行变量取值所对应的变量之积，就得到该函数的一个最小项，再把所有这样的最小项相加，就是该函数的第一范式，即该函数的最小项表达式。

第二范式：在真值表中，找出函数 F 的值为0的所有行，对每一行变量的取值组合，如果变量取值为1，则写出相应的反变量；如果变量取值为0，则写出相应的原变量。然后写出该行变量取值所对应的变量之和，就得到该函数的一个最大项，再把所有这样的最大项相乘，就是该函数的第二范式，即该函数的最大项表达式。

【例 4-1】 化逻辑函数 $F(A,B,C)=\overline{A}\,\overline{B}+AC$ 为第一范式和第二范式。

先列真值表，如表 4-2 所示。

表 4-2 真值表

A	B	C	$F=\overline{A}\,\overline{B}+AC$	A	B	C	$F=\overline{A}\,\overline{B}+AC$
0	0	0	1	1	0	0	0
0	0	1	1	1	0	1	1
0	1	0	0	1	1	0	0
0	1	1	0	1	1	1	1

再按上述方法写出 $F(A,B,C)$ 的第一范式为：

$$F(A,B,C)=\bar{A}\,\bar{B}\,\bar{C}+\bar{A}\,\bar{B}C+A\bar{B}C+ABC=\sum m(0,1,5,7)$$

第二范式为：

$$F(A,B,C)=(A+\bar{B}+C)(A+\bar{B}+\bar{C})(\bar{A}+B+C)(\bar{A}+\bar{B}+C)$$

另外，从上面 $F(A,B,C)$ 的真值表可以看出，在变量取值为 000、001、101、111 时，F 的值为 1；而在变量为另外 4 组取值时，$\bar{F}$ 的值为 1。这就告诉我们，逻辑函数 F 的反函数，可由使 F 输出为 0 的变量取值所对应的最小项之和来组成，在例 4-1 中即为：

$$\bar{F}=\bar{A}B\bar{C}+\bar{A}BC+A\bar{B}\,\bar{C}+AB\bar{C}=\sum m(2,3,4,6)$$

2. 公式法

【例 4-2】 将 $F(A,B,C)=\overline{(A\bar{B}\,\bar{C}+BC)\cdot\overline{ABC}}$ 化为最小项表达式。

第一步，反复运用德·摩根定理，一层层脱去"反"号，直到最后得到一个只有单个变量上有"反"号的表达式。

$$\begin{aligned}F(A,B,C)&=\overline{(A\bar{B}\,\bar{C}+BC)\cdot\overline{ABC}}=\overline{(A\bar{B}\,\bar{C}+BC)}+ABC\\&=\overline{A\bar{B}\,\bar{C}}\cdot\overline{BC}+ABC=(\bar{A}+B+C)(\bar{B}+\bar{C})+ABC\end{aligned}$$

第二步，反复运用乘对加的分配律去掉括号，直到最后得到一个 SP 型表达式。

$$\begin{aligned}F(A,B,C)&=(\bar{A}+B+C)(\bar{B}+\bar{C})+ABC\\&=\bar{A}\,\bar{B}+\bar{A}\,\bar{C}+B\bar{C}+\bar{B}C+ABC\quad(\text{SP 型})\end{aligned}$$

第三步，在所得到的 SP 型表达式中，如果某个乘积项中缺少某变量，比如 A，则用"$\bar{A}+A$"乘这一项，并拆成两项。反复这样做，最后就能得到一个最小项表达式。

$$\begin{aligned}F(A,B,C)&=\bar{A}\,\bar{B}+\bar{A}\,\bar{C}+B\bar{C}+\bar{B}C+ABC\\&=\bar{A}\,\bar{B}(\bar{C}+C)+\bar{A}\,\bar{C}(\bar{B}+B)+B\bar{C}(\bar{A}+A)+\bar{B}C(\bar{A}+A)+ABC\\&=\bar{A}\,\bar{B}\,\bar{C}+\bar{A}\,\bar{B}C+\bar{A}B\bar{C}+A\bar{B}C+AB\bar{C}+ABC\\&=\sum m(0,1,2,5,6,7)\end{aligned}$$

4.2 逻辑函数的卡诺图化简法

4.2.1 卡诺图

我们已经知道，对于 n 个变量的逻辑函数的真值表共有 2^n 项，每一项不是被赋值为 1，就是被赋值为 0。用一个矩形，将其划分为 2^n 个小格，每个小格给予最小项 m_i 的编号，小格内记 1 就表示这个编号的最小项被赋值为 1；小格内记 0 就表示这个编号的最小项被赋值为 0（为了简化，赋 0 可不用写出）。小格内用十进制数字表示相应的最小项的编号，编号顺序如图 4.1 和图 4.2 所示。这样的图就叫卡诺图(Karnaugh map)。

可见卡诺图是用几何图形形象化地表示逻辑函数的真值表，即卡诺图和真值表二者有一一对应的关系，每个最小项在真值表上占一行，而在卡诺图上占一个小格。

图 4.1 和图 4.2 表示了两种形式的卡诺图，使用时可任选其中一种。对于多于 6 个变量的卡诺图，因为它缺乏几何直观性，从而也就失去了实际使用意义。

从图 4.2 所示的卡诺图可以看到，每个变量及其反变量各占卡诺图区域的一半，每一个

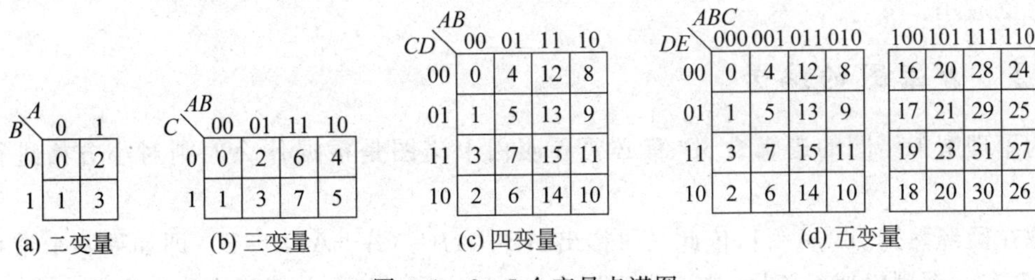
(a) 二变量　(b) 三变量　(c) 四变量　(d) 五变量

图 4.1　2～5 个变量卡诺图

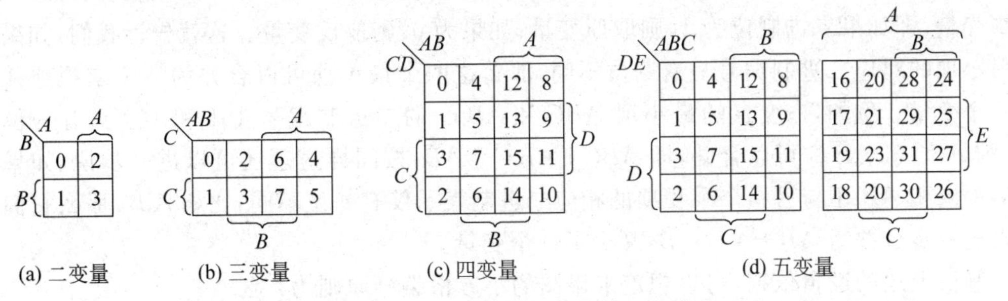
(a) 二变量　(b) 三变量　(c) 四变量　(d) 五变量

图 4.2　2～5 个变量卡诺图的另一种形式

编号的小格都是所有变量(原变量或反变量)的“与”(交)。例如对于四变量的卡诺图，编号为 13 的小格是变量 A、B、$\overline{C}$、D 的“与”(交)，即 $m_{13}=AB\overline{C}D$。如果这个小格内被记为 1，则表示相应的最小项被赋值为 1，即 $m_{13}=AB\overline{C}D=1$。这就告诉我们，这样的一个卡诺图与一个逻辑函数的真值表完全等价，并且等价于一个规范的“积-和”表达式——逻辑函数的最小项表达式。所以也有人称卡诺图为逻辑函数的最小项图示或最小项方块图。

【例 4-3】 一个三变量逻辑函数的卡诺图、真值表和最小项表达式如图 4.3 所示，从中可以看出三者之间的对应关系。

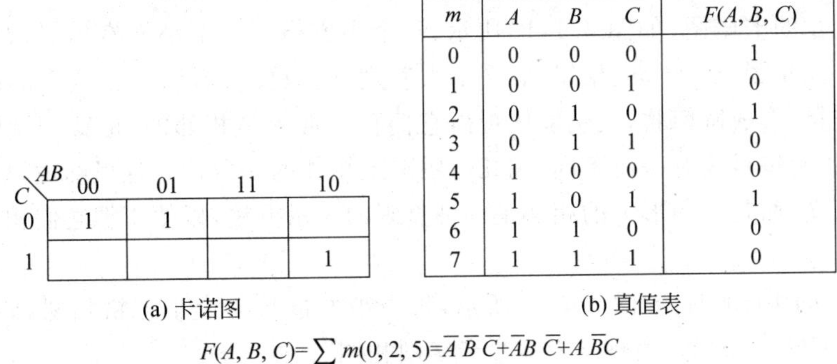

m	A	B	C	F(A, B, C)
0	0	0	0	1
1	0	0	1	0
2	0	1	0	1
3	0	1	1	0
4	1	0	0	0
5	1	0	1	1
6	1	1	0	0
7	1	1	1	0

(a) 卡诺图　(b) 真值表

$$F(A,B,C)=\sum m(0,2,5)=\overline{A}\,\overline{B}\,\overline{C}+\overline{A}B\,\overline{C}+A\,\overline{B}C$$

(c) 最小项表达式

图 4.3　卡诺图、真值表、最小项表达式的比较

图 4.3(a)、图 4.3(b)、图 4.3(c)三者的逻辑意义完全相同，只是表示形式不同。其中图 4.3(a)为几何图形，图 4.3(b)为数字表格，图 4.3(c)为数学表达式，依据它们各自的特点而分别在不同的场合得到应用。但基于人们阅读图形优于阅读表格及数学表达式的特点，而以卡诺图的表示方式最具有几何直观性，所以卡诺图的表示方式在逻辑函数的化简中

得到广泛应用。

4.2.2 卡诺图的编号

为了理解卡诺图的逻辑含义，有必要弄明白卡诺图是根据什么原则对小方格进行编号的。

现在已经熟知 $A+\overline{A}=1$，依此又可推出 $AB+\overline{A}B=(A+\overline{A})B=B$。即如果两个乘积项相比，只有一个逻辑变量不同，则它们可以合并为一个乘积项，并可消去一个变量。

我们又知道，用二进制数对最小项进行编号的逻辑意义在于，每一个二进制位对应一个逻辑变量，即如果二进制位为 1，则取原变量；如果为 0，则取反变量。这就告诉我们，如果两个最小项的对应二进制编号只有一位不同，那么这两个最小项可以合并为一个乘积项并消去一个变量。例如，三变量的最小项 $A\overline{B}C$ 和 $A\overline{B}\,\overline{C}$ 的二进制编号 101 和 100 只有一位不同，则 $A\overline{B}C$ 和 $A\overline{B}\,\overline{C}$ 可以合并，即 $A\overline{B}C+A\overline{B}\,\overline{C}=A\overline{B}$；按同样道理还可以进一步说，如果合并后的乘积 $A\overline{B}$ 还与另一个乘积项的相应二进制表示仅有一位不同，比如 $\overline{A}\,\overline{B}$，那么它们还可以进一步合并为 $A\overline{B}+\overline{A}\,\overline{B}=\overline{B}$，又少了一个变量。

基于上述的逻辑依据，可以规定卡诺图的小方格编号原则为：

任意一个小方格的编号（以二进制表示）与其相邻小方格的编号相比仅有一位不同。

例如，图 4.1 所示的二到五个变量的卡诺图就是按此原则进行编号的。

显然，由于每个小方格的编号用 n 位二进制数表示，而使一个 n 位的二进制数只有一位改变（1 变 0，或 0 变 1），恰好可找出 n 个二进制数，这些二进制数就是这个格的相邻格的编号。也就是说，卡诺图中某小方格的相邻格的个数等于它的二进制编号的位数或相应最小项的逻辑变量个数。

对于二变量的卡诺图，如图 4.1(a)所示，每个小方格与两个小方格相邻：m_0 与 m_1、m_2 相邻，m_1 与 m_0、m_3 相邻，m_2 与 m_0、m_3 相邻，m_3 与 m_1、m_2 相邻。但 m_1 与 m_2 并不相邻，m_0 与 m_3 也不相邻，因为它们的二进制编号不是只有一位不同。

对于三变量的卡诺图，如图 4.1(b)所示，每个小方格与 3 个小方格相邻，如 m_0 与 m_1、m_2、m_4 相邻。这里说 m_0 与 m_4 相邻，似乎不太直观，但只要从看法上把这个图的上下边缘或左右边缘连接，形成圆筒状，就仍能体现出它们在图形上是相邻的，也就仍能体现了逻辑相邻（对应二进制编号仅有一位不同）和几何图形上相邻的一致性。这里的逻辑相邻代表着实际的逻辑意义，而几何图形上的相邻是一种直观的表示方法，以便于把它们相圈成一个更大的卡诺圈。

对于四变量的卡诺图，如图 4.1(c)所示，每个小方格与 4 个小方格相邻，如 m_4 与 m_0、m_5、m_{12} 相邻，还与 m_6 相邻，道理与三变量卡诺图相同。

对于五变量的卡诺图，如图 4.1(d)所示，共 32 个小方格分为左右两个矩形来表示，每个小方格仍有 5 个相邻小方格，其中 4 个可在这个小方格所在的矩形内找到，第五个可在另一个矩形的对应位置上找到，如 m_{11} 除与左边矩形内的 m_9、m_{10}、m_{15}、m_3 相邻之外，还与右边矩形内的 m_{27} 相邻。

所谓对应位置，可这样理解：把一个矩形重叠到另一个矩形之上，透视地看，上边矩形的一个小方格就和下边矩形的一个小方格相对应。

注意，在使用五变量卡诺图时，往往有人误把 m_8 与 m_{16}（或 m_9 与 m_{17} 等）认为是相邻格，其实只要比较一下它们对应的二进制数就可知道，它们并不具备相邻格的条件。所以判断两个小方格是否相邻，更本质的还是看它们的二进制编号之间是否仅有一位不同，而不要单纯地从形式上看它们在图形上靠得最近。

4.2.3 用卡诺图化简逻辑函数

用卡诺图进行逻辑化简的出发点是最小项表达式，化简的目标(或方向)与第2章介绍的用公式法化简的目标相同，即：

(1) 乘积项的数目最少；

(2) 在满足乘积项数目最少的情况下，每个乘积项的变量个数最少。

【例 4-4】 用卡诺图化简逻辑函数

$$F(A,B,C,D)=\sum m(1,2,4,6,9)$$

为了对比，先用公式法化简如下：

$$F(A,B,C,D)=\overline{A}\overline{B}\overline{C}D+\overline{A}\overline{B}C\overline{D}+\overline{A}B\overline{C}\overline{D}+\overline{A}BC\overline{D}+A\overline{B}\overline{C}D$$

第一步

$$=\overline{B}\overline{C}D+\overline{A}\overline{B}C\overline{D}+\overline{A}B\overline{C}\overline{D}+\overline{A}BC\overline{D}$$

第二步

第三步

$$=\overline{B}\overline{C}D+\overline{A}B\overline{D}+\overline{A}C\overline{D}$$

再用卡诺图化简，如图4.4所示。

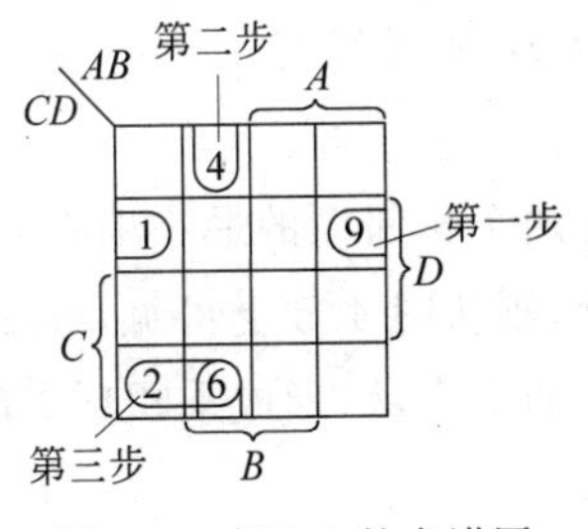

图4.4 例4-4的卡诺图

说明 为了使卡诺图简洁明了，我们约定，标出编号的小方格代表赋值为1的最小项，不标出编号的小方格代表赋值为0的最小项，整个编号顺序仍同于图4.1(以下与此约定同)。

首先，画出四变量的卡诺图，在卡诺图上标出 $F(A,B,C,D)$ 所包含的最小项的编号，即 m_1、m_2、m_4、m_6、m_9。

然后，找出相邻最小项方格并把它们用圆圈圈起来，表示可以合并成更简单的乘积项。

从图4.4可见，m_1 和 m_9 相邻，把它们用两个"马蹄形"的半圆圈起来，合并成少了一个变量 A 的乘积项 $\overline{B}\,\overline{C}D$，即 $m_1+m_9=\overline{B}\,\overline{C}D$。这和公式法化简的第一步同。

同样，m_4 和 m_6 相邻，也把它们圈在一起，合并成少了一个变量 C 的乘积项 $\overline{A}B\overline{D}$，即 $m_4+m_6=\overline{A}B\overline{D}$。这和公式法化简的第二步同。

m_2 和 m_6 也相邻，重复使用一次 m_6，将 m_6 和 m_2 圈起来，合并成少了一个变量 B 的乘积项 $\overline{A}C\overline{D}$，即 $m_2+m_6=\overline{A}C\overline{D}$。这和公式法化简的第三步同。

这就是说，在卡诺图上进行的三步等价于上面公式法化简的三步。而且从卡诺图上可以看出，经过三步合并而得到的3个乘积项已不能再合并成更简单的乘积项了，所以最后的化简结果为：

$$F(A,B,C,D)=\overline{B}\,\overline{C}D+\overline{A}B\overline{D}+\overline{A}C\overline{D}$$

下面列出利用卡诺图进行逻辑函数化简时应注意的几个问题：

(1) 在卡诺图上合并最小项时，总是按2的乘幂来组合方格，即把2个方格、4个方格、8

个方格等合并起来。2 个方格合并可以消去 1 个变量，4 个方格合并可以消去 2 个变量，8 个方格合并可以消去 3 个变量，等等。

(2) 把尽可能多的方格合并成一组，组越大，合并而成的乘积项的变量个数就越少。

(3) 用尽可能少的组覆盖逻辑函数的全部最小项，组越少，化简而得到的乘积项数目就越少。

(4) 在实现上述(1)和(2)时，一个最小项可以根据需要使用多次，但至少也要使用一次。

(5) 一旦所有的最小项都被覆盖一次以后，化简就停止。

在下面的化简例子中，要注意上述几点。

【例 4-5】 用卡诺图化简逻辑函数：

$$F(A,B,C,D)=\sum m(0,1,3,8,9,11,13,14)$$

第一步，正确画出逻辑函数 F 的卡诺图，在图上标出它所包含的最小项的编号，如图 4.5 所示。

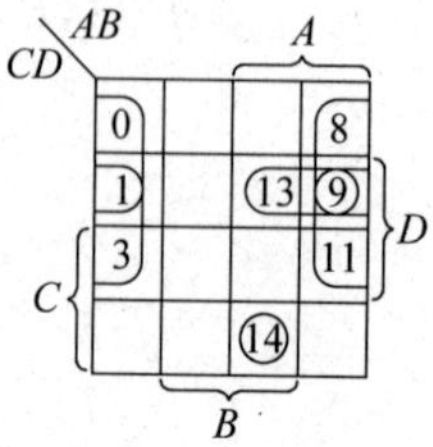

第二步，在卡诺图上合并最小项。先从相邻项最少的最小项开始组合。显然，最小项 m_{14} 没有相邻项，它必须自成一组。因此化简结果的第一项是 $ABC\overline{D}$，即：

$$F(A,B,C,D)=ABC\overline{D}+\cdots$$

然后再找有一个相邻项的最小项，即为 m_{13}。它只能有一种组合，即与 m_9 相组合，组合后消去一个变量 B，形成三变量的乘积项 $A\overline{C}D$，所以又有：

图 4.5 例 4-5 的卡诺图

$$F(A,B,C,D)=ABC\overline{D}+A\overline{C}D+\cdots$$

有两个相邻项的最小项有 4 个，即 m_0、m_3、m_8、m_{11}，可以任选一个去组合，例如选 m_3 去组合，则从图 4.5 上可见，m_3、m_1、m_9、m_{11} 4 个最小项可以合并(重复使用一次 m_9)，合并后消去两个变量，形成乘积项 $\overline{B}D$，现在有：

$$F(A,B,C,D)=ABC\overline{D}+A\overline{C}D+\overline{B}D+\cdots$$

最后，检查一下，还有最小项 m_0 和 m_8 没有被覆盖，从卡诺图上可以看出，它们能与 m_1 和 m_9 组合，形成包含 4 个最小项的最后一组。合并这 4 个最小项，消去两个变量，形成乘积项 $\overline{B}\,\overline{C}$。所以，最后的化简结果为：

$$F(A,B,C,D)=ABC\overline{D}+A\overline{C}D+\overline{B}D+\overline{B}\,\overline{C}$$

这已是最简的"积之和"形式的函数表达式了。

【例 4-6】 用卡诺图化简逻辑函数：

$$F(A,B,C,D)=A\overline{C}\,\overline{D}+A\overline{B}\,\overline{C}D+B\overline{C}D+\overline{A}BCD+A\overline{B}C$$

第一步，容易看出，这里给出的逻辑函数表达式并不是最小项表达式的形式，所以应先将 F 化为最小项表达式形式，以便把它所包含的各个最小项标识在卡诺图上。但有时为了简便，也可以在卡诺图上直接标出 F 所包含的各个最小项。在本例中，用直接标出的方法。

画出四变量的卡诺图，如图 4.6 所示。从图上可见，$A\overline{C}\,\overline{D}$ 含有最小项 m_8、m_{12}，$B\overline{C}D$ 含有最小项 m_5、m_{13}，$A\overline{B}C$ 含有最小项 m_{10}、m_{11}，而 $A\overline{B}\,\overline{C}D$ 和 $\overline{A}BCD$ 本身就是最小项 m_9 和 m_7。在卡诺图上分别标出这些最小项的编号。

第二步，m_5 和 m_7 可以合并为 $\overline{A}BD$，m_8、m_9、m_{12}、m_{13} 可以合并 $A\overline{C}$，m_8、m_9、m_{10}、m_{11} 可以合并为 $A\overline{B}$（重复使用 m_8 和 m_9）。从图4.6上也可以看到，尽管 m_5 还可以和 m_{13} 合并而得到另一个乘积项，但由于 m_5 和 m_{13} 这两个最小项已被覆盖，所以这样的合并显然已无必要。

第三步，将第二步中合并所得到的各个乘积项相加，即可得化简结果为：

$$F(A,B,C,D)=\overline{A}BD+A\overline{C}+A\overline{B}$$

下面再简要介绍几个用卡诺图化简逻辑函数的例子。

【例4-7】 化简逻辑函数 $F(A,B,C,D)=\sum m(0,1,2,5,8,10,15)$。用卡诺图化简，如图4.7所示。

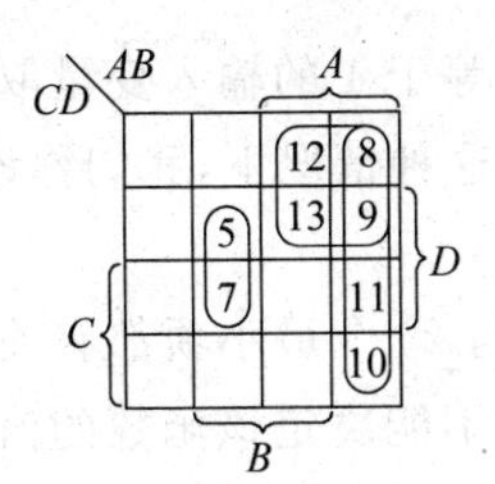

图4.6 例4-6的卡诺图

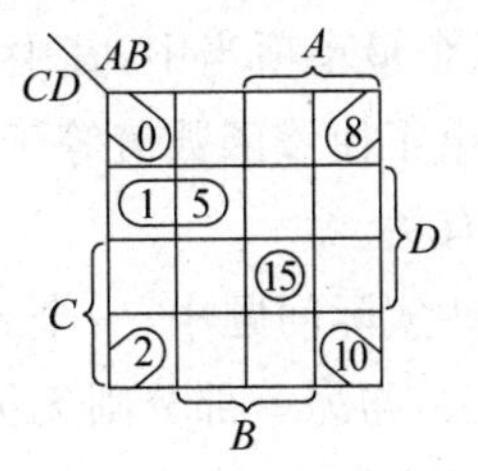

图4.7 例4-7卡诺图

所以，$F(A,B,C,D)=ABCD+\overline{A}\,\overline{C}D+\overline{B}\,\overline{D}$。

【例4-8】 化简逻辑函数

$$F(A,B,C,D)=\sum m(1,3,4,5,6,7,12,13,14,15)。$$

用卡诺图化简，如图4.8所示。

所以，$F(A,B,C,D)=B+\overline{A}D$。

【例4-9】 化简逻辑函数

$$F(A,B,C,D,E)=\sum m(2,8,9,10,15,18,24,25,26,31)。$$

用卡诺图化简，如图4.9所示。

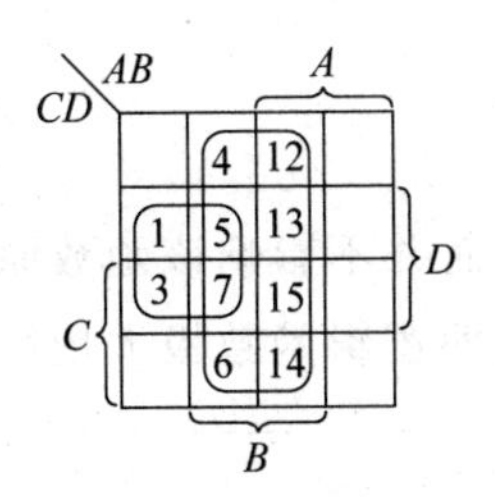

图4.8 例4-8卡诺图

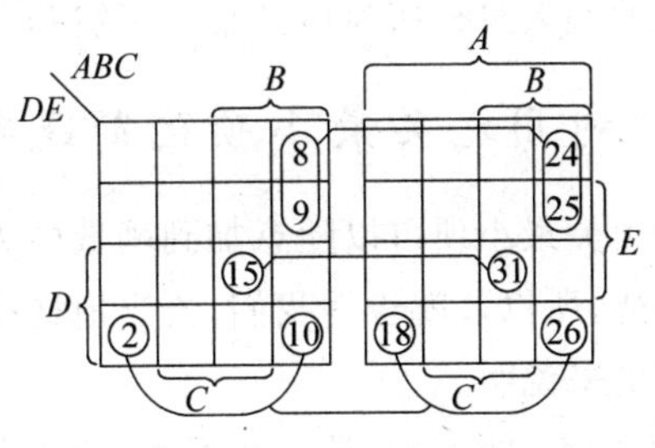

图4.9 例4-9卡诺图

所以，$F(A,B,C,D,E)=\overline{C}D\overline{E}+BCDE+B\overline{C}\,\overline{D}$。

从以上几个实例可以看到，用卡诺图化简逻辑函数的基本步骤可归结为3步：

第一步，画出逻辑函数的卡诺图；

第二步，合并最小项；

第三步，选择乘积项写出最简"与或"表达式。

4.3 不完全规定的逻辑函数的化简方法

4.3.1 无关最小项的概念

通过前面的介绍可以看到,利用真值表可以充分而且完全地描述一个逻辑函数。因为通过真值表可以穷举一个逻辑函数的各输入变量的全部组合关系。又由于每个输入变量只能有两种取值,所以由 n 个变量构成的逻辑函数的真值表共可列出 2^n 种组合,即 n 个变量的逻辑函数的全部最小项共有 2^n 个。

在这 2^n 个最小项当中,其中一部分给出了使该函数值等于 1 的输入变量取值组合,而其余部分给出了使该函数值等于 0 的输入变量取值组合。这种情况下,我们称该函数与 2^n 个最小项都有关。

但在某些实际问题中,一个 n 变量的逻辑函数并不是与 2^n 个最小项都有关,而仅与其中一部分有关,与另一部分则无关,即这另一部分最小项并不能决定该函数的值。或者说,该函数的值不是被 2^n 种输入变量取值组合所完全规定了的。我们把这些不能决定函数值的最小项称为无关最小项,或称非规定项。把具有这种特点的逻辑函数称为包含无关最小项的逻辑函数,或称不完全规定的逻辑函数。

无关最小项或非规定项在两种情况下出现。第一,有时某些输入变量的取值组合根本不会出现,因此也绝不会加到逻辑网络的输入端上去。既然它们根本不会出现,那么相应的最小项能够以任意方式供我们选择使用。也就是说,既可以认为这些最小项使函数的值为 1,也可以认为这些最小项使函数的值为 0。通过下面的例子我们将要说明,这要由它们对简化逻辑函数是否有好处来决定。第二,对已知的一个逻辑网络,虽然所有的输入组合都可能发生,但是只对某些输入组合才要求函数的输出为 1 或 0,而对另外一些输入组合,函数究竟输出为 1 还是为 0,我们并不关心。因此,对于逻辑函数的有效输出来说,这些不予关心其输出的输入组合所对应的最小项就是无关最小项。

4.3.2 利用无关最小项化简逻辑函数

因为无关最小项可以随意加到函数中去或不加到函数中,而并不影响该函数原有的实际逻辑功能,所以这就告诉我们,恰当地选择无关最小项,可以使逻辑函数极大地简化。下面通过实例来说明。

【例 4-10】 图 4.10 是一个可用于“四舍五入”的逻辑电路。输入十进制数 x 按 8421 编码,即

$$x=8A+4B+2C+D$$

要求当 $x\geqslant5$ 时,输出 $F=1$;否则 $F=0$。求 F 的最简“与或”表达式。

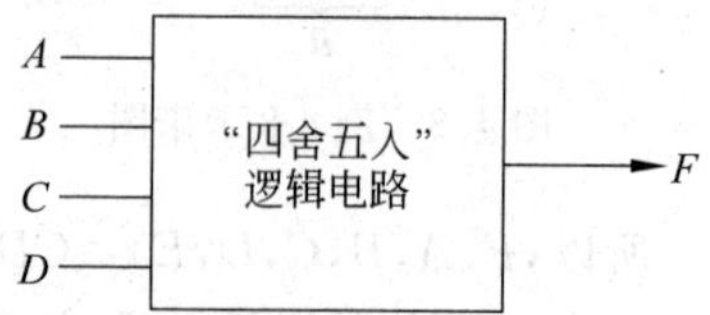

图 4.10 “四舍五入”逻辑电路

根据题意,列出真值表,如表 4-3 所示。

表 4-3 真值表

x	A	B	C	D	F
0	0	0	0	0	0
1	0	0	0	1	0
2	0	0	1	0	0
3	0	0	1	1	0
4	0	1	0	0	0
5	0	1	0	1	1
6	0	1	1	0	1
7	0	1	1	1	1
8	1	0	0	0	1
9	1	0	0	1	1
—	1	0	1	0	d
—	1	0	1	1	d
—	1	1	0	0	d
—	1	1	0	1	d
—	1	1	1	0	d
—	1	1	1	1	d

在本问题中，输入变量 A、B、C、D 的 6 种取值组合(1010～1111)是不可能出现的，此时说到 F 的值是没有意义的。也可以说，对于这 6 种取值组合，可以随意选择 F 的值为 1 还是为 0，而对决定整个电路的逻辑功能无关紧要，即这 6 种取值组合所对应的最小项就是无关最小项。

为了便于化简逻辑函数时的选用，在真值表中仍然列出这 6 种取值组合，而把它们对应的 F 值记为 d。可以这样来理解 d：d 表示 F 的值既可以是 1，也可以是 0。

这样，F 的表达式可写为：

$$F(A,B,C,D)=\sum m(5,6,7,8,9)+\sum d(10,11,12,13,14,15)$$

如果不利用无关最小项，那么根据卡诺图化简法，只能得：

$$F(A,B,C,D)=A\overline{B}\,\overline{C}+\overline{A}BD+\overline{A}BC$$

但是如果在利用卡诺图化简时，把无关最小项考虑进去，情况就不同了，如图 4.11 所示。图中，在无关最小项的小格内标以 d，它们既可以认为是 1，也可以认为是 0。在本例的化简中，都认为它们为 1。则根据卡诺图化简法，可得：

$$F(A,B,C,D)=A+BC+BD$$

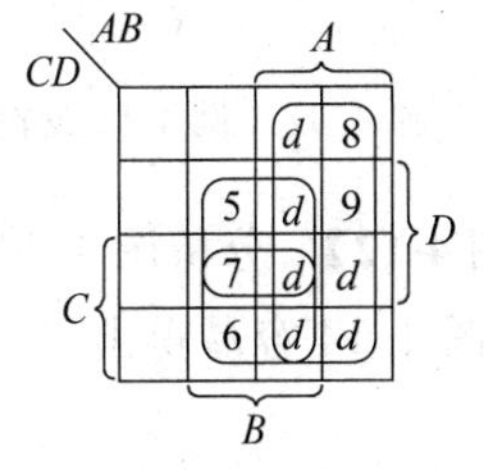

图 4.11 利用无关最小项进行化简

可见，考虑无关最小项与不考虑无关最小项的化简结果很不一样。说明经过恰当选择无关最小项之后，往往可以得到逻辑函数的较简单表达形式。

4.4 组合逻辑电路的分析

组合逻辑电路的分析，就是对给定的组合逻辑电路进行逻辑描述，找出相应的输入输出逻辑关系表达式，以确定该电路的功能，或检查和评价该电路设计得是否合理、经济等。

可以说，寻找组合逻辑电路输入输出关系表达式的过程和方法，就是组合逻辑电路分析的过程和方法。下面举例说明。

【例 4-11】 分析图 4.12 所示的组合逻辑电路。

为了分析方便，我们对每一个门都标以一个输出函数符号，即 G_1、G_2、G_3、G_4、Z，如图 4.12 所示。

逐级写出每个门电路的输入输出关系式，即：

$$G_1 = x_1 + x_2 \quad G_2 = \overline{x_2 \cdot x_3} \quad G_3 = x_3 \cdot x_4$$

$$G_4 = G_2 + G_3$$

$$Z = \overline{G_1 \cdot G_4}$$

依次代入，可得输出 Z 的表达式为：

$$Z = \overline{(x_1 + x_2) \cdot (G_2 + G_3)} = \overline{(x_1 + x_2) \cdot (\overline{x_2 \cdot x_3} + x_3 x_4)}$$

可用任一方法将所得表达式化简，下面先用公式法。

$$Z = \overline{x_1 + x_2} + \overline{\overline{x_2 x_3} + x_3 x_4} = \overline{x_1}\,\overline{x_2} + x_2 x_3 \cdot \overline{x_3 x_4}$$

$$= \overline{x_1}\,\overline{x_2} + x_2 x_3 (\overline{x_3} + \overline{x_4}) = \overline{x_1}\,\overline{x_2} + x_2 x_3\,\overline{x_4}$$

用公式法有时不太容易判别所得结果是否为最简，于是不妨再用卡诺图直观地检查一下，如图 4.13 所示。从卡诺图上容易看出，用公式法化简所得到的表达式已经是最简的“与或”表达式了。

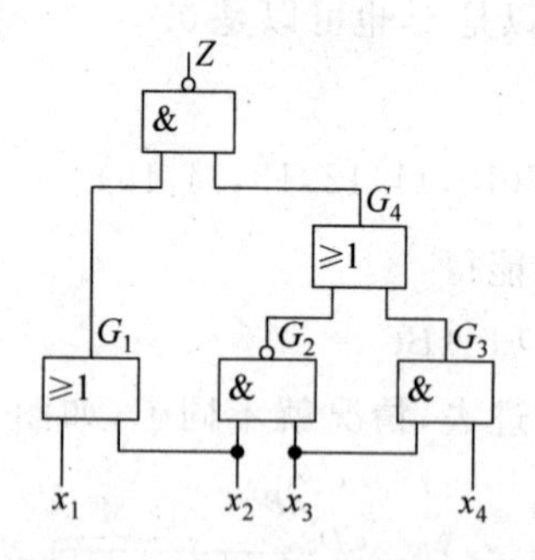

图 4.12 例 4-11 逻辑电路图

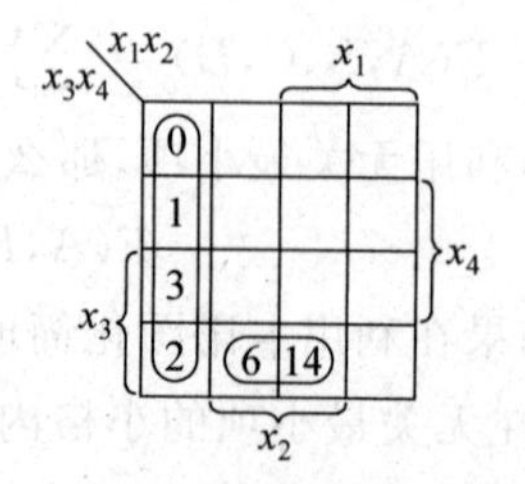

图 4.13 例 4-11 卡诺图

【例 4-12】 分析图 4.14 所示的组合逻辑电路。

由图 4.14 容易得出：

$$y_1 = \overline{ABC}, \quad y_2 = \overline{AB\overline{C}}$$

$$y_3 = \overline{\overline{A}BC}, \quad y_4 = \overline{A\overline{B}C}$$

所以输出 F 的表达式为：

$$F = ABC + AB\overline{C} + \overline{A}BC + A\overline{B}C$$

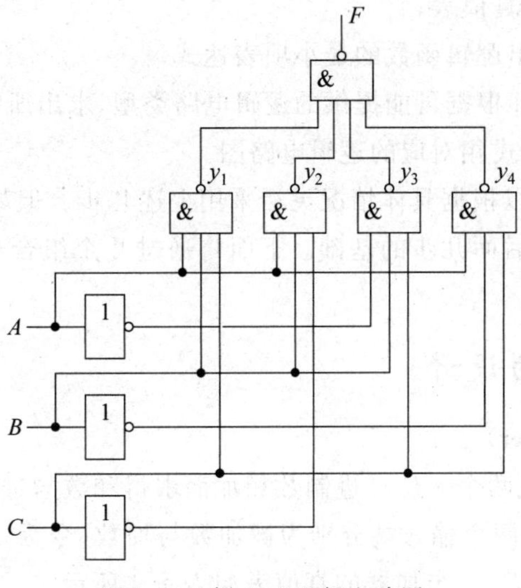

图 4.14　例 4-12 逻辑电路图

我们分析一下该电路的结构能否再简化一些。画出 F 的卡诺图,如图 4.15 所示。从卡诺图可明显看出,F 可化简为:

$$F = AB + AC + BC$$

根据化简后的 F 表达式可画出如图 4.16 所示的逻辑电路图。它比图 4.14 所示的逻辑电路节省了 4 个"与非"门。

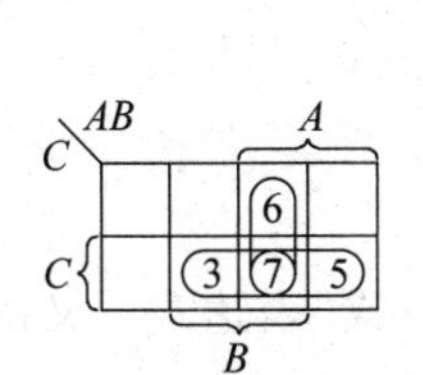

图 4.15　例 4-12 卡诺图

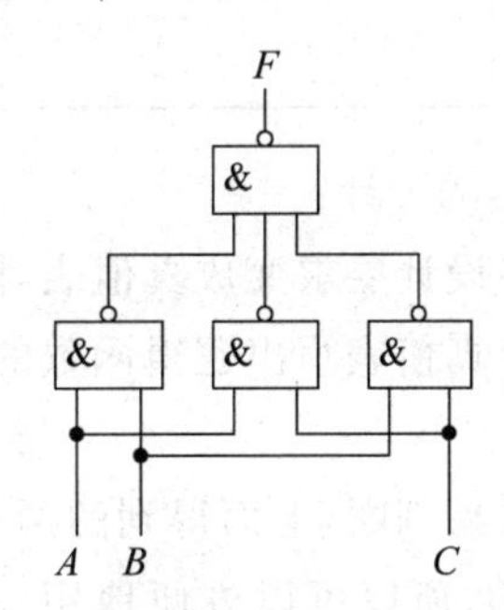

图 4.16　简化后的逻辑电路图

最后,可以归结组合逻辑电路分析的大致步骤如下:

(1) 根据给定电路的逻辑结构,逐级写出每个门电路的输入输出关系式;

(2) 依次代入,最后得到整个电路的输入输出关系式;

(3) 可用任意一种方法(公式法、卡诺图法等)化简这个逻辑关系表达式。明确给定电路的逻辑功能或改进方案。

4.5　组合逻辑电路的设计

组合逻辑电路的设计与组合逻辑电路的分析相反,它是由给定的逻辑功能或逻辑要求,求得实现这个功能或要求的逻辑电路。它一般可按下述步骤进行:

(1) 将逻辑要求变成真值表；

(2) 根据真值表，写出逻辑函数的最小项表达式；

(3) 化简逻辑函数，并根据可能提供的逻辑电路类型，求出所需要的表达式形式；

(4) 画出与所得表达式相对应的逻辑电路图。

在实际设计时，也可以根据具体情况灵活采用上述几步。但如果需要实现第一步，则应十分仔细，因为它是实现后面几步的基础。下面将通过几个组合逻辑电路的设计实例来说明上述步骤的具体实现。

4.5.1 加法电路的设计

1. 半加器(Half Adder)

所谓半加器即为实现两个一位二进制数相加而求得和数与进位的逻辑电路。它具有两个输入端和两个输出端：两个输入端分别为被加数与加数(令为 A 与 B)，两个输出端分别为和数与进位(令为 S 与 C)。半加器的真值表如表 4-4 所示。

表 4-4 半加器真值表

输	入	输	出
A	B	S	C
0	0	0	0
0	1	1	0
1	0	1	0
1	1	0	1

半加器的设计：

(1) 将设计要求变成真值表，同表 4-4，此处从略。

(2) 由真值表写出逻辑函数的最小项表达式：

$$S = A\overline{B} + \overline{A}B, \quad C = AB$$

(3) 容易判断，上面得到的两个表达式已经是最简的"与或"表达式。又由于 $S=A\overline{B}+\overline{A}B=A\oplus B$，所以可以方便地用一个"异或"门产生和数 S，再用一个"与"门产生进位 C，即可构成半加器。

(4) 画出逻辑图。半加器的逻辑图和图形符号如图 4.17 所示。

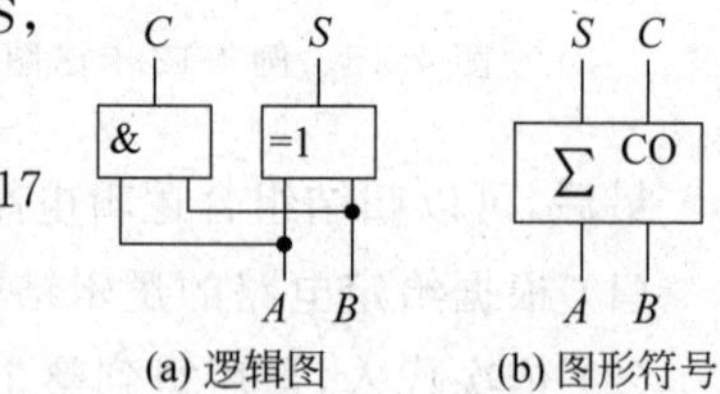

图 4.17 半加器

2. 全加器(Full Adder)

所谓全加器即为实现两个一位二进制数相加并考虑低位进位的逻辑电路。它具有 3 个输入端和 2 个输出端：3 个输入端分别是加数 A_n、被加数 B_n 及低位的进位 C_n，2 个输出端分别是和数 S_n 及向高位的进位 C_{n+1}。全加器的真值表如表 4-5 所示。

全加器的设计：

(1) 列真值表，同表 4-5，此处从略。

表 4-5　全加器真值表

输入			输出	
A_n	B_n	C_n	S_n	C_{n+1}
0	0	0	0	0
0	0	1	1	0
0	1	0	1	0
0	1	1	0	1
1	0	0	1	0
1	0	1	0	1
1	1	0	0	1
1	1	1	1	1

(2) 由真值表写出输出函数的最小项表达式：

$$S_n = \overline{A}_n\overline{B}_nC_n + \overline{A}_nB_n\overline{C}_n + A_n\overline{B}_n\overline{C}_n + A_nB_nC_n = \sum m(1,2,4,7) \tag{4-1}$$

$$C_{n+1} = \overline{A}_nB_nC_n + A_n\overline{B}_nC_n + A_nB_n\overline{C}_n + A_nB_nC_n = \sum m(3,5,6,7) \tag{4-2}$$

(3) 对上面式(4-1)和式(4-2)作适当变形，则有：

$$\begin{aligned} S_n &= (\overline{A}_n\overline{B}_n + A_nB_n)C_n + (\overline{A}_nB_n + A_n\overline{B}_n)\overline{C}_n \\ &= \overline{A_n \oplus B_n} \cdot C_n + (A_n \oplus B_n)\,\overline{C_n} = (A_n \oplus B_n) \oplus C_n \end{aligned} \tag{4-3}$$

$$\begin{aligned} C_{n+1} &= (\overline{A}_nB_n + A_n\overline{B}_n)C_n + A_nB_n(\overline{C}_n + C_n) \\ &= (A_n \oplus B_n)C_n + A_nB_n \end{aligned} \tag{4-4}$$

(4) 根据式(4-3)和式(4-4)，可画出如图 4.18 所示的全加器逻辑图。容易看出，它是由两个图 4.17 所示的半加器及一个“或”门所构成。全加器的图形符号如图 4.19 所示。

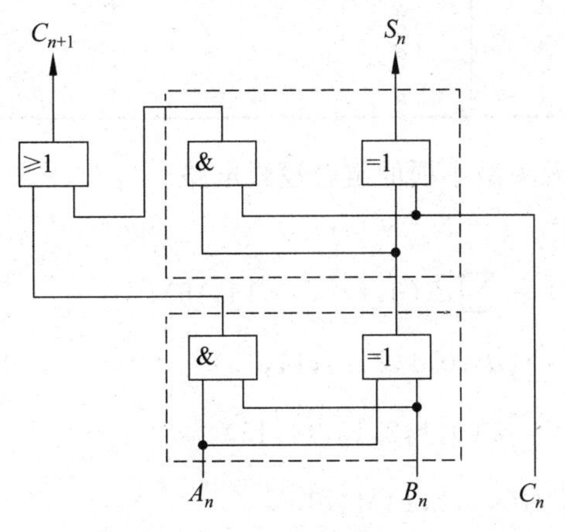

图 4.18　全加器逻辑电路图

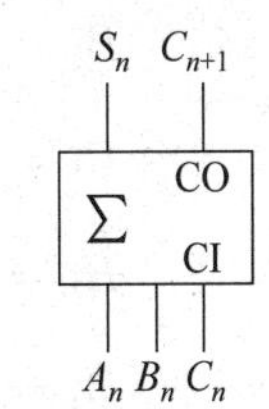

图 4.19　全加器图形符号

4.5.2　代码转换电路的设计

在数字系统与电子计算机中，根据各种不同应用而采用了多种类型的代码，如前面已经介绍的 8421 码、余 3 码、格雷码等。这些代码有时需要互相转换，因此需要使用各种形式的代码转换电路。下面结合组合逻辑电路的设计问题，以余 3 码到 8421 码的转换为例，介绍代码转换电路的设计方法。

设计要求：设计一个余 3 码到 8421 码的代码转换电路，所用元件自选。

设计：

(1) 列真值表。

设 b_3、b_2、b_1、b_0 代表余 3 码的 4 位二进制代码，B_3、B_2、B_1、B_0 代表 8421 码的 4 位二进制代码。则可列出余 3 码到 8421 码的代码转换真值表，如表 4-6 所示。

表 4-6　余 3 码到 8421 码转换真值表

十进制数	余 3 码				8421 码			
	b_3	b_2	b_1	b_0	B_3	B_2	B_1	B_0
—	0	0	0	0	d	d	d	d
—	0	0	0	1	d	d	d	d
—	0	0	1	0	d	d	d	d
0	0	0	1	1	0	0	0	0
1	0	1	0	0	0	0	0	1
2	0	1	0	1	0	0	1	0
3	0	1	1	0	0	0	1	1
4	0	1	1	1	0	1	0	0
5	1	0	0	0	0	1	0	1
6	1	0	0	1	0	1	1	0
7	1	0	1	0	0	1	1	1
8	1	0	1	1	1	0	0	0
9	1	1	0	0	1	0	0	1
—	1	1	0	1	d	d	d	d
—	1	1	1	0	d	d	d	d
—	1	1	1	1	d	d	d	d

由真值表可见，所要实现的是一个具有无关最小项的组合逻辑电路。

(2) 写出各个输出函数的最小项表达式。

$$B_0 = \sum m(4,6,8,10,12) + \sum d\,(0,1,2,13,14,15)$$

$$B_1 = \sum m(5,6,9,10) + \sum d\,(0,1,2,13,14,15)$$

$$B_2 = \sum m(7,8,9,10) + \sum d(0,1,2,13,14,15)$$

$$B_3 = \sum m(11,12) + \sum d(0,1,2,13,14,15)$$

(3) 用卡诺图法化简，如图 4.20 所示。在化简中，要尽量利用无关最小项 d。

由卡诺图可得：

$$B_0 = \overline{b_0}$$

$$B_1 = \overline{b_1} b_0 + b_1 \overline{b_0}$$

$$B_2 = \overline{b_2}\,\overline{b_1} + \overline{b_2}\,\overline{b_0} + b_2 b_1 b_0$$

$$B_3 = b_3 b_2 + b_3 b_1 b_0$$

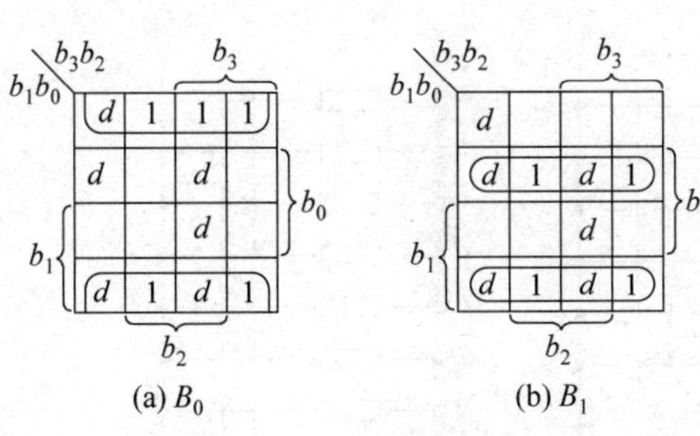

(a) B_0 (b) B_1

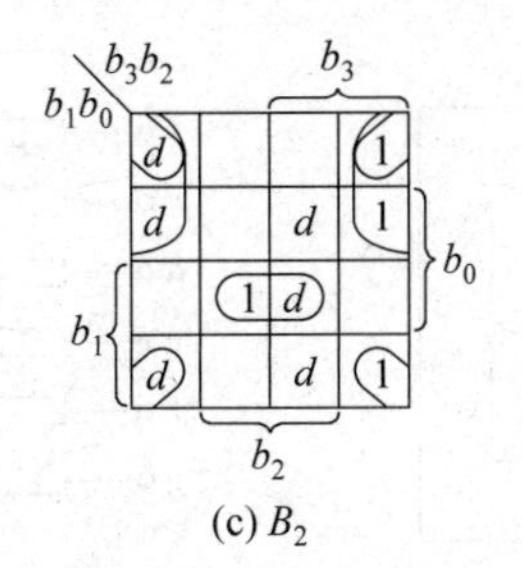

(c) B_2

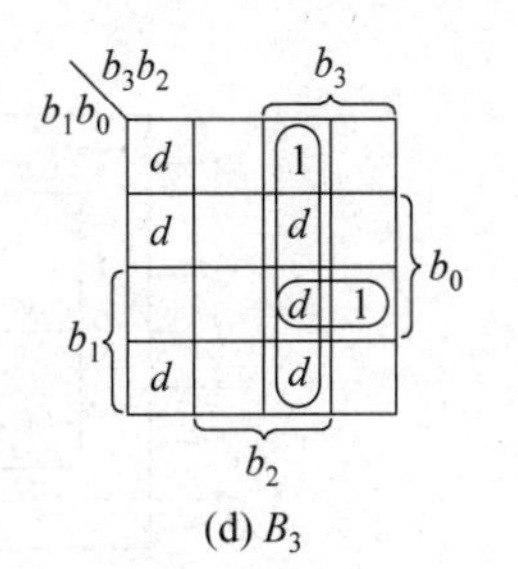

(d) B_3

图 4.20 用卡诺图化简

(4) 画出逻辑图。选用“与非”门来实现此逻辑网络,如图 4.21 所示。

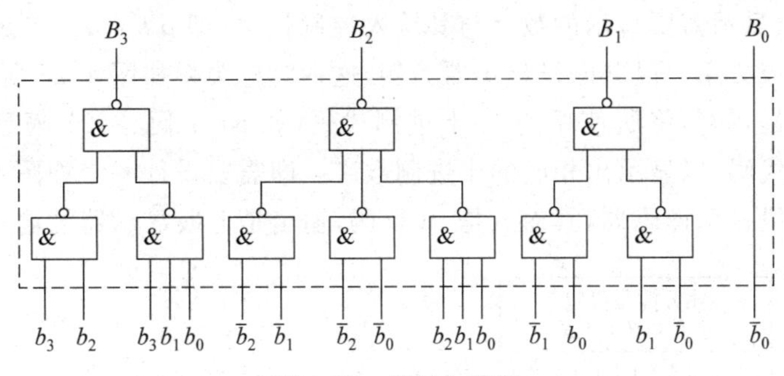

图 4.21 逻辑电路图

需要指出的是,上面所实现的余 3 码到 8421 码的代码转换电路,它是由同一组输入变量(b_3、b_2、b_1、b_0)产生多个输出函数(B_3、B_2、B_1、B_0)的组合逻辑电路,通常称为多输出的组合逻辑电路。对于这样的多输出组合逻辑电路的设计,有一个需要注意的问题,就是要尽量利用各输出函数间的“公共项”(即两个或几个输出函数都具有的项)。在电路实现时,对于公共项,不必各自单独形成,而只需形成一次,以供具有公共项的其他输出函数直接使用,从而获得较简单的电路结构。关于这一点,在下面即将介绍的七段显示译码器的设计中将会具体看到。

4.5.3 七段数字显示器的原理与设计

在各种电子仪器和设备中,为了将处理和运算结果以十进制数字形式显示出来,常采用七段数字显示器。如图 4.22(a)所示.它是由七段笔画所组成,每段笔画实际上就是一个用半导体材料做成的发光二极管(LED)。这种显示器电路通常有两种接法:一种是将发光二极管的负极全部一起接地,如图 4.22(b)所示,即所谓“共阴极”显示器;另一种是将发光二极管的正极全部一起接到正电压,如图 4.22(c)所示,即所谓“共阳极”显示器。对于共阴极显示器,只要在某个二极管的正极加上逻辑 1 电平,相应的笔段就发亮;对于共阳极显示器,只要在某个二极管的负极加上逻辑 0 电平,相应的笔段就发亮。当然,要使发光二极管发亮,需要提供一定的驱动电流,所以这两种显示器都需要有相应的驱功电路。市场上可买到这种现成的驱动器,如共阳极驱动器——SN7447,共阴极驱动器——SN7448。同时这两种电路还具有后面将要介绍的“七段显示译码器”的功能。

由图 4.22(a)可见,由显示器亮段的不同组合便可构成一位十进制数字(0～9)的显示

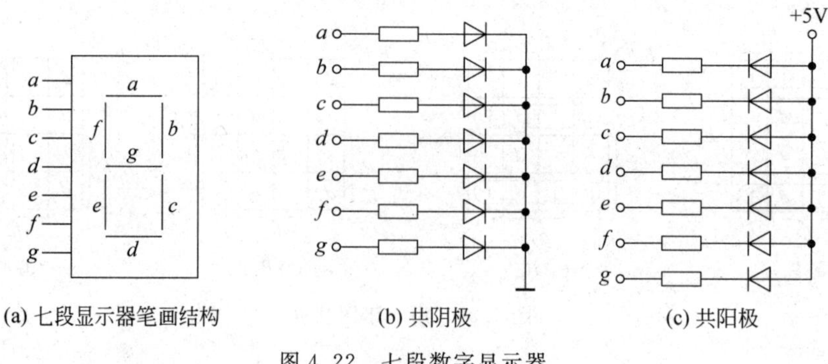

(a) 七段显示器笔画结构　　(b) 共阴极　　(c) 共阳极

图 4.22　七段数字显示器

字形。这就是说,显示器所显示的数字与其输入控制代码(即 $a\ b\ c\ d\ e\ f\ g$ 七位代码)之间存在着一定的对应关系。以共阴极显示器为例,这种对应关系如图 4.23 所示。

现在的任务是,如何将所使用的二-十进制代码(如 8421 码、2421 码等)转换成七段显示器的输入控制代码,以显示出相应的十进制数字。即需要设计一个如图 4.24 所示的代码转换电路——七段显示译码器,其输入是 BCD 码,输出是七段显示器的输入控制代码。

显示数字	输入控制代码 a b c d e f g
0	1111110
1	0110000
2	1101101
3	1111001
4	0110011
5	1011011
6	0011111
7	1110000
8	1111111
9	1110011

图 4.23　显示数字和输入控制代码的对应关系

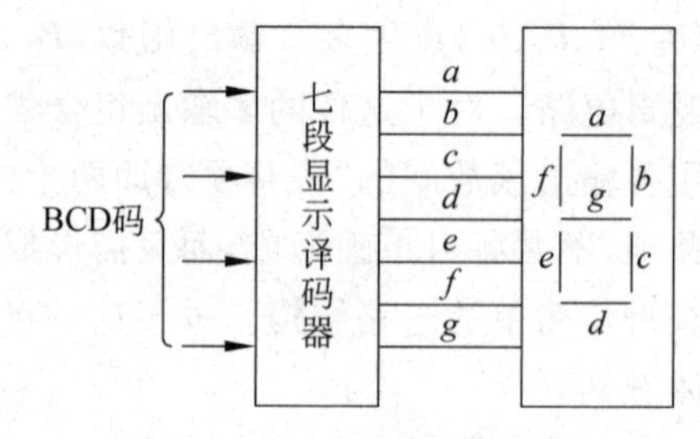

图 4.24　七段显示译码器

【例 4-13】　设计一个七段显示译码器,其输入为 2421 码,七段显示器为共阴极接法。

设计:

(1) 列真值表:根据图 4.22(a)及 2421 码的编码特点,可得该七段显示译码器的真值表如表 4-7 所示,其中最后 6 项为无关最小项。

表 4-7　七段显示译码器真值表

十进制数字	输入 2421 码				输出七段码						
N	W	X	Y	Z	a	b	c	d	e	f	g
0	0	0	0	0	1	1	1	1	1	1	0
1	0	0	0	1	0	1	1	0	0	0	0
2	0	0	1	0	1	1	0	1	1	0	1
3	0	0	1	1	1	1	1	1	0	0	1

续表

十进制数字	输入 2421 码				输出七段码						
N	*W*	*X*	*Y*	*Z*	*a*	*b*	*c*	*d*	*e*	*f*	*g*
4	0	1	0	0	0	1	1	0	0	1	1
5	1	0	1	1	1	0	1	1	0	1	1
6	1	1	0	0	0	0	1	1	1	1	1
7	1	1	0	1	1	1	1	0	0	0	0
8	1	1	1	0	1	1	1	1	1	1	1
9	1	1	1	1	1	1	1	0	0	1	1
—	0	1	0	1	*d*	*d*	*d*	*d*	*d*	*d*	*d*
—	0	1	1	0	*d*	*d*	*d*	*d*	*d*	*d*	*d*
—	0	1	1	1	*d*	*d*	*d*	*d*	*d*	*d*	*d*
—	1	0	0	0	*d*	*d*	*d*	*d*	*d*	*d*	*d*
—	1	0	0	1	*d*	*d*	*d*	*d*	*d*	*d*	*d*
—	1	0	1	0	*d*	*d*	*d*	*d*	*d*	*d*	*d*

由真值表可见，我们所要实现的是一个具有无关最小项的多输出逻辑电路。

(2) 用卡诺图法化简(具体的卡诺图此处从略)可得：

$$a = Y + WZ + \overline{X}\,\overline{Z}$$
$$b = \overline{W} + XZ + XY$$
$$c = W + \overline{Y} + Z$$
$$d = W\overline{Z} + \overline{X}\,\overline{Z} + \overline{X}Y$$
$$e = W\overline{Z} + \overline{X}\,\overline{Z}$$
$$f = \overline{Y}\,\overline{Z} + WY$$
$$g = Y + X\overline{Z}$$

从这 7 个输出表达式可见，$\overline{X}\,\overline{Z}$ 为 a、d、e 所公有，$W\,\overline{Z}$ 为 d、e 所公有，所以在构成逻辑电路的输出时，应按前面曾指出的那样，不必再将它们各自单独构成仅供一个输出函数使用，而应尽量利用现成的公共项，以简化电路结构。具体实现请看下面的逻辑电路图。

(3) 画出逻辑电路图。输入为 2421 码的七段显示译码器逻辑电路如图 4.25 所示。图中 * 端互相连接。

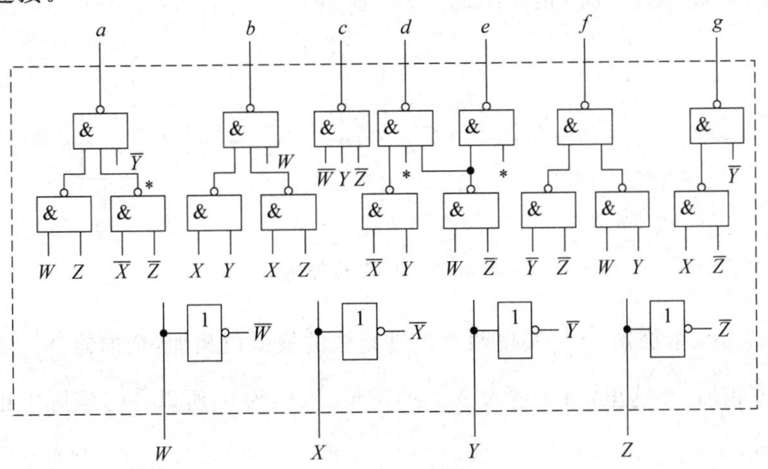

图 4.25　七段显示译码器逻辑电路图

对于输入为其他二-十进制编码的七段显示译码器，可用同样的方法进行设计。而对于输入为8421码这样的七段显示译码器，已有现成的中规模集成电路产品（如74LS49、SN7447等），在实际应用中可直接利用。图4.26即为一个利用现成的七段显示译码器组成的LED显示电路。

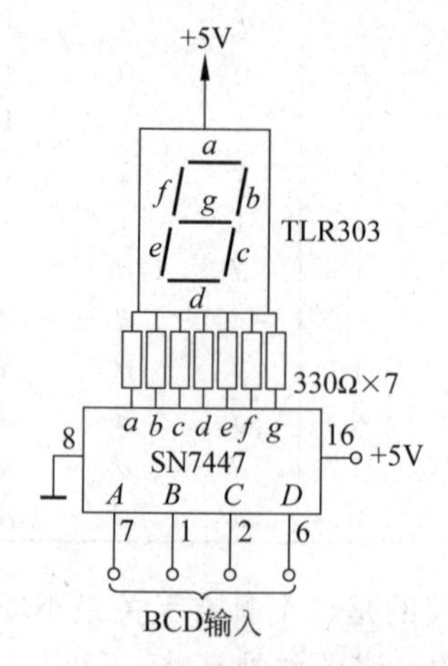

图4.26 实用的LED显示电路

4.6 几种常用的组合逻辑电路

在数字系统与计算机中实际使用的组合逻辑电路种类很多，本节将着重介绍其中常用的几种。它们是加法器、译码器、编码器、多路分配器、多路选择器以及ROM和PLA等。

4.6.1 加法器

加法器(adder)是计算机中的一种重要逻辑部件。它主要由若干位全加器电路构成。关于全加器的功能及设计在4.5节已详细介绍过了。现在只要将$n+1$个如图4.19所示的全加器串接起来就可构成一个$n+1$位的加法器，能够实现两个$n+1$位的二进制数($A_nA_{n-1}\cdots A_0$和$B_nB_{n-1}\cdots B_0$)相加，如图4.27所示。

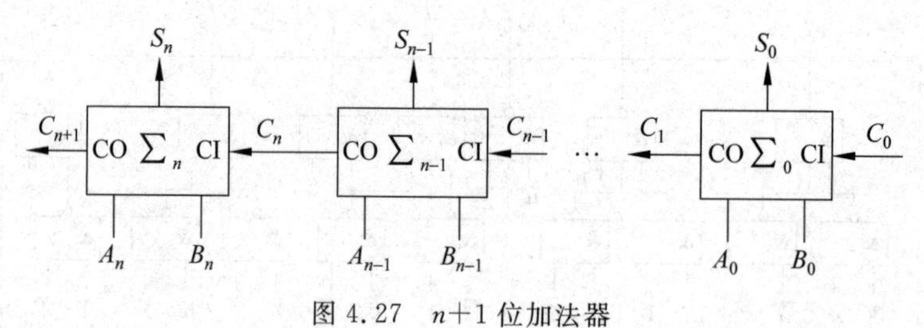

图4.27 $n+1$位加法器

在图4.27中，全加器$\sum_0$实现两个二进制数的最低位相加，全加器$\sum_n$实现两个二进制数的最高位相加。在这里，由于进入$\sum_0$的进位C_0恒为0，所以$\sum_0$实际上也可以用一个半加器来代替。

整个加法过程与手算实现两个二进制数加法过程类似。首先从最低位 A_0 和 B_0 开始相加，产生最低位的和数 S_0 及进位 C_1；然后从右至左逐位进行，直到实现最高位 A_n 和 B_n 相加，产生最高位的和数 S_n 及进位 C_{n+1}。这种结构的加法器称为串行进位的加法器，或称逐位进位的加法器。显然，正确的和数应形成于最高位的进位 C_{n+1} 产生之后。也就是说，对于这种加法器来说，相加的二进制位数越多，则进位传播时间越长，加法器的速度也就越慢。

为了提高加法运算的速度，人们还设计了其他进位形式的加法器，如“并行进位加法器”、“分组进位的加法器”等，此处不再做专门介绍。

4.6.2 译码器

把代码的特定含义“翻译”出来的过程叫做译码，实现译码操作的电路称为译码器(decoder)。或者说，译码器是将输入代码的状态翻译成相应的输出信号，以表示某种特定含义。

有各种类型的译码器，4.5.3节介绍的七段显示译码器就是其中的一种，它是将输入的BCD码转换成七段数字显示器的输入控制信号，以显示出相应的十进制数字字形。此外，二进制译码器也是一种常用的译码器。下面对它予以专门介绍。

二进制译码器是一种将输入的二进制代码转换成特定输出信号的组合逻辑电路。它是数字系统和计算机中常用的一种逻辑部件。例如，计算机中需要将指令的操作码“翻译”成各种操作命令，就要使用指令译码器。存储器的地址译码系统，则要使用地址译码器。这些译码器都是典型的二进制译码器。

二进制译码器的逻辑特点是，若输入代码为 n 位，则输出信号有 2^n 个，而且每个输出信号与 n 个输入变量的一个最小项相对应。由4.1节中介绍的最小项的性质容易得出，在该译码器的 2^n 个输出中，任何时刻仅有一个输出为1，而其余 2^n-1 个输出为0。所以也称这种译码器为 n-2^n 译码器。它的输出线编号为 $0\sim(2^n-1)$。二进制译码器的一般结构如图4.28所示。

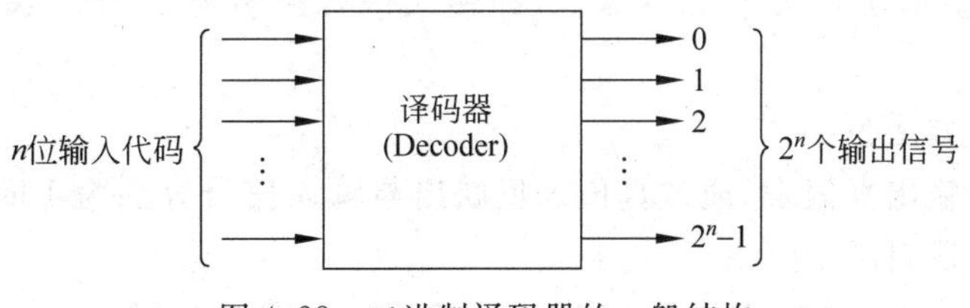

图4.28 二进制译码器的一般结构

用基本的逻辑门电路很容易构成一个二进制译码器。如果用“与”门来实现，那么由于对 n 个输入变量的逻辑函数，至少需要 2^n 个“与”门以提供 2^n 个最小项输出。另外，如果输入端仅提供原变量，则还需要 n 个“非”门以产生反变量。所以，n 位输入代码的二进制译码器至少要用 2^n+n 个门电路来实现。如图4.29所示即为一个用8个“与”门和3个“非”门构成的“3-8译码器”。

显然，对于图4.29所示的译码器，若输入 ABC 为110，则只有6号输出(m_6)为1，其余输出均为0。

图4.29所示的译码器也可以用“与非”门或者“或非”门来实现，请读者自行画出逻辑图。

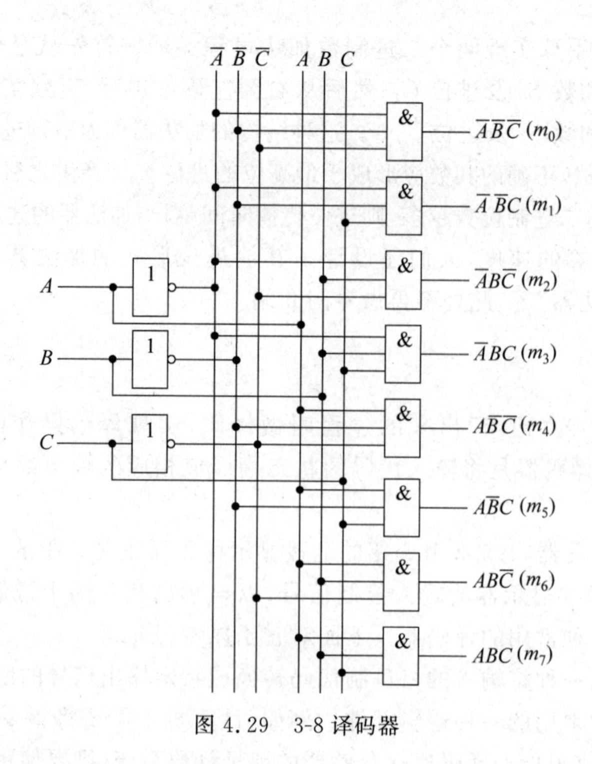

图 4.29 3-8 译码器

市场上有多种译码器电路的典型产品，如“2-4 译码器”SN74139、“3-8 译码器”SN74138、“4-16 译码器”SN74154 等。

4.6.3 编码器

实现编码操作的电路叫编码器(encoder)。编码器的功能与译码器相反，它能够形成与输入信号(被编码的对象)相对应的输出代码。如果输入信号的个数为 N，输出代码的位数为 n，则 N 与 n 应满足关系式 $N\leqslant 2^n$，即输入信号最多为 2^n 个。编码器的一般结构如图 4.30 所示。

编码器的设计方法为：

首先列出输入输出真值表，通过真值表反映出与输入信号分别为 1 时相对应的 n 位输出代码；然后，画出逻辑图。

一个“4-2 编码器”的真值表如表 4-8 所示，逻辑图如图 4.31 所示。

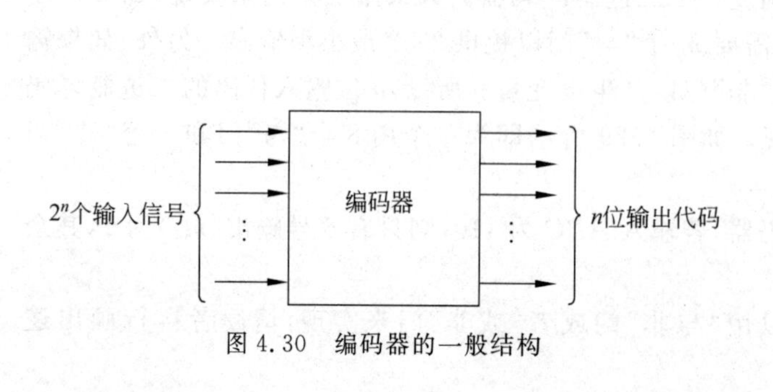

图 4.30 编码器的一般结构

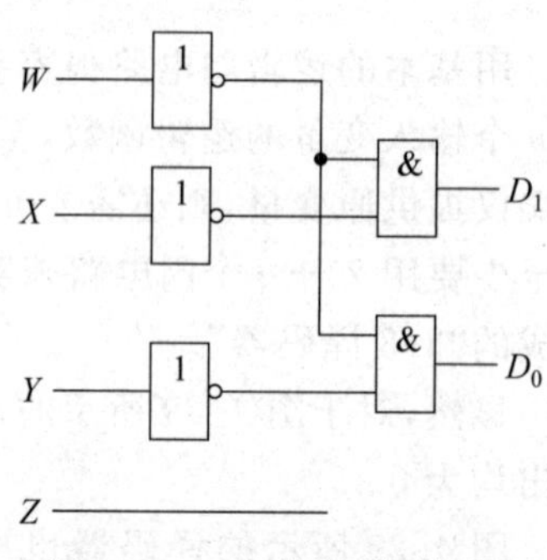

图 4.31 4-2 编码器逻辑图

表 4-8　4-2 编码器真值表

输入				输出	
W	X	Y	Z	D_1	D_0
1	0	0	0	0	0
0	1	0	0	0	1
0	0	1	0	1	0
0	0	0	1	1	1

由表 4-8 可见，尽管 4 位输入信号(W、X、Y、Z)最多有 16 种取值组合，但由于输出代码仅有 2 位，所以只能与 4 种输入信号的取值组合相对应，其余的 12 种输入信号取值组合我们并不关心。如果用卡诺图方法化简，可以把它们当作无关最小项。输出代码 00、01、10、11 分别与 4 位输入信号单独为 1 时的状态相对应。可以用直接观察的方法得到输出函数的最简表达式为：

$$D_0 = \overline{W}\,\overline{Y}$$

$$D_1 = \overline{W}\,\overline{X}$$

也就是说，只要输入 $W=0$ 且 $Y=0$，则输出 $D_0=1$；只要输入 $W=0$ 且 $X=0$，则输出 $D_1=1$。上述的最简输出表达式也可用卡诺图法(利用无关最小项)化简得到。读者可自行试之。

一个 8421 码编码器的真值表如表 4-9 所示。由表可见，它有 10 个输入信号，分别为 $X_0, X_1, \cdots, X_9$，表示 0～9 这 10 个数字，而 4 位输出代码为相应的 8421 码。

表 4-9　8421 码编码器真值表

输入											输出			
十进制数	X_9	X_8	X_7	X_6	X_5	X_4	X_3	X_2	X_1	X_0	A	B	C	D
0	0	0	0	0	0	0	0	0	0	1	0	0	0	0
1	0	0	0	0	0	0	0	0	1	0	0	0	0	1
2	0	0	0	0	0	0	0	1	0	0	0	0	1	0
3	0	0	0	0	0	0	1	0	0	0	0	0	1	1
4	0	0	0	0	0	1	0	0	0	0	0	1	0	0
5	0	0	0	0	1	0	0	0	0	0	0	1	0	1
6	0	0	0	1	0	0	0	0	0	0	0	1	1	0
7	0	0	1	0	0	0	0	0	0	0	0	1	1	1
8	0	1	0	0	0	0	0	0	0	0	1	0	0	0
9	1	0	0	0	0	0	0	0	0	0	1	0	0	1

从真值表还可以看出，当输入 $X_1=1$，或 $X_3=1$，或 $X_5=1$，或 $X_7=1$，或 $X_9=1$ 时，输出 $D=1$，因此可以写出相应的输出逻辑表达式：

$$D = X_1 + X_3 + X_5 + X_7 + X_9$$

同理可以写出：

$$C = X_2 + X_3 + X_6 + X_7$$

$$B = X_4 + X_5 + X_6 + X_7$$

$$A = X_8 + X_9$$

根据上述 4 个逻辑表达式，可以用 4 个"或"门来构成这个编码器，如图 4.32(a)所示。又根据 $A+B=\overline{\overline{A}\cdot\overline{B}}$，该编码器也可用"与非"门来实现，如图 4.32(b)所示。

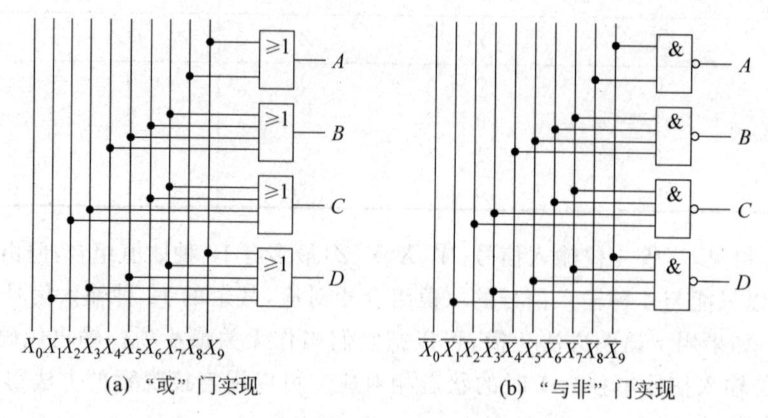

图 4.32　8421 码编码器

需要指出的是，尽管有人将术语"译码器"、"编码器"和"代码转换电路"经常混用。但通过前面的介绍可以看出，它们的逻辑功能和用途并不相同，在阅读文献及实际使用时应予以注意。

4.6.4　多路选择器

1. 多路选择器的基本功能

多路选择器(multiplexer)又称多路器，它的基本功能是等效于一个单刀多掷开关。图 4.33 为一个单刀双掷开关，其作用是通过开关的转换将输入 A 或 B 传送到输出去。多路选择器的逻辑功能与此类似，它也是从多个输入信号中选出一个，并将它传送到输出端。具有 2^n 个输入和一个输出的多路选择器，通常由 n 位控制代码的不同组合来控制其选择，并将选择到的输入信号送到输出端。它的一般结构如图 4.34 所示。

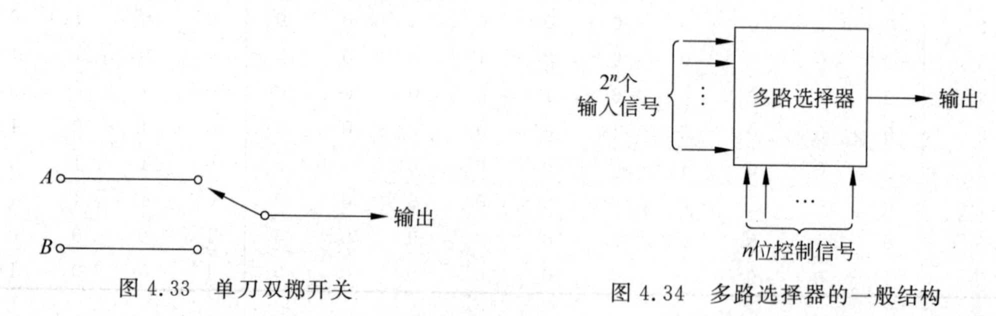

图 4.33　单刀双掷开关　　　　图 4.34　多路选择器的一般结构

一个四输入的多路选择器的逻辑原理图如图 4.35 所示。也有人称它为"四选一"多路选择器。

在图 4.35 中，把输入分为两组：一组是控制信号，也称"控制字"或"地址输入"，即图中的 S_1S_0；另一组是信号输入端，也称"输入函数"，即图中的 a_0、a_1、a_2、a_3。那么，这个多路选择器的逻辑功能为：根据不同的控制字把相应的输入信号选中送到输出端。或者说，它是根据不同的地址输入而在输出端得到不同的输入函数。四输入多路选择器的功能表如表 4-10 所示，它的图形符号如图 4.36 所示。其输出既提供原变量(F)，又提供反变量($\overline{F}$)，称为互补输出，为使用者提供了方便。

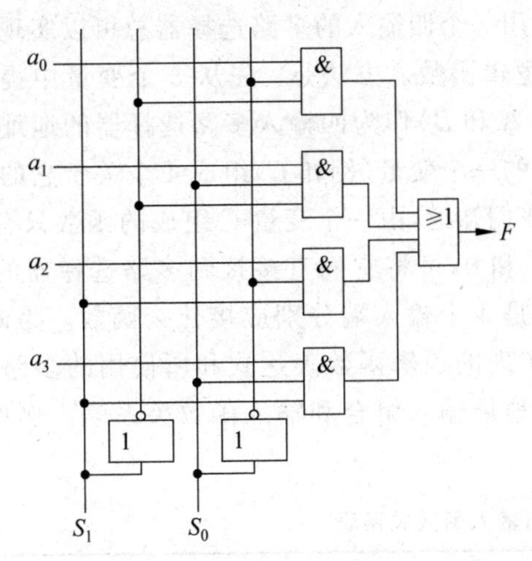

图 4.35 四输入多路选择器逻辑原理图

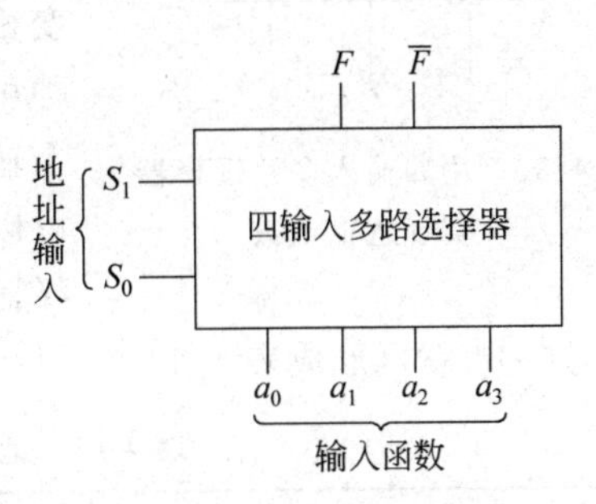

图 4.36 四输入多路选择器图形符号

由表 4-10 可写出四输入多路选择器的输出逻辑表达式为：

$$F=\overline{S}_1\overline{S}_0a_0+\overline{S}_1S_0a_1+S_1\overline{S}_0a_2+S_1S_0a_3 \tag{4-5}$$

表 4-10 四输入多路选择器功能表

地址输入		输出	地址输入		输出
S_1	S_0	F	S_1	S_0	F
0	0	a_0	1	0	a_2
0	1	a_1	1	1	a_3

由式(4-5)不难看出，用多路选择器不仅可以用作数据传输时的选择开关，而且还可以有效地实现某些逻辑函数(详见后述)。

市场上有各种中规模集成电路的多路选择器产品，典型产品有 SN74157(二选一)，SN74153(四选一)，SN74152(八选一)，SN74150(十六选一)等。使用时可查阅有关的器件手册。

2. 用多路选择器实现逻辑函数

下面通过具体例子来说明用多路选择器实现逻辑函数的基本方法。

【例 4-14】 用四输入多路选择器实现逻辑函数：

$$G(A,B,C)=\overline{B}+AC+\overline{A}\,\overline{C}$$

解 先将所给的表达式化成最小项表达式形式：

$$G(A,B,C)=\overline{A}\,\overline{B}\,\overline{C}+\overline{A}\,\overline{B}C+\overline{A}B\overline{C}+A\overline{B}\,\overline{C}+A\overline{B}C+ABC$$

由此又可得：

$$\begin{aligned}G(A,B,C)&=\overline{A}\,\overline{B}(\overline{C}+C)+\overline{A}B\overline{C}+A\overline{B}(\overline{C}+C)+ABC\\&=\overline{A}\,\overline{B}\cdot 1+\overline{A}B\overline{C}+A\overline{B}\cdot 1+ABC\end{aligned}$$

再将所得结果与四输入多路选择器的输出表达式(4-5)相对照即可发现，只要把变量 A、B 分别接到四输入多路选择器的地址输入端 S_1、S_0，而把 1、$\overline{C}$、1、C 分别作为该多路选择器的四个输入函数 a_0、a_1、a_2、a_3，就可以用这四输入的多路选择器实现逻辑函数 G，

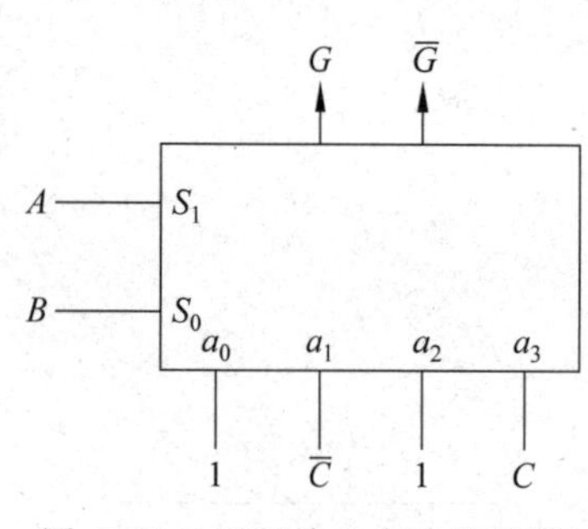

图 4.37 用四输入多路选择器实现逻辑函数

如图 4.37 所示。

一般地说，用一个四输入的多路选择器总可以实现三变量的单输出逻辑函数。方法是：先从 3 个变量中提出两个变量(例如 A 和 B)作为四输入多路选择器的地址输入，然后将剩下的一个变量(例如 C)组成 4 个关于它的单变量函数。而我们知道，由一个变量 C 组成的函数只有 4 种可能：C、$\overline{C}$、1 和 0，可将它们直接接到多路选择器的 4 个输入端，问题是 4 个输入端分别应接什么函数。为此，可以根据所要实现的逻辑函数表达式和所使用的多路选择器，形成一个地址输入组合和输入函数关系表。例如，对于例 4-14 就可形成表 4-11。

表 4-11 地址输入组合与输入函数关系表

地址输入组合	输入函数		地址输入组合	输入函数	
$\overline{A}\,\overline{B}$	$\overline{C}+C=1$	a_0	$A\overline{B}$	$\overline{C}+C=1$	a_2
$\overline{A}B$	$\overline{C}$	a_1	AB	C	a_3

表 4-11 就是根据四输入多路选择器的输出公式(4-5)及要实现的逻辑函数而构成的，这两个逻辑表达式是：

$$F=\overline{S}_1\overline{S}_0a_0+\overline{S}_1S_0a_1+S_1\overline{S}_0a_2+S_1S_0a_3$$

$$G=\overline{A}\,\overline{B}\,\overline{C}+\overline{A}\,\overline{B}C+\overline{A}B\overline{C}+A\overline{B}\,\overline{C}+A\overline{B}C+ABC$$

只要把 S_1、S_0 分别对应于 A、B，便可找出 a_0、a_1、a_2、a_3 分别对应于什么。从 G 的第一项与第二项之和 $\overline{A}\,\overline{B}\,\overline{C}+\overline{A}\,\overline{B}C=\overline{A}\,\overline{B}(\overline{C}+C)=\overline{A}\,\overline{B}\cdot 1$ 可知 $a_0=1$；从第三项 $\overline{A}B\overline{C}$ 可知，$a_1=\overline{C}$；从第四项及第五项之和 $A\overline{B}\,\overline{C}+A\overline{B}C=A\overline{B}(\overline{C}+C)=A\overline{B}\cdot 1$ 可知，$a_2=1$；从第六项 ABC 可知，$a_3=C$。由此可构成表 4-11。

依此类推，一个八输入的多路选择器可实现任何 4 个输入变量 1 个输出的组合逻辑函数。相应方法是：从 4 个变量中提出 3 个变量做多路选择器的地址输入，而将剩下的 1 个变量组成单变量函数接到 8 个输入函数端，每个输入函数端应接什么，可通过地址输入组合和输入函数关系表来确定；一个十六输入的多路选择器可以实现任何 5 个输入变量 1 个输出的组合逻辑函数，相应方法是：从 5 个变量中提出 4 个变量做多路选择器的地址输入，而将剩下的 1 个变量组成单变量函数接到 16 个输入函数端，每个输入函数端应接什么，也可通过相应的地址输入组合和输入函数关系表来确定，等等。

【例 4-15】 用八输入多路选择器实现逻辑函数：

$$\begin{aligned}F(A,B,C,D)=&\overline{A}\,\overline{B}\,\overline{C}D+\overline{A}\,\overline{B}C\overline{D}+\overline{A}BC\overline{D}\\&+\overline{A}BCD+A\overline{B}\,\overline{C}\,\overline{D}+A\overline{B}CD\\&+ABC\overline{D}+ABCD\end{aligned}$$

解 首先，列出地址输入组合和输入函数关系表，如表 4-12 所示。用八输入的多路选择器实现 F，如图 4.38 所示。

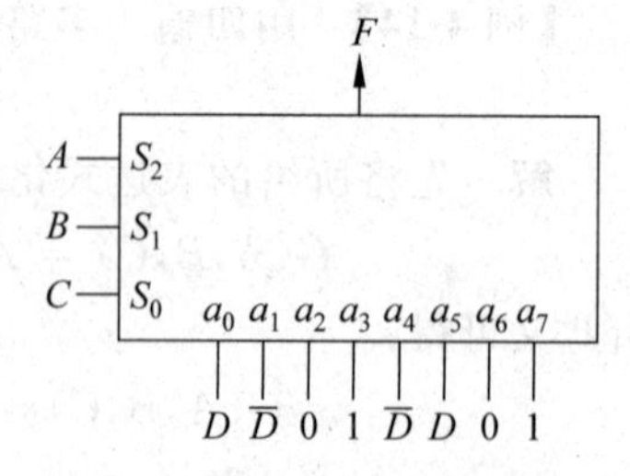

图 4.38 用八输入多路选择器实现逻辑函数

表 4-12 地址输入组合和输入函数关系表

地址输入组合	输入函数		地址输入组合	输入函数	
$\overline{A}\,\overline{B}\,\overline{C}$	D	a_0	$A\overline{B}\,\overline{C}$	$\overline{D}$	a_4
$\overline{A}\,\overline{B}C$	$\overline{D}$	a_1	$A\overline{B}C$	D	a_5
$\overline{A}B\overline{C}$	0	a_2	$AB\overline{C}$	0	a_6
$\overline{A}BC$	$\overline{D}+D=1$	a_3	ABC	$\overline{D}+D=1$	a_7

4.6.5 多路分配器

多路分配器(demultiplexer)的逻辑功能与多路选择器恰好相反。多路选择器是在多个输入信号中选择其中之一送到输出;而多路分配器则是把一个输入信号分配到多路输出的其中之一去。因此,也称多路分配器为"逆多路选择器"或"逆多路开关"。也可以说,多路选择器是把信息从多个源点传递到一个终点去的逻辑网络,而多路分配器则把信息从一个源点传递到多个终点去的逻辑网络。

图 4.39 说明了多路选择器与多路分配器不同的选择转换作用。它告诉我们:如果要在一条传输线上传送多路信号,可以像如图 4.39 所示那样在该传输线的两端分别接以多路选择器和多路分配器,在相同的地址输入控制下即可实现。这种传送多路数字信号的方法在数字技术中是会经常用到的。

如上所述,多路分配器只有一个输入信号源,而信息的分配则由 n 位控制信号组合而成的 2^n 个选择信号来决定。多路分配器的一般结构如图 4.40 所示。

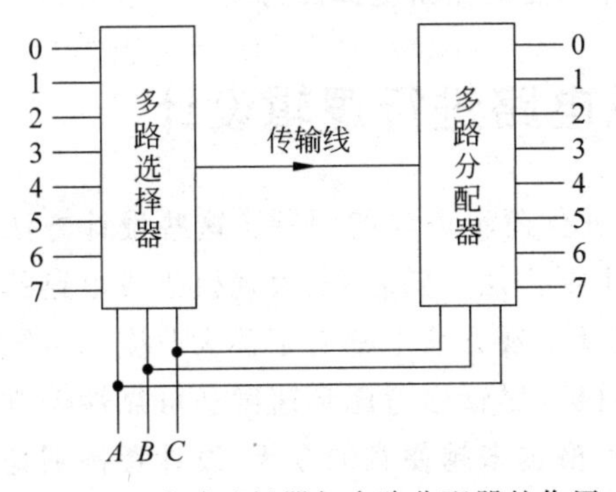

图 4.39 多路选择器与多路分配器的作用

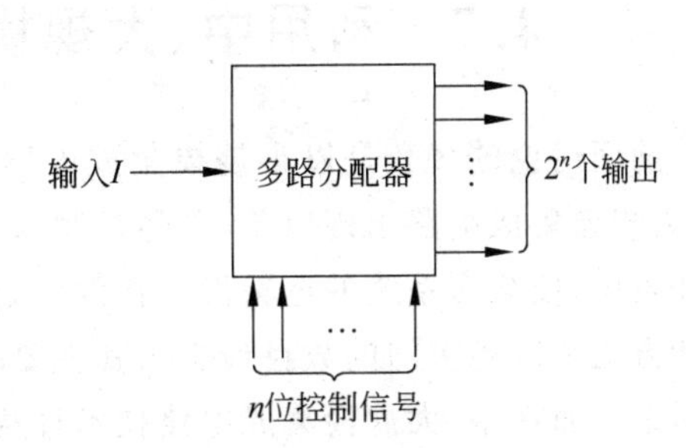

图 4.40 多路分配器的一般结构

一个具有 2 位控制信号输入和 4 路输出的多路分配器的逻辑原理图如图 4.41 所示,其图形符号如图 4.42 所示,表 4-13 列出了它的功能表。

表 4-13 四输出多路分配器功能表

地址输入组合		输出			
S_1	S_0	a_3	a_2	a_1	a_0
0	0	0	0	0	I
0	1	0	0	I	0
1	0	0	I	0	0
1	1	I	0	0	0

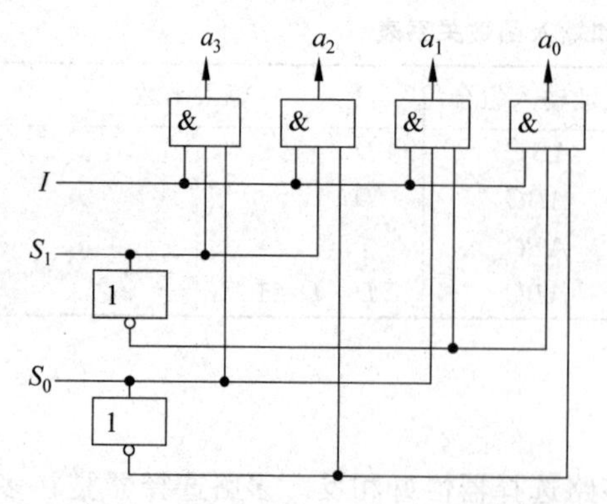

图 4.41　四输出多路分配器逻辑原理图

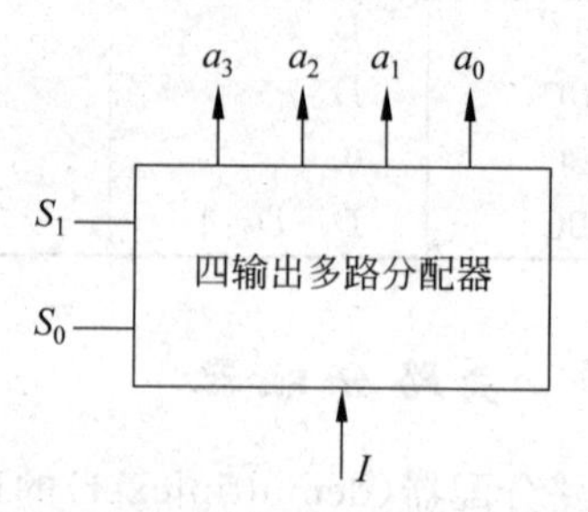

图 4.42　四输出多路分配器图形符号

四输出多路分配器的输出函数表达式为：

$$a_0 = \overline{S}_1\overline{S}_0 I \quad a_1 = \overline{S}_1 S_0 I$$

$$a_2 = S_1\overline{S}_0 I \quad a_3 = S_1 S_0 I$$

另外，由图 4.41 容易看出，多路分配器的主要结构类似于前述二进制译码器，只不过它比二进制译码器多了一个输入信号端 I。因此，关于多路分配器的逻辑功能，从一个角度看，它是"根据地址输入组合"将输入信号 I 分配到相应的输出线上；而从另一角度看，它是一个全部输出受 I 控制的译码器。即当 $I=1$ 时，它就是一个前述的译码器。例如在图 4.41 中，若将 I 恒定接为高电平，它就是一个两输入、四输出的译码器，在四输出中总是只有一个为 1，而其余皆为 0；而当 I 为低电平时，译码器的输出全部被封锁。

4.7　利用中、大规模集成电路进行逻辑设计

前面讨论的多数是以小规模集成电路为基础进行逻辑设计的问题。这些设计方法在中、大规模集成电路出现以前，曾经是逻辑设计的主要方法。随着中、大规模集成电路的出现和发展，使数字系统的逻辑设计在设计指导思想及实现方法上都有了很大改变。传统的设计方法是以追求门的数目最少为其主要的设计目标，尽管也考虑到速度和可靠性等方面的因素。而在中、大规模集成电路技术日益发展，价格越来越便宜的今天，设计者特别是系统设计者更多考虑的是怎样方便地选用某些现成的中、大规模集成电路，来灵活地实现所要求的功能。可以说，这里第一追求的目标不一定是门的数目最少，而是怎样更方便、灵活地实现设计要求，缩短设计周期。这不但要求设计者要熟悉和掌握各种中、大规模集成电路的逻辑功能和特性，并会正确使用它们，而且要在系统设计的开始阶段就要考虑怎样尽量采用现成的中、大规模集成电路，然后进行具体的逻辑设计。

当然，传统的追求门数目最少的简化和设计方法，在今天仍应是逻辑设计的基本技术之一，特别是在设计中、大规模集成电路的内部电路时，还是应掌握的有用的逻辑设计方法。

本节将结合实例，介绍在逻辑设计中应用中、大规模集成电路的方法和特点。

4.7.1　利用中规模集成电路构成所需逻辑部件

现在市场上已有各种价格低廉的中规模集成电路芯片，利用这些现成的集成电路芯片

所具有的逻辑功能，只要再做某些简单的外部引线连接(必要时增加少量门电路)，即可方便地构成各种实用的逻辑部件。下面通过实例说明具体的实现方法。

【例 4-16】 用多路选择器构成全加器。

解 根据全加器的和数及进位的两个逻辑表达式，即 4.5 节给出的式(4-1)和式(4-2)：

$$S_n = \overline{A}_n\overline{B}_nC_n + \overline{A}_nB_n\overline{C}_n + A_n\overline{B}_n\overline{C}_n + A_nB_nC_n$$

$$C_{n+1} = \overline{A}_nB_nC_n + A_n\overline{B}_nC_n + A_nB_n\overline{C}_n + A_nB_nC_n$$

列出关于 S_n 和 C_{n+1} 的地址输入组合与输入函数关系表，如表 4-14 和表 4-15 所示。

表 4-14 关于 S_n 的对应关系表

地址输入组合	输入函数		地址输入组合	输入函数	
$\overline{A}_n\overline{B}_n$	C_n	a_0	$A_n\overline{B}_n$	$\overline{C}_n$	a_2
$\overline{A}_nB_n$	$\overline{C}_n$	a_1	A_nB_n	C_n	a_3

表 4-15 关于 C_{n+1} 的对应关系表

地址输入组合	输入函数		地址输入组合	输入函数	
$\overline{A}_n\overline{B}_n$	0	a_0	$A_n\overline{B}_n$	C_n	a_2
$\overline{A}_nB_n$	C_n	a_1	A_nB_n	$\overline{C}_n+C_n=1$	a_3

用两个四输入多路选择器构成一位全加器，接线原理图如图 4.43 所示。

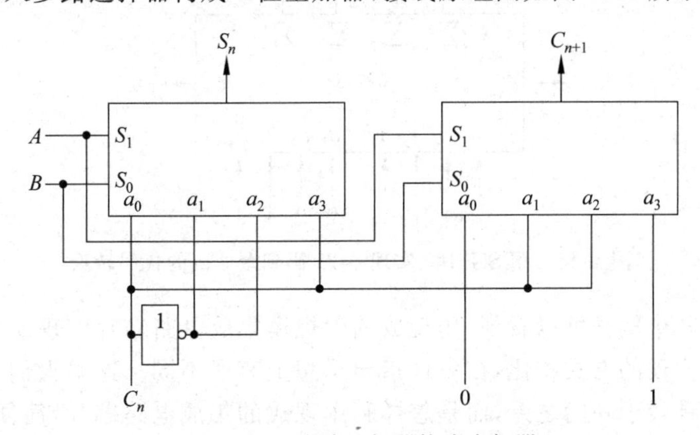

图 4.43 用多路选择器构成全加器

已有现成的在一个集成电路芯片中封装两个四输入多路选择器的“双四输入多路选择器”，刚好可用于实现一位全加器。其产品型号为 74LS153。

【例 4-17】 用 3-8 译码器构成全加器。

解 根据全加器的和数及进位逻辑表达式(同例 4-16)以及前面给出的 3-8 译码器逻辑图(见图 4.29)，可用现成的 3-8 译码器(74LS138)构成全加器，接线原理图如图 4.44 所示。

【例 4-18】 用 4 位二进制加法器构成 8421 码到余 3 码的代码转换器。

解 4 位二进制加法器的图形符号如图 4.45 所示(产品型号为 SN7483)。由图可见，该集成电路块共有 16 个输入输出引脚(Pin)，各引脚的功能定义如图 4.45 所示。它可以实现两个 4 位二进制数($A_1A_2A_3A_4$ 和 $B_1B_2B_3B_4$)相加，产生 4 位和数($\sum_1\sum_2\sum_3\sum_4$)及

向高位的进位 C_{out}，低位来的进位由 C_{in}(13 脚)进入。

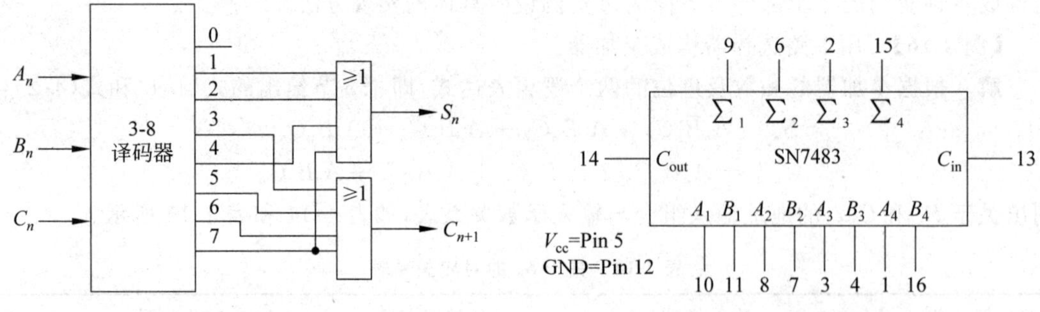

图 4.44　用 3-8 译码器构成全加器　　　图 4.45　4 位二进制加法器(SN7483)

我们已经知道，对于同一个十进制数字，余 3 码比相应的 8421 码多 3(即 0011)。因此，利用上面给出的 4 位二进制加法器即可方便地实现 8421 码到余 3 码的代码转换。方法是：将 8421 码作为 4 位二进制加法器输入的两个二进制数之一，而将常数 3(0011)作为另一个二进制数输入。另外，由于不存在低位来的进位，所以可将 SN7483 的 C_{in}(13 脚)固定接 0。4 位输出 $\left(\sum_1\sum_2\sum_3\sum_4\right)$ 即为所要形成的余 3 码，如图 4.46 所示。

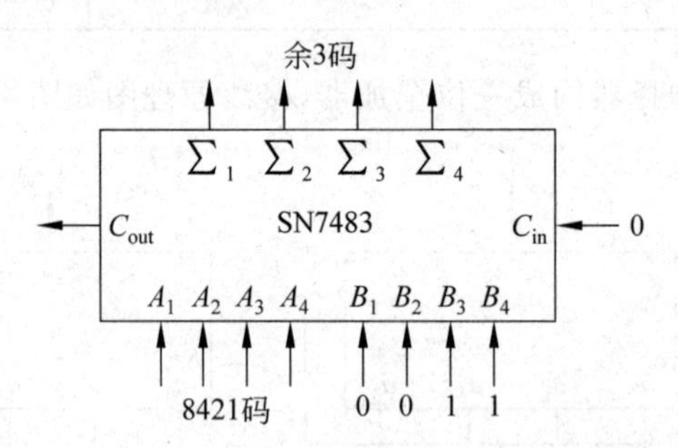

图 4.46　用 SN7483 实现 8421 码到余 3 码的代码转换

通过上面的几个例子可以看到，用现成的中规模集成电路芯片实现所需的逻辑功能与传统的用单个门实现的方式相比，在设计指导思想上有所不同。这里人们考虑问题的着眼点已不再是斤斤计较于一门之差，而是怎样利用现成的集成电路芯片，简便、灵活地实现所要求的逻辑功能。譬如用多路选择器构成全加器，论其门的数目，并不比单个门电路实现的全加器少，但它却体现了使用现成的集成电路芯片构成某些逻辑部件或实现某些逻辑函数的方便、灵活性。

4.7.2　ROM 的逻辑结构及其应用

只读存储器(Read Only Memory，ROM)，是一种非易失性存储器，用于存放某些固定不变的程序和数据。对于其中所存信息，通常只能一次性地写入，工作时只能读出不能写入。

习惯上人们常将存在 ROM 中的二进制信息称为 ROM 程序，而将写入这些信息的过程叫编程。这个编程的过程(即往 ROM 中存入信息的过程)，可由集成电路制造厂家在器件制造时完成，也可由用户自己来完成，即由用户将程序或数据一次性地写入 ROM 中，写好后则不能再改变了，这样的 ROM 称为可编程的只读存储器(Programmable ROM)，简称

PROM。此外，还有一种可以改变原存内容的只读存储器，叫可擦重写的只读存储器(Erasable PROM)，简称 EPROM。这是指可以用某种办法(例如用一定光强的紫外线照射)将原来写入只读存储器的内容去掉，又可重新写入信息的只读存储器。

只读存储器已经出现多年，但它之所以受到人们的重视并得到广泛的应用。主要是因为：第一，只读存储器已不单是用来存储信息，而且可以利用它来实现任意的组合逻辑函数。前面我们曾用较多的篇幅讨论如何简化逻辑函数，设法用最少的元件来设计逻辑电路。而在有了价格极其便宜的只读存储器后，人们可以不经过函数的化简，而直接把表征逻辑函数特性的真值表，当作一组二进制信息存放在只读存储器中，同样可以实现各种组合逻辑函数功能。这样做，从所用元件的数量上来说很可能不是最省，但它却带来一个突出的优点，即电路安排的整齐和规律性，这就极有利于大规模集成电路的设计和工艺实现。用 ROM 技术来实现任意逻辑函数，使在数字系统的逻辑设计方面出现了和传统的设计方法完全不同的发展方向。

1. ROM 的逻辑结构

ROM 的逻辑结构可以从两个角度来看，从组合逻辑电路的角度看，它是一个由“与阵列”和“或阵列”构成的组合逻辑网络，如图 4.47(a)所示；而从计算机存储器的角度看，ROM 是由地址译码器和存储体所组成，如图 4.47(b)所示。

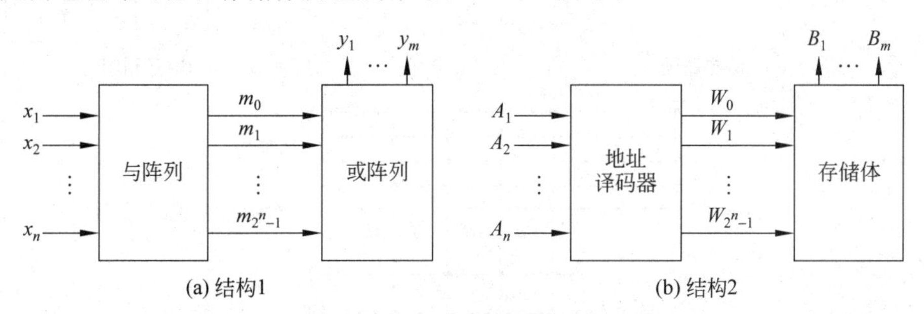

图 4.47　ROM 的逻辑结构

在图 4.47(b)的 ROM 存储器中，$A_1, A_2, \cdots, A_n$ 为地址输入线，地址译码器根据这 n 位地址码译出 2^n 个地址选择信号，从而去选择和驱动相应的“字线”$W_i(0 \leqslant i \leqslant 2^n-1)$，以便从存储体中读出一串 m 位的二进制数码 B_1、B_2、$\cdots$、B_m，称这一串二进制数码为一个二进制“字”(word)，那么 B_j 就是这二进制字中的某一位(其中 $1 \leqslant j \leqslant m$)，所以就称 B_j 线为位线。

通常，用 $2^n \times m$ 来衡量 ROM 存储二进制信息的多少，称为 ROM 的容量，其中 2^n 为 ROM 中存储的二进制字数，m 为每个字的二进制数码的位数，也称字长。

为了便于理解，图 4.48(a)给出了一个用二极管组成的 ROM 电路图。不难看出，图的左半部分是由二极管“与”门组成的译码器，用来产生两变量的 4 个最小项；图的右半部分则是由二极管“或”门组成的“或”门网络，用来将相应的最小项“或”起来构成 3 个给定的逻辑函数。图 4.48(b)是该电路的逻辑图，由图容易写出该电路的输出函数表达式为：

$$\begin{cases} F_1 = A\bar{B} + \bar{A}B \\ F_2 = AB + \bar{A}\,\bar{B} \\ F_3 = AB \end{cases} \quad 或 \quad \begin{cases} F_1 = \sum m(1,2) \\ F_2 = \sum m(0,3) \\ F_3 = \sum m(3) \end{cases}$$

为了 ROM 设计的方便，常把图 4.48(b)所示的逻辑图用图 4.48(c)所示的简洁形式表示，并称这种简洁表示形式为阵列逻辑图。阵列逻辑图中上面 4 条水平线分别表示变量 $\overline{A}$、A、$\overline{B}$、B 的输入线，而将每个“与”门、“或”门(包括输入及输出)都简化成一根线，4 根垂直线表示 4 个“与”门，3 根标有 F_1、F_2、F_3 的水平线表示 3 个“或”门。“与”门、“或”门的输入端与哪条线连接就在水平线和垂直线的交叉处标一个“点”，未标点的即表示未连接。对于实际电路来说，有“点”的地方就表示有一个二极管或其他耦合元件在交点处存在。阵列逻辑图既便于人们画图，也使得所设计的逻辑电路的外部功能一目了然。

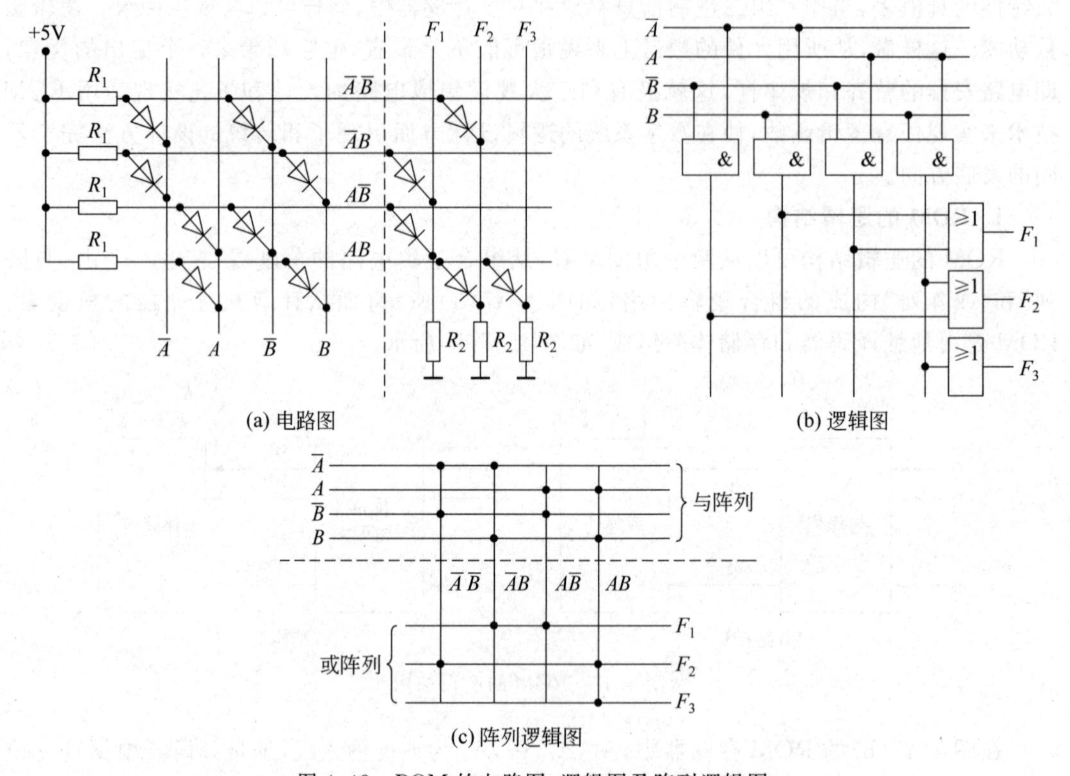

(a) 电路图　　(b) 逻辑图

(c) 阵列逻辑图

图 4.48　ROM 的电路图、逻辑图及阵列逻辑图

从组合逻辑电路的角度看，图 4.48 所示的 ROM 是由“与阵列”和“或阵列”组成，实现了给定的 3 个输出的二变量组合逻辑函数。由图 4.48(c)容易看出，只要适当改变下面“或阵列”上·的数量和位置，即可在相同的布局结构上实现任何 3 个输出的二变量组合逻辑函数。也就是说，对于 ROM，其“或阵列”的格式(即存储体所存内容)是“可编”的，这就体现了用 ROM 实现任何组合逻辑函数的灵活和方便之处。

二极管是 ROM 电路中所采用的耦合元件的一种。实际上除了二极管以外，还有其他形式的耦合元件(如电容、双极型晶体管等)。下面介绍 ROM 的另外一种耦合电路形式。

集成电路有一种工艺叫“熔丝”，即用镍铬合金薄膜做成一定电阻的导线，当正常电流通过时，它是一个电阻，而当电流过大时，由于生热而使这个电阻熔断，于是电路就被切断了。采用熔丝工艺时，可用晶体三极管构成“或”门阵列，三极管的基极由译码器的输出控制，三极管的发射极通过熔丝连接从而构成“或”门，如图 4.49 所示。

用户根据厂家给出的熔丝规范，通过加大电流可将无须接通的三极管的发射极所接熔丝烧断。厂家提供给用户的“或阵列”（存储体）中的全部三极管发射极都是通过熔丝 r 接通的。用户根据需要，烧断其中的一部分，做成自己所需要的“或阵列”，这也就把某种阵列格式存入存储体中，用此ROM也就可以实现相应逻辑功能的组合逻辑网络。

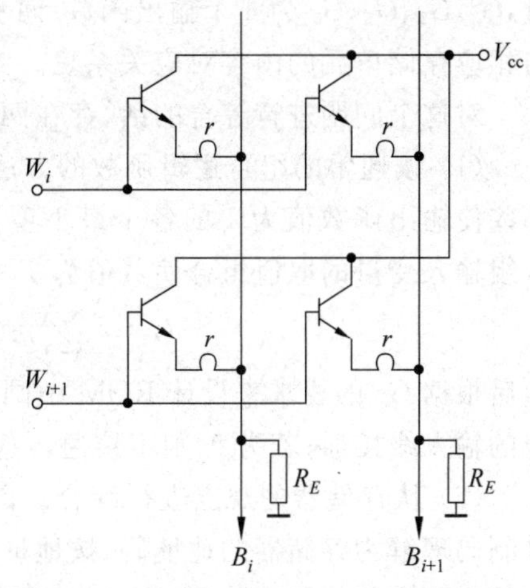

图 4.49　采用“熔丝”连接的“或阵列”

2. ROM的应用举例

ROM可以应用在许多方面，其中一个典型的应用就是实现代码转换。通过前面的讨论可以知道，用ROM实现代码转换时，只要将输入代码与输出代码对应关系真值表存入ROM中即可。也可以说，ROM应用的设计问题就是对其存储体的编码问题。对于由厂家完成ROM写入的情况，则只需向厂方交出一张类似于真值表形式的存储体编码表，表上给出每一位的值是1还是0。厂方就可根据此编码表确定在相应位上做耦合元件或不做耦合元件，从而制造出ROM电路。

【例 4-19】 用ROM实现二进制码到格雷码的代码转换。

解　对这个问题，从组合逻辑电路的观点来看，它是一个代码转换电路，它把二进制码转换成格雷码；从存储器的观点来看，它是一个以二进制码为输入地址，以相应的格雷码为存储内容的只读存储器。

先列出二进制码到格雷码的代码转换真值表，如表4-16所示。

表 4-16　二进制码到格雷码的代码转换真值表

十进制数	二进制码				格雷码			
	B_3	B_2	B_1	B_0	G_3	G_2	G_1	G_0
0	0	0	0	0	0	0	0	0
1	0	0	0	1	0	0	0	1
2	0	0	1	0	0	0	1	1
3	0	0	1	1	0	0	1	0
4	0	1	0	0	0	1	1	0
5	0	1	0	1	0	1	1	1
6	0	1	1	0	0	1	0	1
7	0	1	1	1	0	1	0	0
8	1	0	0	0	1	1	0	0
9	1	0	0	1	1	1	0	1
10	1	0	1	0	1	1	1	1
11	1	0	1	1	1	1	1	0
12	1	1	0	0	1	0	1	0
13	1	1	0	1	1	0	1	1
14	1	1	1	0	1	0	0	1
15	1	1	1	1	1	0	0	0

有趣的是：从组合逻辑角度来说，表 4-16 是一个真值表，B_3、B_2、B_1、B_0 为 4 个输入变量，G_3、G_2、G_1、G_0 为 4 个输出函数；而从存储器的角度看，表 4-16 是一个存储器的输入地址与相应存储单元的内容对应关系表。

对这个问题进行综合的话，存在两种方法：

(1) 按通常的组合逻辑函数的方法进行综合。依据真值表，纵向地自上而下，分别找出那些使输出函数值为 1 的各个最小项，再把它们"或"起来。例如对表中的输出函数 G_3，有八组输入变量的取值组合使其值为 1，所以 G_3 的输出表达式为：

$$G_3 = \sum m(8,9,10,11,12,13,14,15)$$

然后根据 G_3 的要求来设计 ROM 中同一个"或"门的各个输入端。若为 1，则使输入端与相应的输入线接通；若为 0，则不接通。这种综合方法，也称为布尔函数综合法。

(2) 从存储器的观点进行综合。因为对于二进制码到格雷码的转换，可以将输入的二进制码理解为存储器的地址码，按地址码去选中一个对应存储单元(字)，这个存储单元的内容就是相应的格雷码。所以它可以横向地按字综合，一次综合一个字。因此有人称此种综合方法为字方法。

不难发现，ROM 的上述两种综合方法，其实质是相同的，只是看问题的角度不同而已。

最后得到用 ROM 实现的二进制码到格雷码代码转换阵列逻辑图如图 4.50 所示。

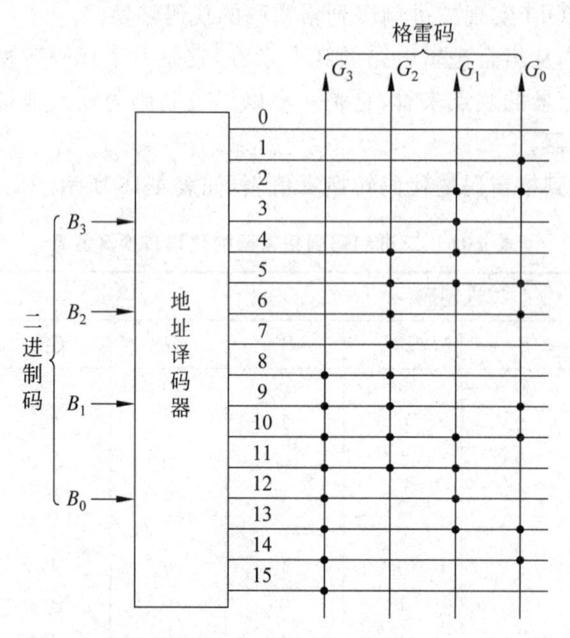

图 4.50　用 ROM 实现二进制码到格雷码的代码转换

从这个例子可以看到，用 ROM 实现组合逻辑电路的主要优点是设计规整、方便，因为它可以直接从真值表出发，无须进行化简，只要把描述给定逻辑函数的真值表放入存储体中即可。可以说，ROM 存储体的存储内容就是真值表的一个翻版。同时也看到，在 ROM 中不管某一个最小项是否需要都要把它们列出来，这在半导体材料的利用上是不经济的。但在主要考虑设计的简便和布线整齐，次要考虑半导体材料面积的情况下，还是可行的。

为了克服 ROM 的上述缺点，出现了可编程阵列 PLA。

4.7.3 可编程逻辑阵列 PLA

在上面讨论的 ROM 中，我们注意到，它的地址译码器是根据 n 个输入变量产生 2^n 个最小项来设计的，而存储体各单元的存储内容又是与真值表一一对应的。这样就带来一定的缺点。即对于 n 个输入变量，译码器要把 2^n 个最小项都列出来。而译码器的输出与存储单元是一一对应的关系，因此即使有许多存储单元的内容是完全一样的，也无法节省一些存储单元，存储体中的字数仍需 2^n 个（n 为输入地址的位数）。也就是说，在 ROM 中给定一个地址码只能读一个存储单元，或者说一个存储单元只被一个地址码选中。即使有些存储单元的内容一样，在制作 ROM 时，也需在半导体材料上把它们重复地做出来。这样就没有充分节省半导体材料所占的面积。

针对 ROM 的上述缺点，产生了 PLA（Programmable Logic Array）的设计思想。按照 PLA 设计思想进行逻辑设计时，首先要依据给定的逻辑功能列出真值表，并运用有效方法化简而得到最简的“与或”表达式，然后再用相应的“与阵列”和“或阵列”实现。也就是说，PLA 的“与阵列”和“或阵列”都是“可编”的。

【例 4-20】 用 PLA 实现二进制码到格雷码的代码转换。

解 列出二进制码到格雷码的代码转换关系表，如前面所列表 4-16。依据此表，运用卡诺图法化简得到各输出函数的逻辑表达式为：

$$G_3 = B_3 \qquad G_2 = B_3\bar{B}_2 + \bar{B}_3 B_2$$

$$G_1 = \bar{B}_2 B_1 + B_2\bar{B}_1 \qquad G_0 = B_1\bar{B}_0 + \bar{B}_1 B_0$$

根据所得表达式，用 PLA 实现二进制码到格雷码的代码转换阵列逻辑图如图 4.51 所示。

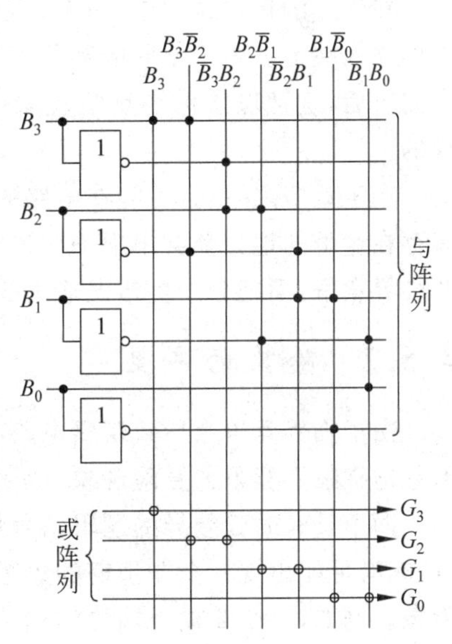

图 4.51 用 PLA 实现二进制码到格雷码的代码转换

现在，可以比较一下图 4.50 和图 4.51，前者是用 ROM 实现，后者是用 PLA 实现，两者的逻辑功能相同，即都是实现二进制码到格雷码的代码转换，并且从总的逻辑结构上说，它们均由“与阵列”和“或阵列”所组成。但不同的是，用 PLA 实现时的“与阵列”不是像 ROM 那样提供全部最小项，而是仅提供根据实际逻辑函数的真值表（或最小项表达式）化简所产生的各个“与项”，这个“与项”的数目总比全部最小项的数目要小。所以用 PLA 实现组合逻辑电路比用 ROM 实现所用器件更节约，因而也就更经济。而且仍保持了阵列化的优点，所以也特别适合中、大规律集成电路的技术实现。

在制作实际 PLA 产品时，用户可将一张经化简而得到的“与阵列”和“或阵列”的编码表交给厂方，厂方再按合适的工艺（熔丝的或掩膜的等）制成所需要的大规模集成电路产品。

通过上面的介绍可以看到，用 PLA 可以方便地实现各种组合逻辑函数。实际上，如再增加一些具有记忆功能的触发器电路，则还可以实现各种时序逻辑函数。

4.8 组合逻辑电路中的竞争与险象

任何逻辑信号都可以划分为处于两种状态，一种是稳定状态，简称稳态，它表征着信号的逻辑值；另一种是过渡状态，也称瞬时状态，简称瞬态，它表征着信号由 0 过渡到 1，或由 1 过渡到 0 的情形。我们在前面讨论的组合逻辑电路的分析与设计，着重研究了信号在稳定状态时电路的输入输出之间的逻辑关系，而没有专门研究信号在非稳定状态或瞬时状态期间电路的输入输出逻辑关系。

另外，我们已经知道，信号通过门电路时总是存在时间延迟，而且各级门电路的传输延迟也并不完全相同。而在前面的讨论中，往往忽略门电路对信号传输延迟的影响，或即使考虑到这种传输延迟影响，也常常是假定各级门的传输延迟完全相同。其实，那样处理并不完全符合实际情况。或者说，以前的讨论是不全面的。本节专门讨论组合逻辑电路在信号的瞬态变化过程中，由于传输延迟所产生的问题及相应的处理方法。

4.8.1 竞争现象

在信号的传输过程中，一个信号可能经过几个不同的路径，最后又汇合到某个门电路的不同输入端上。由于不同的路径上传输时延可能不一样，于是信号到达会合点的时刻可能有先有后，这种现象称为竞争现象(Race)。竞争现象在逻辑电路中是时时处处都可能出现的。

产生竞争之后，有可能在电路的输出端瞬时出现非预期的错误输出。当然，也并不是所有存在竞争的地方都会出现不应该有的错误输出。一般称不会产生错误输出的竞争现象为非临界竞争，而把会产生错误输出的竞争现象称为临界竞争。

4.8.2 险象的产生

由于临界竞争会导致逻辑电路出现错误的输出信号，以至于对后级电路产生危害，因此形象地称临界竞争为冒险现象，或简称险象(Hazard)。

两个具有时延差异的逻辑信号加到同一个门的输入端，在门的输出端上得到稳定输出以前，有可能出现一个非预期的短暂错误输出。这种错误输出就是由于竞争而引起的一次险象。例如，一个 2 输入端的"与非"门，如图 4.52(a)所示，其真值表说明的是输入信号 A、B 和输出信号 F 均为稳态时的输入输出逻辑关系，如图 4.52(b)所示。

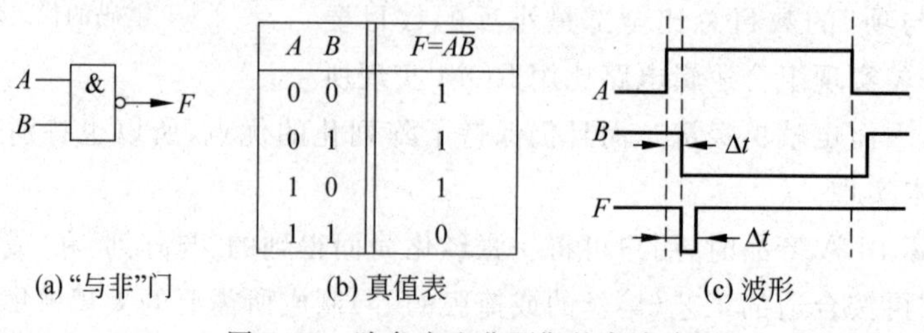

A	B	$F=\overline{AB}$
0	0	1
0	1	1
1	0	1
1	1	0

(a)"与非"门　(b) 真值表　(c) 波形

图 4.52　险象产生非预期的窄脉冲

但是，现在要讨论的是瞬态的情况。如果 A、B 信号作相反方向的变化，并且具有一定的时延差异，则会在输出端上瞬时出现一个非预期的窄脉冲，也称毛刺或尖峰脉冲，如图4.52(c)所示。这种非预期的尖峰脉冲就是由于竞争而引起的一次险象。

一般地，具有险象的组合逻辑电路可用图4.53所示的模型来描述。这里有一个逻辑信号A，它馈入一个逻辑电路(可以是"与"门，也可以是"或"门，或者是其他类型一种逻辑电路)，这个逻辑电路的另一个输入信号为$B=\overline{A}$，$\overline{A}$和A之间有一定的时间延迟。凡属这种模型的组合逻辑电路都是具有险象的电路。

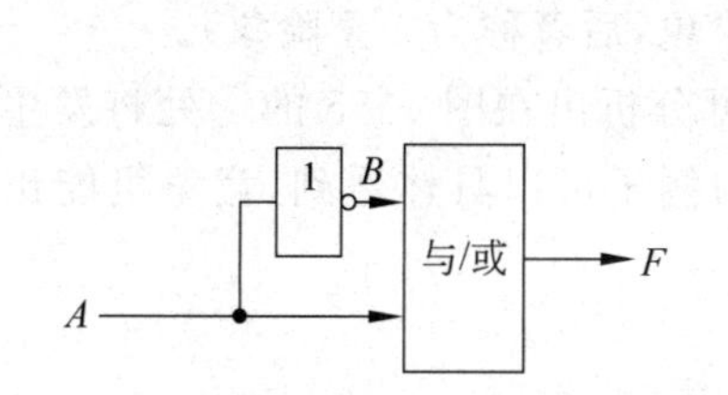

图4.53　具有险象的组合逻辑电路模型

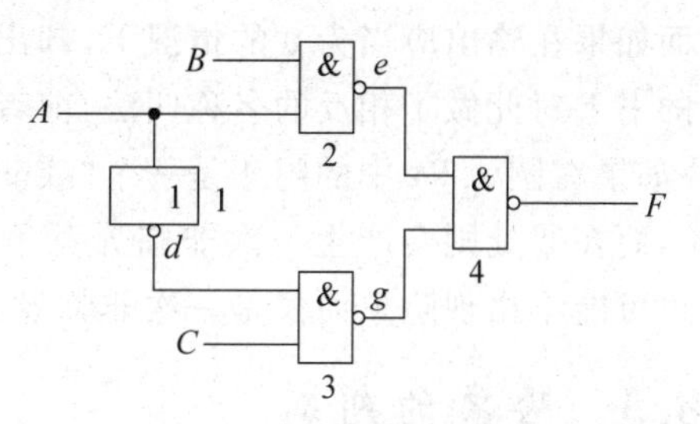

图4.54　险象电路实例

图4.54所示的逻辑电路是产生险象的另一个例子。该电路有3个输入变量A、B、C，输出函数表达式为：

$$F = AB + \overline{A}C$$

在稳态情况下，若$B=C=1$，则当$A=0$时，输出$F=1$；当$A=1$时，也有输出$F=1$。即在$B=C=1$时，不论A为0还是为1，输出F都应为1不变。

现在要讨论的是信号A在瞬态时电路的输出情况。假设B和C均已为稳定的1状态，即在$B=C=1$的情况下讨论信号A在瞬态过程中的电路输出响应。用图4.55所示的时间图来说明。为了讨论问题的方便，这里仍假定每个门的延迟时间均为t_{pd}。

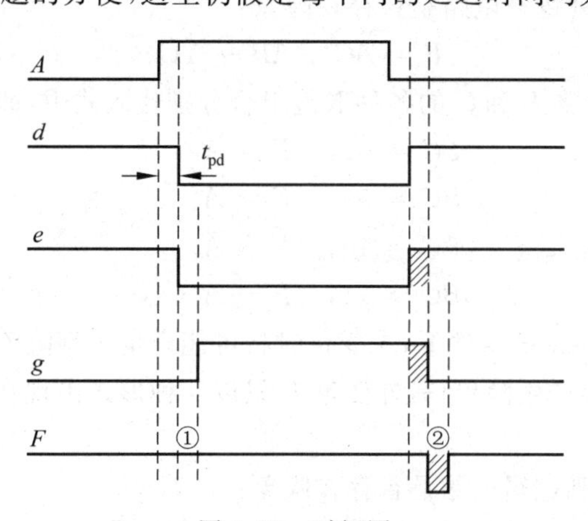

图4.55　时间图

在A由低变高以后，经过$1t_{pd}$之后，"与非"门1的输出d由高变低，同时"与非"门2的输出e也由高变低；但是，要再经过$1t_{pd}$之后，"与非"门3的输出g才能由低变高。最后到达门4的是由一个A信号经不同的路径传输而得到的两个输入信号e和g。e和g的变化方向相反，并具有时延差异$1t_{pd}$。从图4.55可以看出，在①处确定存在一次竞争，但因门4是一个"与非"门，e和g竞争的结果，使门4的输出保持为高未变，没有出现尖峰脉冲，即这里没有险象发生，所以这次竞争属于一次非临界竞争。

当 A 由高变低时，情况就不同了。e 和 g 同样要在门 4 上发生竞争，并出现了 e 和 g 在同一瞬间均为高电平的情况（图中用斜线标出）。根据门 4 的“与非”逻辑特性，输出 F 必然会出现一个负跳变的尖峰脉冲，如图 4.55 中的②处所示。显然这里发生了一次险象。

险象有 0 型险象和 1 型险象之分。在图 4.55 中所出现的险象是在输出 F 应当为 1 的情况下，却出现了瞬时 0 状态，即呈现 1→0→1 型式的输出，这称作偏 1 型险象，或称 1 型险象；而如果在输出应当为 0 的情况下，却出现瞬时 1 状态，则称为偏 0 型险象，或称 0 型险象（有的书上对此做了相反的名称叫法，前者称为 0 型险象，后者称为 1 型险象）。

如果在图 4.54 中的门 4 是一个“或非”门，那么可分析出在图 4.55 的①处将发生一次险象，而在②处则会产生一次非临界竞争。从上面的例子可以具体看到，竞争可能出现险象，也可能不出现险象而仅是一次非临界竞争。

4.8.3 险象的判别

1. 代数法

代数法是从逻辑函数式的结构来判断是否具有产生险象的条件。方法如下：

消去函数表达式中的其他变量而仅留下被研究的变量，若得到下列两种形式的表达式，则说明存在险象：

$$F = X + \overline{X} \quad (1\text{ 型险象})$$

$$F = X\overline{X} \quad (0\text{ 型险象})$$

消去其他变量的方法，是将这些变量的各种取值组合分别代入式中，就可以把它们从式中消去。

【例 4-21】 判断下列逻辑电路是否存在险象：

$$F = AC + \overline{A}B + \overline{A}\,\overline{C}$$

解 先研究 A，为此将 B 和 C 的各种取值组合分别代入式中，即得如下结果：

$$BC = 00,\quad F = \overline{A}$$

$$BC = 01,\quad F = A$$

$$BC = 10,\quad F = \overline{A}$$

$$BC = 11,\quad F = A + \overline{A}$$

由此可以看出，在 $B=C=1$ 的条件下，A 变化时将可能产生 1 型险象；用同样的方法可以判断出，变量 C 变化时不会产生险象；另外变量 B 只以一种形式出现在式中，可以直接得出 B 的变化不会产生险象。

【例 4-22】 判断下列逻辑电路是否存在险象：

$$F = (A + C)(\overline{A} + B)(B + \overline{C})$$

解 先研究 A，所以将 B 和 C 的各种取值组合分别代入式中，得到：

$$BC = 00,\quad F = \overline{A}A$$

$$BC = 01,\quad F = 0$$

$$BC = 10,\quad F = A$$

$$BC = 11,\quad F = 1$$

可见，在 $B=C=0$ 的条件下，A 变化时将可能产生 0 型险象；同样可以判断出，在 $A=$

$B=0$ 的条件下,C 变化时也将可能产生 0 型险象。

2. 卡诺图法

用卡诺图判断险象的方法与用代数法判断的实质相同,但它更具有直观性。方法如下:

作出逻辑函数的卡诺图,如果两个必要的卡诺圈(即为覆盖逻辑函数的最小项而必选的卡诺圈)存在“相切”关系,则该电路存在险象。

所谓两个卡诺圈相切,从卡诺图的直观图形上看,是指两个卡诺圈彼此靠近且没有公共部分(即不相交),而其实际的逻辑含义在于两个卡诺圈所代表的乘积项彼此包含着相邻的最小项。例如,在图 4.56(a)中,卡诺圈(4,5,12,13)和(3,7)彼此靠近且没有公共部分,它们彼此之间包含着相邻的最小项 m_5 和 m_7,所以说这两个卡诺圈为相切关系,说明该电路存在险象。我们可以用上述代数法验证。图 4.56(a)的函数表达式为:

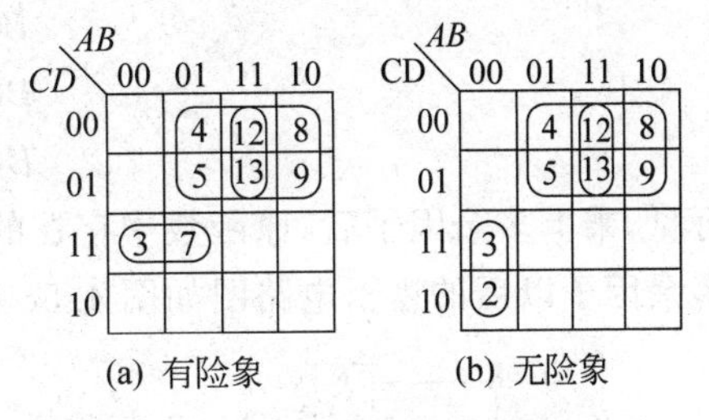

图 4.56 用卡诺图法判断险象

$$F = A\overline{C} + B\overline{C} + \overline{A}CD$$

当 $A=0,B=D=1$ 时,得 $F=C+\overline{C}$,可见它确实存在 1 型险象。而图 4.56(b)的 3 个卡诺圈均互不相切,因此无险象存在。这一判断也可用代数法加以验证,此处从略。因此也可以说,如果卡诺图上的两个必要卡诺圈相交或相互错开,则不会由此带来险象。

4.8.4 险象的消除

险象尖峰脉冲将给数字系统带来危害,因此在设计出逻辑电路后,还应检查它是否存在险象。一旦判别出它存在险象,必须设法加以消除才能使设计出的电路得到可靠使用。这是逻辑设计的最后一步工作。下面介绍 3 种消除险象的方法。

1. 代数法

在原函数中加上多余项或乘上多余因子,就可将原函数中存在的险象消除。加上多余项或乘上多余因子的目的,是使原函数不可能在某种条件下出现 $X+\overline{X}$ 或 $X\overline{X}$ 的形式,于是险象也就不存在了。

【例 4-23】 加上多余项消除下列函数中的险象:

$$F = AB + \overline{A}C$$

解 由逻辑代数的包含律可知:

$$F = AB + \overline{A}C = AB + \overline{A}C + BC$$

其中乘积项 BC 为多余项。将变量 B 和 C 的各种取值组合代入 $F=AB+\overline{A}C+BC$ 中,可得:

$$BC = 00, \quad F = 0$$
$$BC = 01, \quad F = \overline{A}$$
$$BC = 10, \quad F = A$$
$$BC = 11, \quad F = 1$$

可见,加上多余项后,原函数中存在的 1 型险象(当 $B=C=1$ 时,$F=A+\overline{A}$)被消除了。加上多余项以后的逻辑图如图 4.57 所示。

【例 4-24】 乘上多余因子消除下列函数中的险象：

$$F=(A+B)(\overline{A}+C)$$

解 将 F 的原表达式乘上多余因子($B+C$)，得：

$$F=(A+B)(\overline{A}+C)(B+C)$$

将变量 B 和 C 的各种取值组合代入上式，可得：

$$BC=00, F=0$$
$$BC=01, F=A$$
$$BC=10, F=\overline{A}$$
$$BC=11, F=1$$

可见，乘上多余因子后，原函数中存在的 0 型险象(当 $B=C=0$ 时，$F=A\overline{A}$)被消除了。乘上多余因子以后的逻辑电路图如图 4.58 所示。

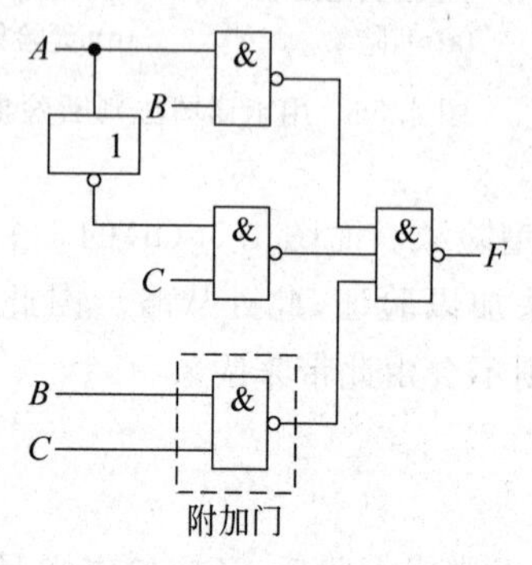

图 4.57 例 4-23 逻辑图

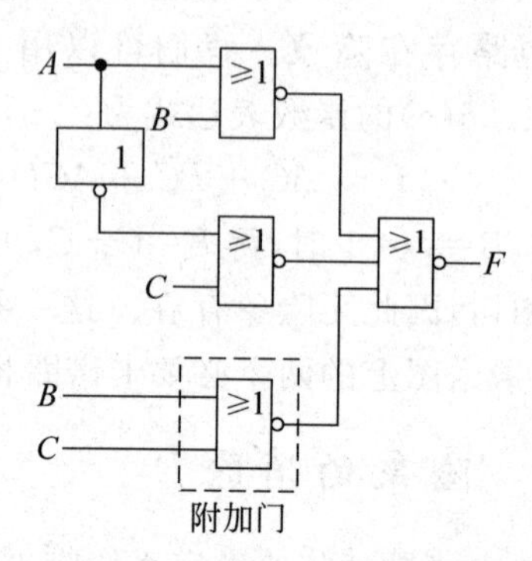

图 4.58 例 4-24 逻辑图

2. 卡诺图法

在卡诺图上增加一个多余圈，该多余圈应能够将原来存在的两个相切的必要卡诺圈连接起来，即可消除原存在的险象。我们知道，卡诺图上的多余圈在逻辑函数表达式中就是多余项，因此卡诺图法与代数法在实质上是相同的，并且都以增加设备为代价。

如图 4.59 所示，卡诺圈(4,5,12,13)和(3,7)相切，相切处的两个小方格为 m_5 和 m_7，用虚线将它们圈起来，形成(5,7)多余圈。这样由图中的 4 个卡诺圈组成的逻辑函数就没有险象存在了。

从上面介绍的代数法和卡诺图法可以看到，为了消除险象而增加了多余项或多余圈以后，逻辑函数式就不是最简式了。以前曾讨论了许多简化逻辑函数的办法，现在为了消除险象，又回到了非最简函数的情况，然而这是必要的。另外，一般不容易一开始就得到不存在险象的逻辑函数表达式。可行的做法是，首先获得不考虑险象因素的最简表达式，然后再判断检查可能存在的险象，再增加一些可选择的多余项来消除险象。

【例 4-25】 用卡诺图法化简下列逻辑函数并消除可能存在的险象：

$$F=\overline{A}\,\overline{B}\,\overline{C}\,\overline{D}+ABC+A\overline{B}C+ACD+\overline{A}B\overline{C}\,\overline{D}+\overline{A}B\overline{C}D+AB\overline{C}D$$

解 先用卡诺图法化简逻辑函数，如图 4.60(a)所示。所以，F 的最简式为：

$$F=AC+B\overline{C}D+\overline{A}\,\overline{C}\,\overline{D}$$

从图 4.60(a)可以看出，其中的卡诺圈(0,4)和(5,13)之间存在相切关系，卡诺圈(5,13)和(15,14,11,10)之间也存在相切关系，所以该逻辑函数存在险象。按前述办法增加两个多余

卡诺圈(4,5)和(13,15),如图4.60(b)中的虚线所示,从而得到消除了险象的逻辑函数简化式为:

$$F = AC + B\overline{C}D + \overline{A}\,\overline{C}\,\overline{D} + ABD + \overline{A}B\overline{C}$$

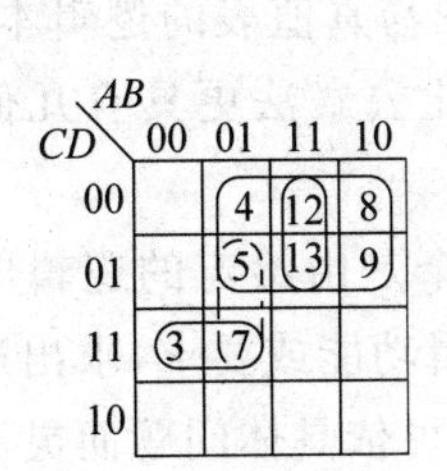

图4.59 用卡诺图法消除险象

CD \ AB	00	01	11	10
00	0	4		
01		5	13	
11			15	11
10			14	10

(a) 存在险象

CD \ AB	00	01	11	10
00	0	4		
01		5	13	
11			15	11
10			14	10

(b) 消除了险象

图4.60 用卡诺图法消除险象

3. 选通法

上述增加多余项的办法可以有效地消除险象,但它的缺点是要增加相应的设备,使电路变得复杂化,而选通法则不必增加设备,只是利用选通脉冲的作用,从时间上加以控制,使险象尖峰脉冲无法输出,从而避免对后级电路的危害。

组合逻辑电路的险象总是发生在输入信号发生变化的过程中,即瞬态过程中,而险象的输出形式总是多余的"毛刺"脉冲。如果对输出波形从时间上加以选择和控制,即只选择输出波形的稳定可靠部分,而有意避开毛刺脉冲,即可获得正确的输出。这就是通常所说的选通法或取样法。

选通法的原理图如图4.61所示。图中用虚线画出的窄脉冲为左边组合逻辑电路产生的险象脉冲,与它在时间上错开的较宽的脉冲为选通脉冲。选通脉冲同时控制着组合逻辑电路的输出门和右边的时序电路,它对时序电路起同步控制脉冲(后续章节将介绍)的作用。在选通脉冲到来之前,该输入信号线上为低电平,门4被封锁,使险象脉冲不能输出;而在选通脉冲到来之后,该输入信号线上变为高电平,门4开启,组合逻辑电路的正常输出信号才能加到后级时序电路上。这是采取了在时间上让信号有选择地通过的办法,这里的选通脉冲也叫"时间采样"脉冲。

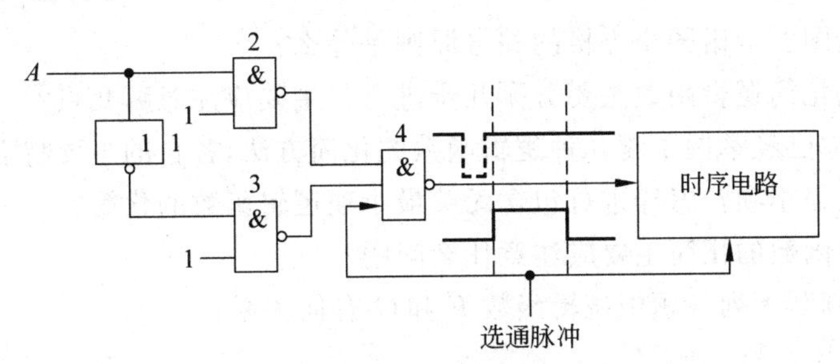

图4.61 用选通法抑制险象脉冲

本章小结

本章主要介绍组合逻辑电路。首先讨论了组合逻辑电路的几个基本概念,然后重点介绍了组合逻辑电路的分析与设计方法。另外,还专门讨论了几种常用的组合逻辑电路以及采用中、大规模集成电路进行逻辑设计的方法和实例。

(1) 逻辑函数的最小项及最小项表达式的概念，是研究组合逻辑电路分析与设计问题的基本概念。任何一个组合逻辑函数都可以化为最小项表达式的形式，而且这种表达式的形式是唯一的。化成最小项表达式的方法可采用真值表法或公式法。

(2) 卡诺图是组合逻辑函数的几何直观表示形式。卡诺图与真值表的逻辑本质是相同的。卡诺图化简法是组合逻辑函数的基本化简方法之一，它比公式法更具有几何直观性。但卡诺图法一般只适合 6 个以下变量的逻辑函数的化简。

(3) 组合逻辑电路的分析与设计是两个相反的过程。一个是由给定的逻辑电路，求出相应的逻辑函数表达式，指出其逻辑功能；一个是由给定的逻辑功能或要求，求出逻辑电路。本章虽对两者都给出了基本的处理过程和步骤，但实际运用时可依具体问题而灵活掌握。

(4) 随着中、大规模集成电路技术的不断发展及价格的不断下降，采用中、大规模集成电路以及可编程逻辑电路进行逻辑设计已经成为今后进行数字系统逻辑设计的方向。这就要求设计者应很好地熟悉和掌握各种中、大规模集成电路特别是可编程逻辑电路的逻辑功能和特点，并会正确使用它们，以方便、灵活地实现所要求的功能。本章就此给出了一些设计实例。

习　题　4

4.1　简述组合逻辑电路和特点。

4.2　什么叫最小项？最小项有哪些性质？简述最小项的编号方法。

4.3　逻辑函数的最小项表达式与一般的“与或”表达式有什么区别？如何用真值表法或公式法将逻辑函数化成最小项表达式形式？

4.4　化下列函数为最小项表达式形式：

(1) $F=AB+\overline{A}\,\overline{B}+C\overline{D}$

(2) $F=A(\overline{B}+C\overline{D})+\overline{A}BCD$

(3) $F=\overline{\overline{A}(B+\overline{C})}$

4.5　什么叫卡诺图？卡诺图小方格的编号原则是什么？

4.6　用卡诺图法化简逻辑函数主要分哪几步进行？主要应注意哪几点？

4.7　迄今为止，你已经掌握了哪几种逻辑函数的化简方法，各自的主要特点是什么？

4.8　什么叫无关最小项？怎样进行包含无关最小项逻辑函数的化简？

4.9　多输出逻辑函数的化简主要应注意什么问题？

4.10　用卡诺图判断下列各题中逻辑函数 F 和 G 有何关系：

(1) $F=\overline{A}\,\overline{B}+ABC+\overline{B}\,\overline{C}$

$G=\overline{\overline{A}B+AB\overline{C}+A\overline{B}C}$

(2) $F=AB\overline{C}+\overline{A}\,\overline{B}C$

$G=A\overline{B}+BC+\overline{C}\,\overline{A}$

4.11　用卡诺图化简下列逻辑函数：

(1) $F(A,B,C,D)=\sum m\,(0,1,4,6,9,13,14,15)$

(2) $F(A,B,C,D,E)=\sum m\,(3,4,6,9,11,13,15,18,25,26,27,29,31)$

(3) $F(A,B,C,D)=\sum m\,(2,9,10,12,13)+\sum d\,(1,5,14)$

(4) $F(A,B,C,D,E)=\sum m\,(3,11,12,19,23,29)+\sum d\,(5,7,13,27,28)$

4.12 用最少的"与非"门实现如下逻辑函数：

$$F(A,B,C,D)=(A+B)(A+\bar{C})BD+ABC\bar{D}+A\bar{B}D$$

4.13 什么叫组合逻辑电路的分析？什么叫组合逻辑电路的设计？组合逻辑电路的分析与设计各分哪几个主要步骤？

4.14 试分析和比较图 4.62 所示两个电路的逻辑功能。

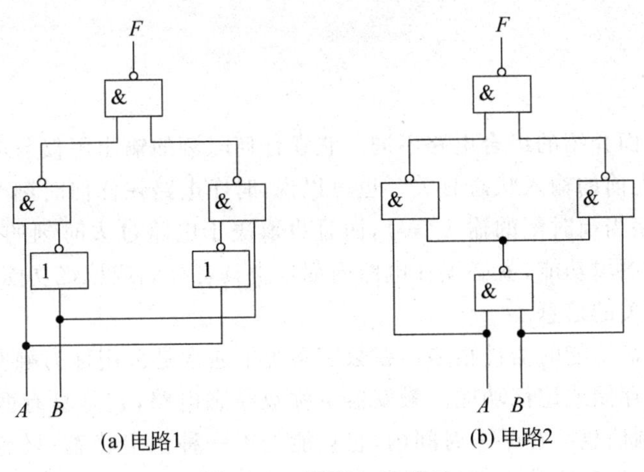

图 4.62 习题 4.14 图示

4.15 设计一个组合逻辑电路，其输入 $ABCD$ 表示一位 8421 码十进制数，输出为 Z。当输入的十进制数能被 3 整除时 Z 为 1，否则为 0。

4.16 简述译码器和编码器的功能。

4.17 简述多路分配器和多路选择器的逻辑功能。

4.18 分别用 ROM 和 PLA 实现 8421 码到余 3 码的代码转换，并结合本题说明这两种实现方法各自的特点。

4.19 采用中、大规模集成电路进行逻辑设计与传统的数字系统设计方法相比，有何不同？

4.20 画出一个用"与非"门组成的 4 位二进制译码器逻辑图。

4.21 设计一个余 3 码编码器。

4.22 用多路选择器实现下列逻辑函数：

(1) $F=\sum m\,(0,3,12,13,14)$

(2) $F=\sum m\,(2,3,4,5,8,9,10,11,14,15)$

4.23 什么叫竞争？什么叫险象？常用的消除险象的措施有哪几种？

4.24 用卡诺图化简下列函数，并使所得函数不产生险象。

(1) $F=\sum m\,(0,1,2,6,7)$

(2) $F=\sum m\,(3,4,7,8,9,10,11,12,15)$

第5章 时序电路的基本单元——触发器

时序电路与前面介绍的组合电路不同。它在任何时刻的输出不仅与电路的当前输入状态有关,而且还与先前的输入状态有关。也可以说,时序电路在任何时刻产生的稳定输出信号,不仅取决于电路当前时刻的输入信号,而且也取决于电路过去时刻的输入信号。所以,为实现时序电路的逻辑功能,就必须在电路内部包含具有存储或记忆功能的器件,用以保存与过去输入信号有关的信息。

具有存储或记忆功能的器件很多。在数字系统中通常是采用称为触发器(Flip-Flop)的电子器件实现这种存储或记忆功能。触发器也称双稳态电路,它是具有两种稳定状态的电路,用于保存二进制信息。在某一时间内,它只能处于一种稳定状态;只有在一定的触发信号作用下,才能从一种稳定状态翻转到另一种稳定状态。

本章着重介绍几种典型的触发器,它们是 RS 触发器、D 触发器、JK 触发器及 T 触发器。

5.1 RS 触发器

5.1.1 基本 RS 触发器

如图 5.1 所示,用两个"与非"门相互交叉耦合,就可构成一个具有存储或记忆功能的最简单的 RS 触发器。由于这种触发器是构成其他各种触发器的基本组成部分,所以称为基本 RS 触发器。

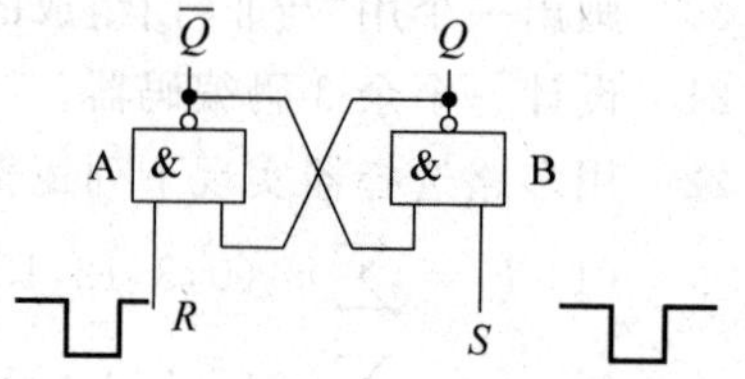

图 5.1 基本 RS 触发器

在图 5.1 中,R 和 S 为触发器的两个输入端,其中 R 为复位(Reset)端,又称置 0 端;S 为置位(Set)端,又称置 1 端。Q 和 $\overline{Q}$ 为触发器的两个输出端,这两个输出端的逻辑电平总是相反的,即若 $Q=0$,则 $\overline{Q}=1$;若 $Q=1$,则 $\overline{Q}=0$。可见,这个电路有两种稳定状态。容易想到,可以用它来"记忆"或存储一位二进制代码。习惯上,当 $Q=1,\overline{Q}=0$ 时,称触发器处于 1 状态,或者说触发器中寄存了 1 信息;而当 $Q=0,\overline{Q}=1$ 时,称触发器处于 0 状态,或者说触发器中寄存了 0 信息。

触发器的两种稳定状态,在一定的输入条件下可以相互转化,即可以从一种稳定状态翻转到另一种稳定状态。下面具体分析一下基本 RS 触发器输入与输出之间的逻辑关系。

当 R 输入为 0，S 输入为 1 时，无论触发器原来处于哪种状态，因为有 $R=0$，就必有“与非”门 A 的输出 $\overline{Q}=1$；$\overline{Q}$ 端的 1 电平又反馈到“与非”B 的左输入端，而由于此时 B 门的右输入端 S 为 1，从而使 B 门输出 $Q=0$。Q 端输出的 0 电平又反馈到 A 门的输入端，使 A 门输出的 1 保持不变。最后使该触发器置成稳定的 0 状态($Q=0$，$\overline{Q}=1$)。

同样可以分析出，当 R 输入为 1，S 输入为 0 时，无论该触发器原来处于哪种状态，最终将使触发器置成稳定的 1 状态($Q=1$，$\overline{Q}=0$)。

当 R 和 S 均为 1 时，触发器的两个输出端的电平将由 A 门和 B 门各自的反馈输入条件确定，即此时触发器的状态不能由输入条件 R 和 S 确定，而是保持原来状态不变。

当 R 和 S 均为 0 时，两个“与非”门的输出端 Q 和 $\overline{Q}$ 均为 1 时，这就破坏了触发器应具有相反输出的正常逻辑特性。即对于由两个“与非”门构成的基本 RS 触发器，两个输入均为 0 的条件是不允许的。

归纳上述的分析，可以得到基本 RS 触发器输入、输出逻辑关系真值表，如表 5-1 所示。

基本 RS 触发器的图形符号如图 5.2 所示，图中的 R 和 S 输入端带有小圆圈，表示该触发器为低电平触发。

表 5-1 基本 RS 触发器真值表

R	S	$\overline{Q}$	Q
0	1	1	0
1	0	0	1
1	1	保持原状	
0	0	不允许	

另外需要说明的是，这种触发器对触发信号的宽度有严格的要求。我们仍从图 5.1 所示的电路来说明这个问题。以前曾经指出，每一级门电路都存在平均时间延迟，这里假定“与非”门的平均时延为 $1t_{pd}$。设触发器原来的状态为 0 状态，即 $Q=0$，$\overline{Q}=1$，此时 S 端输入一个负触发脉冲，即 S 端电平由 1 变 0，经过 $1t_{pd}$ 的延迟时间后，Q 端输出电平才开始由 0 变 1，Q 端的这个正跳变反馈到 A 门输入，再经过 $1t_{pd}$ 的时间延迟，$\overline{Q}$ 端输出电平才开始由 1 变 0，并又反馈到 B 门输入。也就是说，Q 端输出信号的变化要比 S 端输入信号的变化延迟 $1t_{pd}$ 时间，而 $\overline{Q}$ 端的变化要比 S 端延迟 $2t_{pd}$ 时间，如图 5.3 所示。

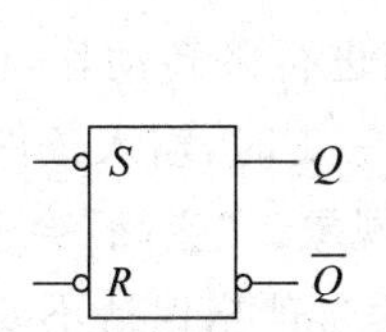

图 5.2 基本 RS 触发器图形符号

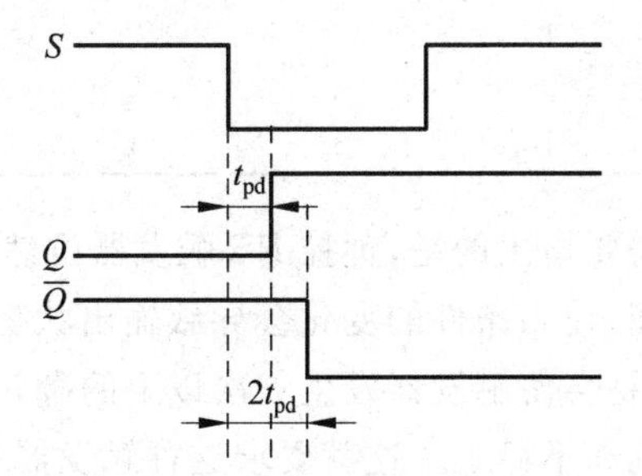

图 5.3 基本 RS 触发器翻转时间图

这就告诉我们，在 S 端的负脉冲消失后，Q 端的 1 状态是靠 $\overline{Q}$ 端反馈的低电平来保持的。所以，在 $\overline{Q}$ 端的负跳变产生之前，S 端的负脉冲不能撤销，否则触发器就要翻回到原来状态，即没能达到使它稳定触发翻转的目的。R 端输入负脉冲时，情况与此类似。由此可见，这种触发器要求输入触发脉冲的宽度必须大于 $2t_{pd}$，否则将不能稳定工作。

5.1.2 钟控 RS 触发器

前面讨论的基本 RS 触发器的特点是，触发器的翻转动作发生在输入 R、S 产生变化的时刻。但在实际使用中，有时要求触发器不是直接在 R、S 输入变化的时刻就动作，而希望对触发器的翻转时刻进行控制，或者说要求触发器按一定的时间节拍进行动作，这就需要有一个时钟脉冲来控制。在相应的输入条件下，触发器只有在时钟脉冲到来时才翻转，而在其他时间触发器只能保持原来状态不变。所谓时钟脉冲(Clock Pulse)简称 CP，是由时钟电路产生的周期性的脉冲信号，用于对电路的同步控制。

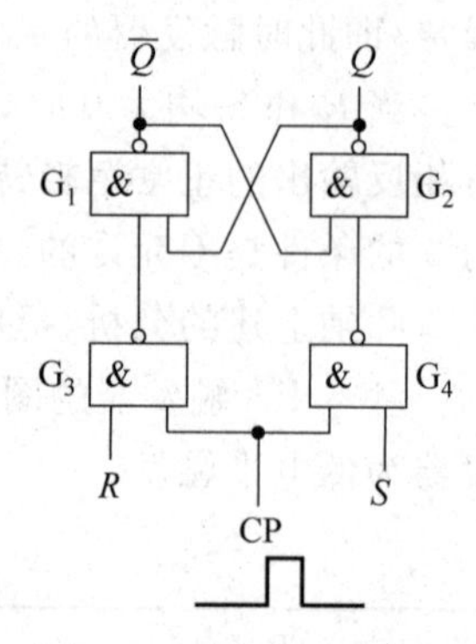

图 5.4 钟控 RS 触发器

在前面图 5.1 所示的基本 RS 触发器的基础上，再增加两块"与非"门，并用一个时钟脉冲 CP 来控制触发器翻转动作，则形成图 5.4 所示的触发器电路，称为钟控 RS 触发器，也叫有同步脉冲控制的 RS 触发器或同步式 RS 触发器。

钟控 RS 触发器的 CP 脉冲为正脉冲。在 CP 脉冲没有到来时，由于 CP 输入端总是处于低电平，G_3 和 G_4 门被封锁，此时，无论 R、S 端输入什么信号，G_3 和 G_4 的输出都是 1，使上面的基本 RS 触发器的状态保持不变；当 CP 脉冲到来时，CP 端为高电平，这时 R、S 端的输入信号就能通过 G_3 和 G_4 门去触发基本 RS 触发器，使它置 1 或置 0。也就是说，对于钟控 RS 触发器，时钟脉冲 CP 只控制触发器的翻转时间，而触发器到底被置成什么状态，是由 R、S 输入条件决定的。

钟控 RS 触发器的输入输出逻辑关系真值表如表 5-2 所示。从表中可以看到，对于钟控 RS 触发器，在 R 和 S 均为 0 时，其状态保持不变；在 R 和 S 均为 1 时，是不允许的情况。

表 5-2 钟控 RS 触发器真值表

R	S	$\overline{Q}$	Q
0	1	0	1
1	0	1	0
0	0	保持原状	
1	1	不允许	

需要指出的是，钟控 RS 触发器虽然能按一定的时间节拍进行翻转动作，但它在 CP 脉冲期间，输入条件的变化会导致输出状态的变化，即如果在 CP=1 时，输入条件 R 和 S 发生跳变，将会使触发器发生一次以上的翻转，也就是所谓"空翻"现象。"空翻"会造成系统工作的混乱和不稳定。这就要求这种触发器在 CP 脉冲期间输入信号严格保持不变。

另外，与前面介绍的基本 RS 触发器类似，这种钟控 RS 触发器也要求 CP 脉冲的宽度不能小于 $2t_{pd}$，否则会造成"触而不翻"即不能达到使它稳定翻转的目的。

由于钟控 RS 触发器的这些缺点，使它的应用受到很大的限制。一般只用它作数码寄存而不宜用来构成具有移位和计数功能的逻辑部件。

5.1.3 数据锁存器

如果在图 5.4 所示的钟控 RS 触发器的输入端 R 和 S 之间增加一个反相器(“非”门)，并将 CP 输入端改作选通控制条件，即可得到一个如图 5.5 所示的电路，称为带选通控制的数据锁存器，简称数据锁存器(data latch)。

该电路的工作特点是：当选通信号为高电平(逻辑 1)时，输出 Q 总是与 D 相同，或者说 Q 总是跟随着 D；而当选通信号为低电平(逻辑 0)时，不管 D 为 1 或 0，输出 Q 总是保持原来的状态不变，或者说原来的数据输入(D)被锁存在触发器之中。其真值表如表 5-3 所示。

表 5-3 数据锁存器的真值表

选通	D	Q
1	0	0
1	1	1
0	0	保持原状
0	1	

用图 5.6 所示的时间图可以进一步说明数据锁存器的工作特性。为简明起见，图中假设门电路的延迟时间 $t_{pd}=0$。

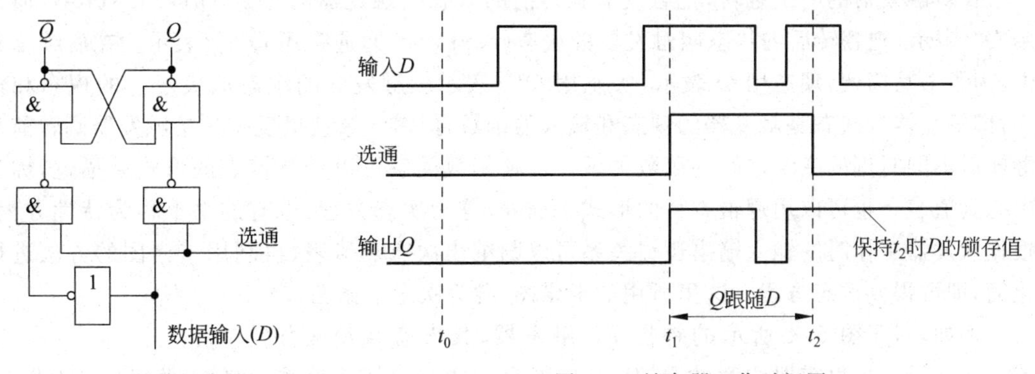

图 5.5 数据锁存器

图 5.6 锁存器工作时间图

由图 5.6 可见，在 $t_0 \sim t_1$ 期间，锁存器的选通输入为 0，所以不管输入 D 怎样变化，输出 Q 总是保持着原来的状态 0 不变；在 t_1 时刻，选通信号由 0 变 1，并一直延续到 t_2 时刻，在此期间内，Q 跟随 D 的变化而变化，有人也称此时的 Q 对 D 是透明的(transparent)；在 t_2 时刻，选通信号由 1 变 0，从此刻开始，输出 Q 一直保持着 t_2 时 D 的锁存值不变。不难想到，如果选通信号在 t_2 之后的某一时刻再次由 0 变 1，那么输出 Q 将从那一时刻开始再次跟随 D 的变化而变化。

由于锁存器所具有的上述功能特性，它经常被应用于数据总线的传输与控制之中。如图 5.7 所示，将 n 个数据锁存器的每个数据输入端分别与 n 位数据总线的每条线相连，并将各个锁存器的选通输入端接在一起，形成公共的选通信号端。通过系统提供的选通信号，即可有效地实现数据的锁存与传送功能。

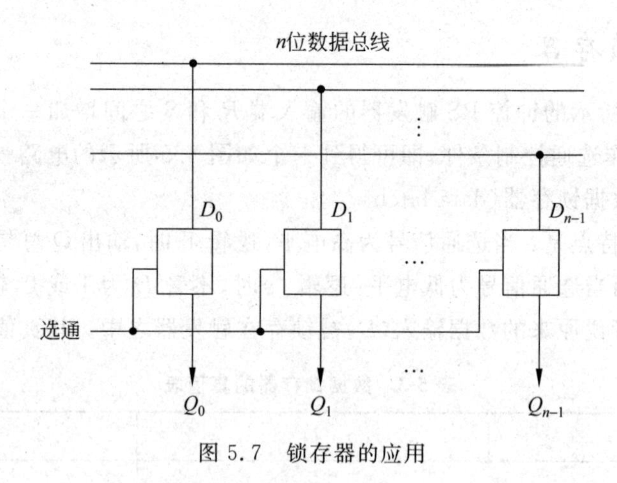

图 5.7　锁存器的应用

5.2　触发器外部逻辑特性的描述

在对触发器的工作原理有了一定了解的基础上，下面对它的外部逻辑特性给以系统的描述。

针对触发器的一次翻转，把触发器翻转前的状态叫触发器的现状（present state），通常用 $Q^{(n)}$ 表示；把翻转后的状态叫触发器的次态（next state），通常用 $Q^{(n+1)}$ 表示。在后续章节中，为了书写简便，现态用 Q 表示，次态用 Q^{n+1} 表示。触发器的次态取决于它的现态和输入，即触发器的次态是触发器的现态和输入的函数，但需注意这里反映的是触发器翻转前和翻转后不同时刻的变量之间的函数关系。这种函数关系可以用真值表的形式来描述，称为次态真值表。也可以用逻辑方程的形式来描述，称为次态方程，也有的书上称为特性方程。根据触发器工作时的输入输出逻辑关系可以归纳出次态真值表，再利用卡诺图的方法进行化简，即可得到次态方程。这里所用的卡诺图，称为次态卡诺图。

例如，对于图 5.4 所示的钟控 RS 触发器，其次态真值表如表 5-4 所示。这里需要注意的是，R 和 S 不允许同时处于 1 状态（高电平），这是该触发器使用中的约束条件或不允许出现的条件。但在次态真值表中仍把这些输入条件列出，并把相应的次态记为无关项 d，以便在用次态卡诺图化简时利用。根据图 5.8 所示的次态卡诺图，可得钟控 RS 触发器的次态方程如下：

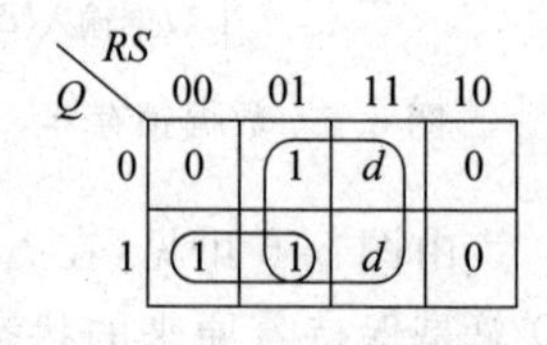

图 5.8　次态卡诺图

$$Q^{n+1}=S+\bar{R}Q$$

表 5-4　钟控 RS 触发器次态真值表

输入		现态	次态
R	S	Q	Q^{n+1}
0	0	0	0
0	0	1	1
0	1	0	1
0	1	1	1

续表

输入		现态	次态
R	S	Q	Q^{n+1}
1	0	0	0
1	0	1	0
1	1	0	d
1	1	1	d

5.3 维阻D触发器

针对前面讨论的RS触发器的缺点，加以改进，出现了称为“维持阻塞”结构的触发器。目前被广泛使用的D触发器，就是典型的“维持阻塞”结构的触发器，简称维阻D触发器。

维阻D触发器的逻辑结构如图5.9所示。图中的D输入端称为数据输入端(简称D端)，R_D和S_D分别称为直接置0端和直接置1端(也称异步置0端和异步置1端)。R_D和S_D均为低电平有效，即在不作直接置0和置1操作时，它们均保持为高电平。我们可以先抛开R_D和S_D的信号连线不管，而主要围绕该触发器的基本工作原理进行分析。

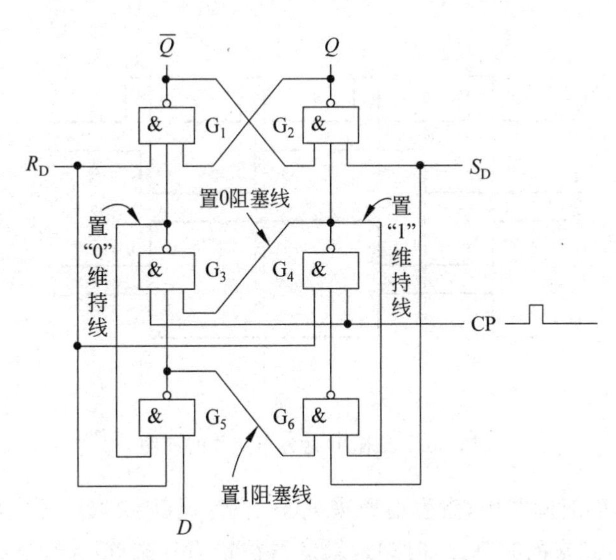

图5.9 维阻D触发器的逻辑结构

在时钟脉冲没有到来(CP=0)时，G_3、G_4均输出高电平。在这种情况下，无论D端状态怎样变化，都不会改变触发器的原有状态。

当时钟脉冲到来(CP=1)时，可分为两种情况讨论：

(1) 设CP到来之前$D=0$，则G_5输出一定为1，进而可以推出G_6输出为0。当CP脉冲到来(CP由0变1)，此时G_3的全部输入变为1，因此G_3的输出由1变为0，将触发器置成0状态，即触发器的次态$Q^{n+1}=0=D$；同时G_3输出的0电平又反馈到G_5的输入端，将G_5门封锁，使得在CP=1期间，无论D端输入状态怎样变化都能保持G_5输出为1不变，进而保持G_3输出的0信号不变。由于这条反馈线起到了置0维持的作用，所以称为置0维持线。另外，由于 G_5 输出的 1 信号又反馈到 G_6 的输入，使 G_6 输出为 0，进而使 G_4 输出保持为 1 不变，这就起到了阻止置 1 的作用，因而称这条反馈线为置 1 阻塞线。

也可以用另一种说法，即由于置 0 维持线和置 1 阻塞线的存在，在 CP 脉冲到来之前若 $D=0$，则不管在 CP 脉冲期间 D 端输入条件是否发生变化，都将使 CP 脉冲能够完整地从 G_3 门通过，而不会从 G_4 门漏发出"窄脉冲"，从而保证了触发器置 0 动作的可靠完成。

(2) 设 CP 脉冲到来之前 $D=1$，则 G_5 输出为 0，G_6 输出为 1。当 CP 由 0 变 1 后，由于 G_4 的全部输入均为 1，使得 G_4 输出由 1 变 0，将触发器置 1，即触发器的次态 $Q^{n+1}=1=D$；同时 G_4 输出的 0 信号又反馈到 G_6 门的输入端，维持 G_6 输出为 1 不变，进而维持 G_4 输出的 0 信号不变。由于这条反馈线起到了对触发器的置 1 维持的作用，所以称为置 1 维持线。另外，G_4 输出的 0 信号又反馈到 G_3 的输入，封锁 G_3 门，以阻止置 0 信号的产生，因此称这条反馈线为置 0 阻塞线。所以在 CP=1 期间，D 端输入条件的变化只能引起 G_5 输出的变化，但不能通过 G_3 门和 G_6 门去影响触发器的可靠置 1 动作。换句话说，由于置 1 维持线和置 0 阻塞线的存在，在 CP 脉冲到来前 $D=1$ 时，则无论在 CP 脉冲期间 D 端输入条件是否发生变化，都能确保 CP 脉冲完整通过 G_4 门反相输出，而不会从 G_3 门漏发，从而保证了触发器置 1 动作的可靠完成。

维阻结构 D 触发器的工作时间图如图 5.10 所示（为了画图简洁，假定每级门的时延 $t_{pd}=0$）。

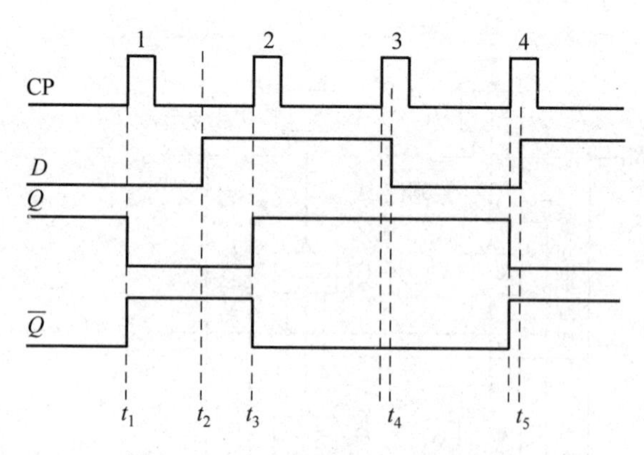

图 5.10　维阻 D 触发器工作时间图

在图 5.10 所示的时间图中，触发器原来处于 1 状态（$Q=1,\bar{Q}=0$），D 输入为 0。在第一个 CP 脉冲上升沿到来的时刻（t_1 时刻），触发器被置为 0 态（$Q=0,\bar{Q}=1$）；在 t_2 时刻，尽管 D 端由 0 变为 1，但由于此时 CP 脉冲还没有到来（CP=0），所以触发器并不翻转，直到第二个 CP 脉冲的上升沿到来的时刻（t_3 时刻），触发器才翻转为 1 态。图 5.10 中的 t_4 和 t_5 时刻表明的是，尽管输入信号 D 在 CP 脉冲期间发生了跳变，但触发器并不由此而发生翻转，它仍保持 CP 脉冲前沿到来时被置成的状态不变。

从上面的介绍中可以看到，维阻 D 触发器是在时钟脉冲的上升沿将 D 输入端的数据可靠地置入，并且在上升沿过后的时钟脉冲期间内，D 输入值可以随意改变，触发器的输出状态仍以时钟脉冲上升沿时所采样的值为准。通常称这种触发器为边沿触发的触发器。

现在再来分析一下关于 R_D 和 S_D 信号线的正确接法问题。在前面已经提到过可以通过 R_D 和 S_D 端直接对触发器置 0 或置 1。但实际上，R_D 和 S_D 不是仅加到 G_1 和 G_2 门的输入端上。原因是，如果仅加到这两个门的输入端上，则只能在 CP=0 时，直接置 1、置 0 才有效。而在 CP=1 时，由于 G_3 和 G_4 输出总是相反，若 G_3 输出为 0，则通过 S_D 端直接置 1 的最后效果将不确定；若 G_4 输出为 0，则通过 R_D 端直接置 0 的最后效果将不确定。所以，在图 5.9 所示的维阻 D 触发器逻辑原理图中，将 R_D 同时加在 G_1、G_4、G_5 门的输入端，将 S_D 同时加在 G_2、G_6 门的输入端。这样做的好处是，无论时钟脉冲为 0 还是 1，都能有效地通过 R_D 和 S_D 直接置 0 和置 1。

维阻 D 触发器的逻辑符号、次态真值表及次态卡诺图如图 5.11 所示。

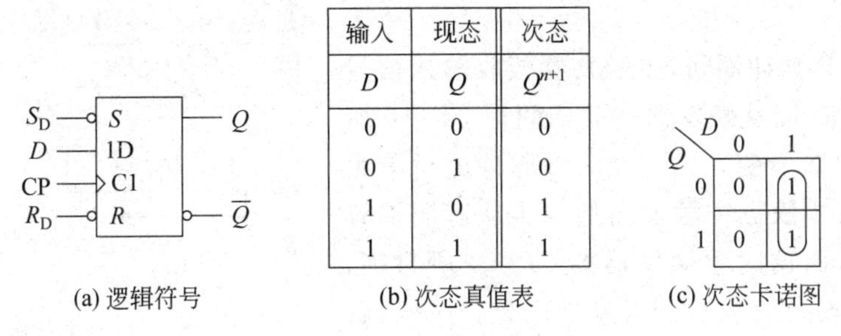

输入	现态	次态
D	Q	Q^{n+1}
0	0	0
0	1	0
1	0	1
1	1	1

(a) 逻辑符号　　(b) 次态真值表　　(c) 次态卡诺图

图 5.11　D 触发器的 3 种表示形式

由次态卡诺图可得维阻 D 触发器的次态方程为：

$$Q^{n+1} = D$$

实际使用的维阻 D 触发器还可具有几个 D 输入条件，那么这些 D 输入条件是“与”的关系，而此时的次态方程为：

$$Q^{n+1} = D_1 \cdot D_2 \cdot D_3$$

在图 5.11(a) 所示 D 触发器的逻辑符号中，R、S 为异步直接置 0、置 1 端，其输入端的小圆圈表示低电平有效；C1 为时钟 CP 输入端，C1 中的 C 是控制关联标记，C1 表示受其影响的输入是以数字 1 标记的数据输入，如 1D、1J、1K 等；C1 端所加的动态符号＞表示边沿触发，该触发信号端未带小圆圈表示上升沿触发。

5.4　主从 JK 触发器

实现触发器可靠翻转的另一种办法是采用具有存储作用的导引电路，并采用主从触发的方式。这类触发器叫主从结构的触发器，或简称主从触发器，目前广泛使用的是主从结构 JK 触发器。

在本节中，先分别介绍主从触发器和 JK 触发器的工作原理，然后讨论主从结构的 JK 触发器。

5.4.1　主从触发器

主从触发器一般是由两个钟控 RS 触发器构成，如图 5.12 所示。其中下面的 4 个“与非”门(G_5～G_8)构成主触发器，上面的 4 个“与非”门(G_1～G_4)构成从触发器。加在主触发器上的时钟脉冲经过 G_9 门反相后再加到从触发器上，即主从两个触发器所要求的时钟脉冲彼此反相。

下面具体说明它的工作原理：

当$R=0$,$S=1$,在CP脉冲的前沿到达时,主触发器就被置1,即$Q_M^{n+1}=1$,$\overline{Q}_M^{n+1}=0$。但主触发器的这种输出状态在CP脉冲期间并不能传送到从触发器去,因为此时$\overline{CP}=0$,封锁了G_3和G_4门,从而把从触发器和主触发器隔离开来。只有当时钟脉冲的后沿到达后($CP=0$,$\overline{CP}=1$),G_3和G_4门开启,才把从触发器和主触发器接通,此时主触发器存储的信息就被传送到从触发器去,即有$Q^{n+1}=1$,$\overline{Q}^{n+1}=0$。

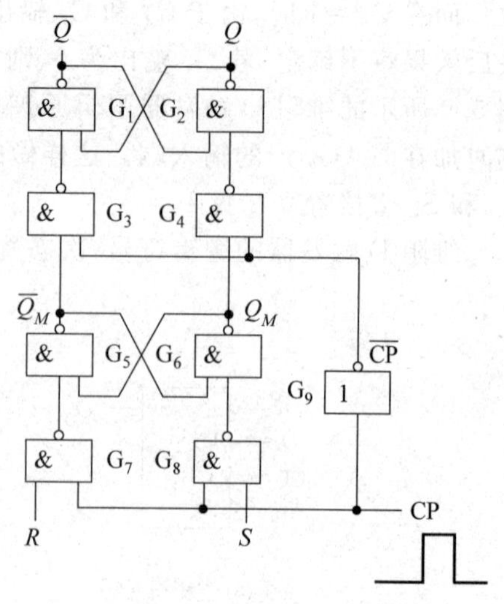

图5.12　主从触发器

可见,在CP脉冲期间,主触发器接收输入信号并把它暂存起来,而从触发器在此期间被$\overline{CP}=0$所封锁,保持原状态不变。只有在时钟脉冲的后沿出现后,从触发器才依据主触发器的输出状态而被置成相应的状态,而这时主触发器被$CP=0$所封锁,保持着刚才接收的信息不会再发生变化。所以,就主从触发器的整体来说,其输出状态在时钟脉冲期间是不会发生变化的,以这种逻辑特性为基础,可以构成移位寄存器或计数器等逻辑部件,并能可靠地工作。

应该说明的是,在这种触发器中,主触发器的状态在CP脉冲期间内仍受R、S输入变化的影响,即在CP期间内,如果R、S有变化,会导致主触发器的翻转,并在CP脉冲后沿到达后,造成从触收器接收不正确的信息。所以对于这种触发器,在CP脉冲期间仍应保持R、S信号稳定不变。为了做到这一点,只要在作系统级联时,考虑把另一个主从触发器的输出作为这个主从触发器的输入即可。

5.4.2　JK触发器

前面讨论的钟控RS触发器,对输入R、S有一个明确的限制,即R、S不能同时为1,否则输出状态将不确定。

在钟控RS触发器的基础上加上两条交叉反馈线,即得到如图5.13所示的逻辑电路。它利用Q和$\overline{Q}$不可能同时为1的特点,将它们交叉反馈到下面的输入门G_3和G_4,以此对CP脉冲起导引作用,从而避免输出状态不定的现象,并将原来钟控RS触发器的输入端S改用J表示,输入端R改用K表示,故称JK触发器。

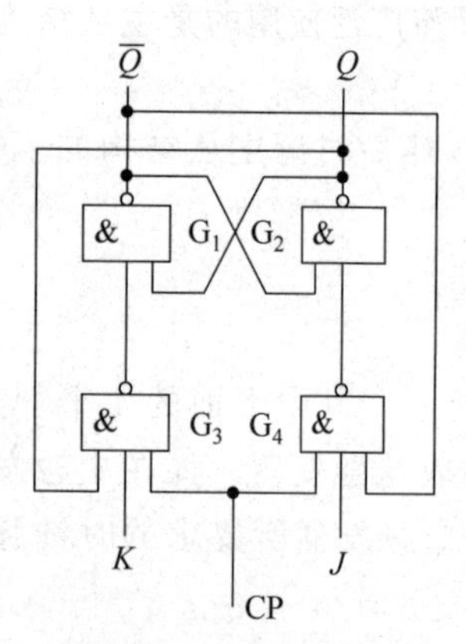

图5.13　JK触发器

下面分析一下JK触发器的逻辑功能。对于J、K的4种取值可能的前3种(即当$J=0,K=0$;$J=0,K=1$;$J=1,K=0$时),其逻辑功能与钟控RS触发器完全相同,对于第四种,即当$J=1,K=1$时,如果该触发器现态为1($Q=1,\overline{Q}=0$),那么当CP脉冲到来,则G_3门因输入均为1而输出为0,使触发器翻转为0,即次态为0。如果现态为0,则当CP脉冲到来,G_4门因输入均为1而输出为0,使触发器翻转为1,即次态为1。这就是说,JK触发器由于导引电路的作用,当输入条件J、K同时为1时,

在 CP 脉冲的作用下总要翻转成相反的状态，即

$$Q^{n+1}=\overline{Q}$$

需要指出的是，这种 JK 触发器对 CP 脉冲宽度的要求极其苛刻，即触发器可靠工作的 CP 脉冲宽度必须大于 $2t_{pd}$ 而小于 $3t_{pd}$。如果小于 $2t_{pd}$ 则会“触而不翻”，而如果大于 $3t_{pd}$ 则会发生空翻现象。由于这些苛刻的要求，使得它不可能具有实际使用的价值。

5.4.3 主从 JK 触发器

将图 5.12 所示的主从触发器改接成图 5.14 的形式，即构成主从 JK 触发器。

主从 JK 触发器的逻辑符号、次态真值表和次态卡诺图如图 5.15 所示。

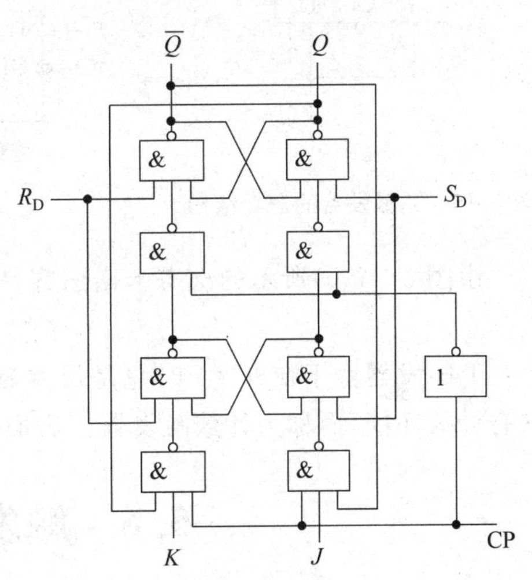

图 5.14　主从 JK 触发器的逻辑结构

根据次态卡诺图可得主从 JK 触发器的次态方程为：

$$Q^{n+1}=J\overline{Q}+\overline{K}Q$$

在图 5.15(a) 所示的主从触发器的逻辑符号中，R 和 S 为异步直接置 0、置 1 端，其输入端的小圆圈表示低电平有效；C1 的含义与前面的 D 触发器中 C1 的含义类似，其输入端的小圆圈表示在 CP 脉冲的上升沿出现后将输入数据接收并暂存在主触发器中，在 CP 脉冲的下降沿出现后才将主触发器的状态传送到从触发器，并置定输出状态。由于这种触发器是在 CP 脉冲的电平为 1 期间接收输入数据，因而在 C1 端没有动态符号 >。输出端的符号 ¬ 表示延迟输出，即在 CP 脉冲返回 0 以后触发器的输出状态才改变。

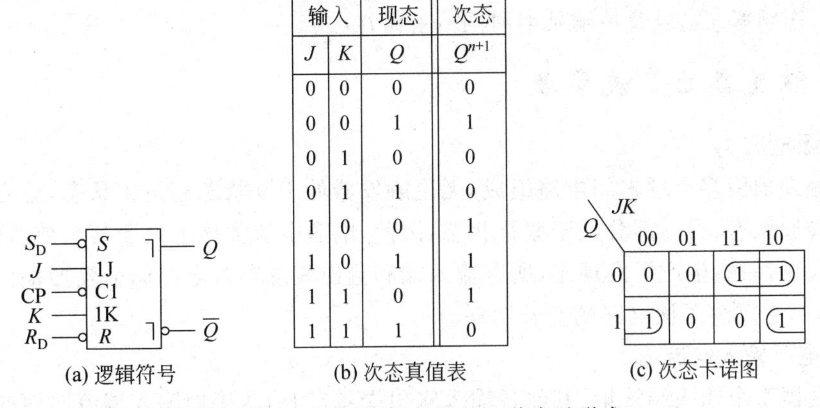

输入		现态	次态
J	K	Q	Q^{n+1}
0	0	0	0
0	0	1	1
0	1	0	0
0	1	1	0
1	0	0	1
1	0	1	1
1	1	0	1
1	1	1	0

(b) 次态真值表

Q \ JK	00	01	11	10
0	0	0	1	1
1	1	0	0	1

(c) 次态卡诺图

图 5.15　主从 JK 触发器的 3 种表示形式

5.5 T 触发器

把 JK 触发器的 J、K 输入端接在一起成为一个输入端，并称为 T 输入端，就可构成 T 触发器，如图 5.16 所示。

可以想到,若 $T=1$,即相当于JK触发器的 $J=1,K=1$,那么每来一个CP脉冲,触发器必定翻转一次;若 $T=0$,即相当于JK触发器的 $J=0,K=0$,则每来一个CP脉冲,触发器的状态总是保持不变。

T触发器的逻辑符号、次态真值表和次态卡诺图如图5.17所示。

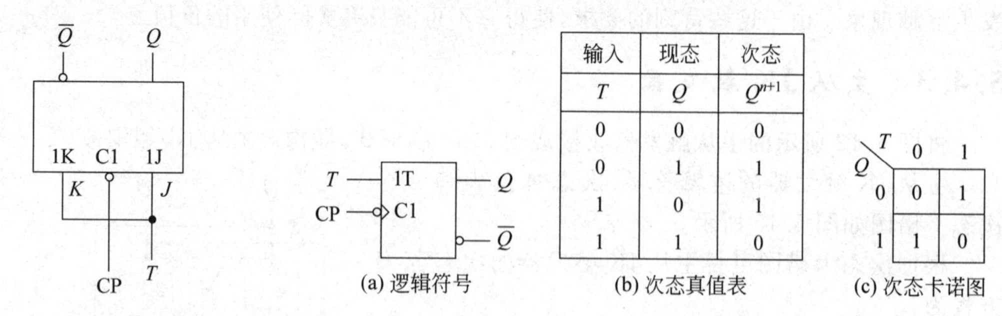

输入	现态	次态
T	Q	Q^{n+1}
0	0	0
0	1	1
1	0	1
1	1	0

(b) 次态真值表

图5.16 T触发器的逻辑结构

图5.17 T触发器的3种表示形式

由图5.17(c)所示的次态卡诺图容易得到次态方程为:

$$Q^{n+1} = \overline{Q}T + Q\overline{T}$$

T触发器由于在 $T=1$ 时总是反复翻转的特点而被称为反复电路(Toggle),也有人因它有计数功能,而称为计数触发器。后面将会看到,用T触发器可以很方便地构成计数器。

5.6 触发器的主要参数

触发器的主要参数分为直流参数和时间参数两大类。直流参数包括电源电流 I_E、低电平输入电流 I_{IL}、高电平输入电流 I_{IH}、输出高电平 V_{OH}、输出低电平 V_{OL} 以及扇出系数 N_O 等。时间参数有触发器的建立时间 t_{set}、保持时间 t_h、时钟高电平宽度 t_{WH}、时钟低电平宽度 t_{WL}、最高工作频率 f_{max} 以及传输延迟时间 t_{PLH} 和 t_{PHL} 等。

5.6.1 触发器的直流参数

1. 电源电流 I_E

一个触发器由多个逻辑门电路组成,无论触发器处于0状态还是1状态,总有一部分门电路处于导通状态,另一部分处于截止状态,因此,电源电流大体上处于某个数值范围之内。为了明确起见,一些生产厂商规定,所有输入端和输出端悬空时电源向触发器提供的电流为电源电流 I_E,它反映了该电路的空载功耗。

2. 低电平输入电流 I_{IL}

当触发器某个输入端接地,其他各输入输出端悬空时,从接地输入端流向地的电流为低电平输入电流 I_{IL},它反映了对前级驱动电路输出为低电平时的加载情况。

3. 高电平输入电流 I_{IH}

将触发器各输入端分别接高电平时流入这个输入端的电流就是其高电平输入电流 I_{IH},它反映了对前级驱动电路输出为高电平时的加载情况。

4. 输出高电平 V_{OH} 和输出低电平 V_{OL}

触发器输出端(Q 和 $\overline{Q}$)输出高电平时的电平值为 V_{OH},输出低电平时的电平值为 V_{OL}。

5.6.2 触发器的时间参数

为了使触发器能够正确工作，不仅需了解触发器的逻辑功能，而且要掌握触发器的脉冲工作特性，即触发器对数据输入信号、时钟脉冲以及它们之间互相配合的时序关系。

下面以维阻D触发器为例，具体介绍它的几个主要时间参数。维阻D触发器的数据输入信号(D)、时钟脉冲信号(CP)以及输出信号(Q和$\overline{Q}$)之间的时间关系如图5.18所示。

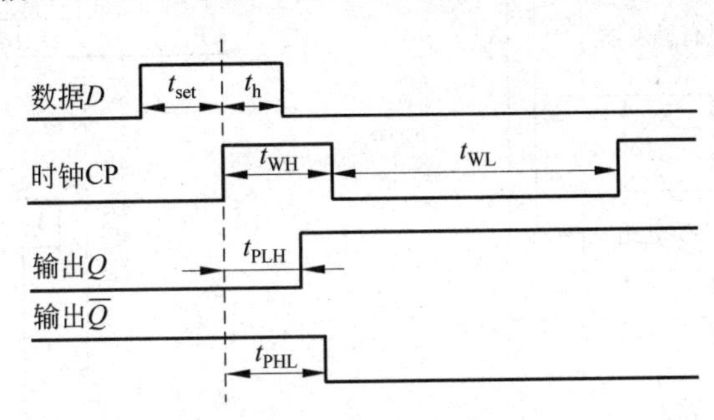

图5.18 维阻D触发器的时间参数

图5.18表明，输入数据信号D在时钟有效边沿之前和之后都要有一段稳定不变的时间，否则，这个数据信号就不能可靠置入触发器。相应的两个时间参数的定义是：

(1) 建立时间t_{set}　输入数据信号必须在时钟有效边沿之前提前到来的时间。

(2) 保持时间t_h　输入数据信号在时钟有效边沿之后继续保持不变的时间。

时钟脉冲信号的时间参数也有两个，分别是：

(1) 时钟高电平宽度t_{WH}　时钟信号保持为高电平的最小持续时间。

(2) 时钟低电平宽度t_{WL}　时钟信号保持为低电平的最小持续时间。

t_{WH}与t_{WL}之和是保证触发器能正常工作的最小时钟周期，进而可以确定触发器的最高工作频率

$$f_{max} \leqslant \frac{1}{t_{WH} + t_{WL}}$$

另外，从时钟信号CP前沿到达时算起，直至触发器翻转完毕，或者说直到新的输出状态稳定下来，也需要有一段时间，称为触发器的传输延迟时间。通常将输出端由低电平变为高电平的传输延迟时间记为t_{PLH}，将输出端高电平变为低电平的传输延迟时间记为t_{PHL}。图5.18中分别表示了这两个时间参数。通过分析维阻D触发器的工作过程可以发现，t_{PHL}大于t_{PLH}。

5.7 不同类型触发器间的转换

在数字电路的实际使用中，可能要用到各种不同类型的触发器，但是市售产品多为JK触发器和D触发器。为此，可以依据前面介绍的这些触发器的逻辑特性，外接适当的逻辑电路，把JK触发器或D触发器转换成所需逻辑功能的触发器。其转换方法是：先联解两种触发器(已有触发器和待求触发器)的次态方程，求出转换电路的逻辑表达式，再画出转换逻辑图即可。这种转换方法具有普遍性，可适用于任何两种类型触发器间的相互转换。转

换的一般结构示意图如图 5.19 所示。下面以 D 触发器和 JK 触发器转换成其他类型的触发器为例，具体说明这种转换方法。

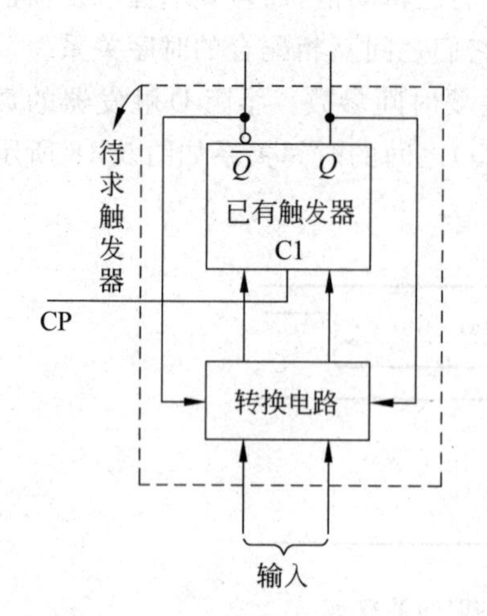

图 5.19　触发器转换示意图

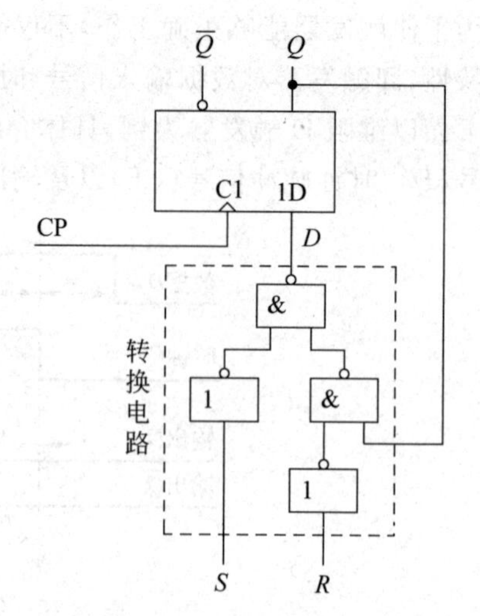

图 5.20　D 触发器转换成 RS 触发器

5.7.1　D 触发器转换成其他类型的触发器

1. D→RS

D 触发器和 RS 触发器的次态方程为：

$$Q^{n+1} = D \quad (\text{D 触发器})$$

$$Q^{n+1} = S + \bar{R}Q \quad (\text{RS 触发器})$$

联解以上两式，可得转换电路的逻辑表达式为：

$$D = S + \bar{R}Q = \overline{\overline{S + \bar{R}Q}} = \overline{\bar{S} \cdot \overline{\bar{R}Q}}$$

可得 D 触发器转换为 RS 触发器的逻辑图，如图 5.20 所示。

2. D→JK

联解 D 触发器和 JK 触发器的次态方程：

$$Q^{n+1} = D \quad (\text{D 触发器})$$

$$Q^{n+1} = J\bar{Q} + \bar{K}Q \quad (\text{JK 触发器})$$

可得转换电路的逻辑表达式为：

$$D = J\bar{Q} + \bar{K}Q = \overline{\overline{J\bar{Q} + \bar{K}Q}} = \overline{\overline{J\bar{Q}} \cdot \overline{\bar{K}Q}}$$

D 触发器转换成 JK 触发器的逻辑图如图 5.21 所示。

3. D→T

联解 D 触发器和 T 触发器的次态方程：

$$Q^{n+1} = D \quad (\text{D 触发器})$$

$$Q^{n+1} = T\bar{Q} + \bar{T}Q \quad (\text{T 触发器})$$

可得转换电路的逻辑表达式为：

$$D = T\bar{Q} + \bar{T}Q = \overline{\overline{T\bar{Q}} \cdot \overline{\bar{T}Q}}$$

D 触发器转换成 T 触发器的逻辑图如图 5.22 所示。

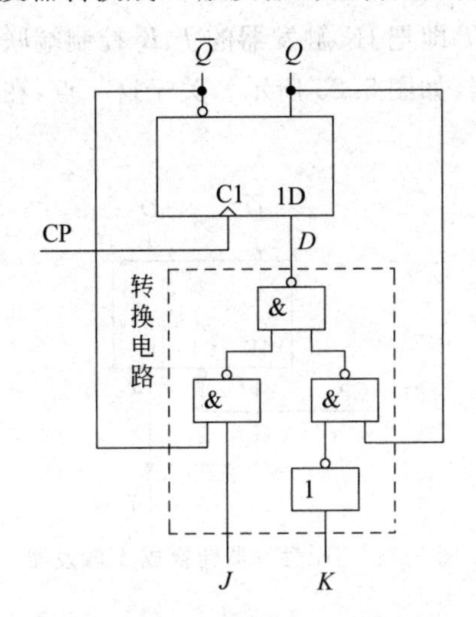

图 5.21　D 触发器转换成 JK 触发器

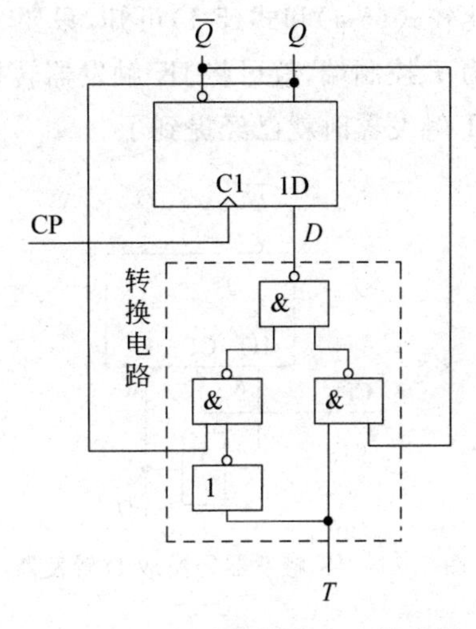

图 5.22　D 触发器转换成 T 触发器

5.7.2　JK 触发器转换成其他类型的触发器

JK 触发器的次态方程为：

$$Q^{n+1} = J\overline{Q} + \overline{K}Q \tag{5-1}$$

1. JK→RS

RS 触发器的次态方程为：

$$\begin{aligned} Q^{n+1} &= S + \overline{R}Q \\ RS &= 0 \text{（约束条件）} \end{aligned} \tag{5-2}$$

现将式(5-2)进行逻辑变换：

$$\begin{aligned} Q^{n+1} &= S(Q+\overline{Q}) + \overline{R}Q = S\overline{Q} + (S+\overline{R})Q \\ &= S\overline{Q} + (\overline{\overline{S} \cdot R})Q \end{aligned} \tag{5-3}$$

对比式(5-3)与式(5-1)可知，只要取 $J=S, K=\overline{S}R$ 即可实现 RS 触发器的功能。再利用约束条件 $RS=0$ 可进一步得到：$K=\overline{S}R+RS=R$，所以只要令 $J=S, K=R$ 即可将 JK 触发器转换成 RS 触发器，如图 5.23 所示。

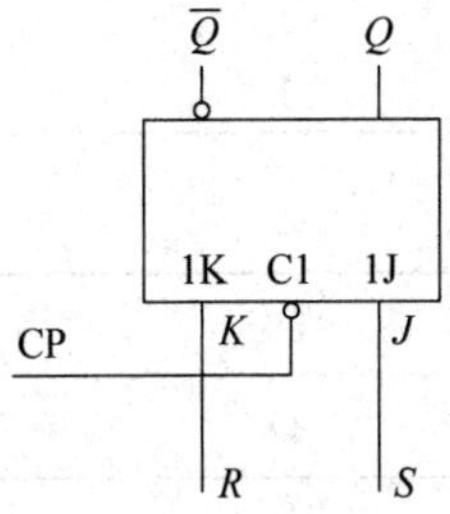

图 5.23　JK 触发器转换成 RS 触发器

2. JK→D

联解 JK 触发器和 D 触发器的次态方程：

$$Q^{n+1} = D = D(Q+\overline{Q}) \quad \text{（D 触发器）}$$

$$Q^{n+1} = J\overline{Q} + \overline{K}Q \quad \text{（JK 触发器）}$$

可得：

$$D\overline{Q} + DQ = J\overline{Q} + \overline{K}Q$$

所以只要令 $J=D, K=\overline{D}$ 即可将 JK 触发器转换为 D 触发器，如图 5.24 所示。

3. JK→T

T 触发器的次态方程为：

$$Q^{n+1} = T\overline{Q} + \overline{T}Q \tag{5-4}$$

比较式(5-4)和式(5-1)可知，只要令 $J=T, K=T$ 即把JK触发器的 J、K 控制端联在一起作为 T 控制端，就可将JK触发器转换成T触发器，如图5.25所示。关于这一点，在前面介绍T触发器时就已经提到了。

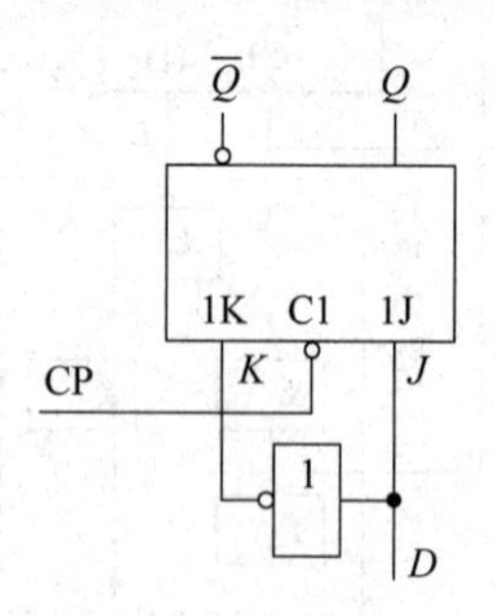

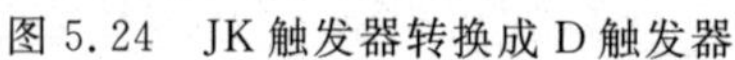
图5.24 JK触发器转换成D触发器

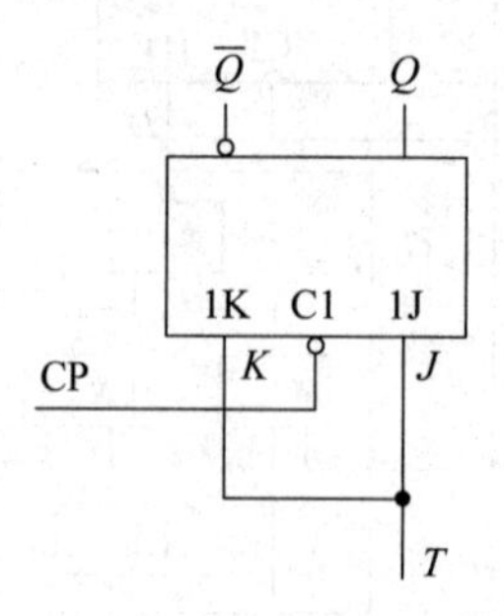

图5.25 JK触发器转换成T触发器

5.8 触发器的激励表

触发器的激励表(excitation table)与次态真值表的表示形式有所不同，它是把触发器的现态和次态作为自变量，把输入作为因变量的一种真值表。也可以说，激励表说明的是触发器从现态转换到次态时，对输入条件的要求，因此，也称激励表为输入表。各类触发器的激励表可以从前面介绍的次态真值表直接推出。下面具体给出4类触发器(钟控RS触发器、D触发器、T触发器和JK触发器)的激励表，如表5-5～表5-8所示。

表5-5 钟控RS触发器激励表

现态	次态	输入	
Q	Q^{n+1}	R	S
0	0	d	0
0	1	0	1
1	0	1	0
1	1	0	d

表5-6 D触发器激励表

现态	次态	输入
Q	Q^{n+1}	D
0	0	0
0	1	1
1	0	0
1	1	1

表 5-7 T触发器激励表

现态	次态	输入
Q	Q^{n+1}	T
0	0	0
0	1	1
1	0	1
1	1	0

表 5-8 JK触发器激励表

现态	次态	输入	
Q	Q^{n+1}	J	K
0	0	0	d
0	1	1	d
1	0	d	1
1	1	d	0

钟控 RS 触发器的激励表(见表 5-5)是从前面给出的钟控 RS 触发器的次态真值表(见表 5-4)导出的。表 5-5 的第一行说明：当触发器现态为 0,要使次态也为 0,则要求输入 R 可为 0,也可为 1(记为 d),而 S 为 0;第二行说明：当现态为 0,要使次态为 1,则要求输入 R 为 0,而 S 为 1;第三行和第四行表示的意义,由表中明确可见。

其他 3 类触发器激励表的含义如表中所示,此处不再赘述。

需要说明的是,触发器激励表的主要用途是用于同步时序电路的设计之中,关于这一点,在后续内容的介绍中将会具体看到。

本章小结

本章主要介绍触发器电路。首先介绍了几种典型触发器的电路组成及逻辑功能,然后讨论了不同类型触发器之间的相互转换。此外,还分别给出了几种触发器的激励表,在第 6 章讨论时序电路设计时将要用到。

(1) 触发器是属于具有存储或记忆功能的逻辑电路。它具有两种稳定状态,在一定的输入条件下,可以从一种稳定状态翻转成另一种稳定状态。触发器可用于存储或记忆二进制信息,它是时序电路的基本组成单元。

(2) 几种典型触发器(钟控 RS 触发器、维阻 D 触发器、主从 JK 触发器及 T 触发器等)各自具有不同的电路结构和逻辑功能特性。通过次态真值表和次态方程可以清楚地表达它们的逻辑功能特性,并且可以依此来实现不同功能触发器的相互转换,因此,确切了解和掌握几种典型触发器的次态真值表和次态方程是正确使用这些触发器的基础和依据。

(3) 触发器的激励表与次态真值表的表示形式有所不同。它是把触发器的现态和次态作为自变量,把输入作为因变量的一种真值表。各类触发器的激励表可从次态真值表直接导出。激励表主要用于时序电路的设计之中。

习 题 5

5.1 触发器的基本逻辑特性是什么？

5.2 触发器有哪些基本类型？每种类型的主要特点是什么？

5.3 以钟控RS触发器为例，解释触发器的空翻现象。为解决空翻问题，怎样改进触发器的结构？

5.4 简要说明“维持-阻塞”逻辑结构的工作原理。

5.5 分别画出D触发器、JK触发器及T触发器的图形符号，并写出它们的次态真值表和次态方程。

5.6 有3个触发器A、B、C，在同一个CP脉冲作用下，将A所存代码传送到B，B所存代码传送到C。试画图实现之。

5.7 有两个触发器A和B，在同一个CP脉冲作用下，将A所存代码传送到B，B所存代码传送到A。试画图实现之。

5.8 举例说明不同类型触发器相互转换的方法。

5.9 触发器的激励表与次态真值表有何不同？触发器的激励表是如何导出的？它主要用在何处？

第 6 章 时序逻辑电路

本章着重介绍时序逻辑电路。首先介绍时序电路的基本组成及描述方法，然后介绍时序电路的分析与设计方法。

6.1 时序电路的基本组成

图 6.1 是用框图表示的时序电路的基本组成情况。从电路的结构特点上说，它由“组合电路”及“存储电路”两部分组成，且在电路内部存在反馈回路。其中 $x_1,\cdots,x_n$ 称为时序电路的输入，$Z_1,\cdots,Z_m$ 称为时序电路的输出；$Y_1,\cdots,Y_r$ 为时序电路的内部输出，同时又是其存储电路的输入；$y_1,\cdots,y_r$ 为时序电路的内部输入，同时又是其存储电路的输出。这些变量之间的关系可用逻辑关系式表示为：

$$Z_i = g_i(x_1, \cdots, x_n;\ y_1, \cdots, y_r),\quad i=1,\cdots,m \tag{6-1}$$

$$Y_i = h_i(x_1, \cdots, x_n;\ y_1, \cdots, y_r),\quad i=1,\cdots,r \tag{6-2}$$

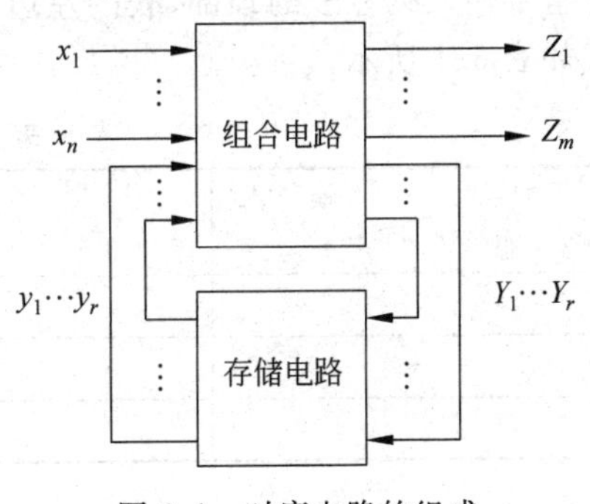

图 6.1 时序电路的组成

把式(6-1)称作输出函数，式(6-2)称作控制函数或激励函数。时序电路中的存储电路可以是第 5 章中介绍过的各类触发器，也可以是其他类型的存储器件。

时序电路可分为两类：同步时序电路和异步时序电路。有统一时钟控制的时序电路叫同步时序电路，没有统一时钟控制的时序电路叫异步时序电路。对于同步时序电路，只有在时钟脉冲到来时，电路的状态才发生变化；而对于异步时序电路，其状态改变是由输入信号的变化直接引起的。

下面将主要讨论同步时序电路的分析与设计方法，关于异步时序电路，可查阅相关参考文献。

6.2 时序电路的描述方法

在时序电路中，针对电路状态的一次改变，把改变之前的状态叫时序电路的现态，把改变之后的状态叫时序电路的次态。

时序电路的输入输出、现态和次态之间的函数关系可以用状态图、状态表或时间图清晰地加以描述和说明。

6.2.1 状态图

状态图也叫状态转换图，它是反映时序电路状态转换规律及相应输入输出取值情况的几何图形表示。在这种表示中，将时序电路所有独立可能的状态用若干圆圈来表示，圈内标记不同的字母或数字，用以表示各种不同的状态。圆圈之间用带箭头的直线或弧线连接起来，用以表示状态跳变的方向（指出由现态到次态的路径），箭头尾端圆圈内标注的是电路的现态，箭头指向圆圈内标注的是电路的次态。带箭头的直线或弧线旁都记有输入变量 x 和相应的输出 Z，用 x/Z 表示，如图 6.2 所示。

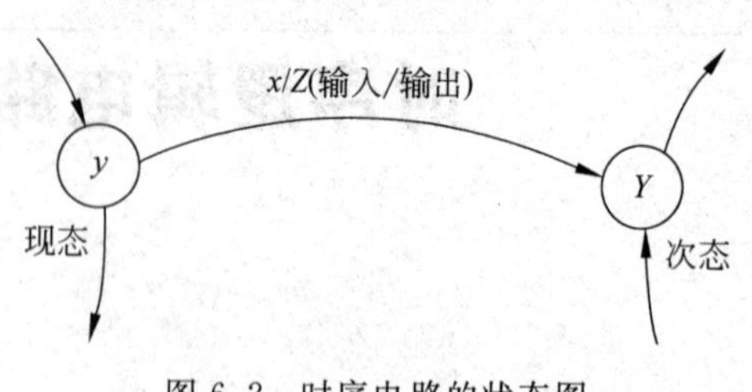

图 6.2 时序电路的状态图

6.2.2 状态表

状态表也叫状态转换表，它是用表格的形式来描述时序电路。在这种表示中，时序电路的全部输入列在表的顶部，表的左边列出现态，表的内部列出次态和输出。状态表的一般形式如表 6-1 所示。

表 6-1 时序电路的状态表

现态 \ 输入		x	
y		Y/Z	

次态/输出

表 6-1 所示的状态表的读法是：处在现态 y 的时序电路，当输入为 x 时，该电路将进入输出为 Z 的次态 Y。

6.2.3 时间图

时间图又叫工作波形图。它用波形图的形式，形象地描述了时序电路的输入信号、输出信号以及电路的状态转换等在时间上的对应关系。

在后面的介绍中，将会进一步利用状态图、状态表以及时间图来描述具体的时序电路。

【例 6-1】 研究具有一个输入变量 x、一个输出变量 Z 和两个状态变量 y_1y_2 的时序电路，其中有：

输入：$x=0$， $x=1$

状态：$[y_1y_2]=[00]\equiv A$， $[y_1y_2]=[01]\equiv B$

$[y_1y_2]=[10]\equiv C$， $[y_1y_2]=[11]\equiv D$

输出：$Z=0$， $Z=1$

该时序电路的状态图如图 6.3 所示，状态表如表 6-2 所示。

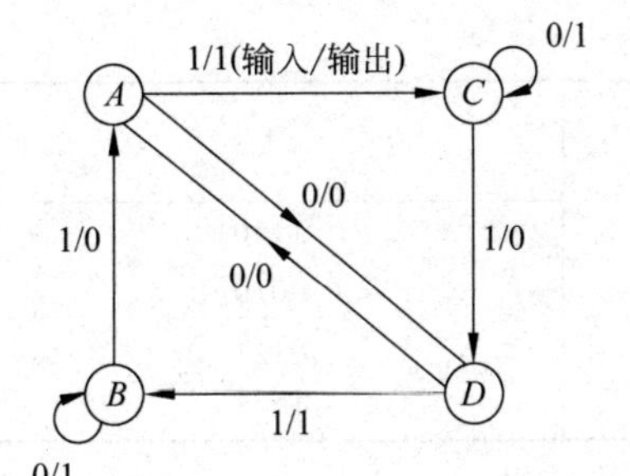

图 6.3 状态图

表 6-2 状态表

现态 \ 输入	0	1
A	$D/0$	$C/1$
B	$B/1$	$A/0$
C	$C/1$	$D/0$
D	$A/0$	$B/1$

次态/输出

从状态表和状态图可以看到，假设初始状态处于 A(即 $y_1y_2=00$)，如果这时加入输入 $x=0$，则电路就进入次态 D，且输出 $Z=0$；在处于状态 D 时，如果又加入输入 $x=1$，则电路又进入状态 B，且输出 $Z=1$，等等。所以，如果加到这个电路的输入为如下序列：

$$x = 0110101100$$

那么，若电路的初始状态为 A，则与每个输入对应的状态转换如下：

输入：0 1 1 0 1 0 1 1 0 0

现态：A D B A D B B A C C

次态：D B A D B B A C C C

输出：0 1 0 0 1 1 0 1 1 1

可见，若这个电路的初始状态为 A，当加入如上的输入序列之后，所引起的输出序列为：

$$Z = 0100110111$$

电路最后停留在终态 C。

6.2.4 Mealy 模型

Mealy 模型的时序电路也称指定跳变的时序电路。该模型的状态表和状态图反映出：时序电路的输出和它的现态和输入都有关。

表 6-3 是一个 Mealy 模型时序电路的状态表，对应的状态图如图 6.4 所示。

表 6-3 Mealy 模型状态表

现态 \ 输入	0	1
A	$B/1$	$C/0$
B	$B/0$	$A/1$
C	$A/0$	$C/0$

次态/输出

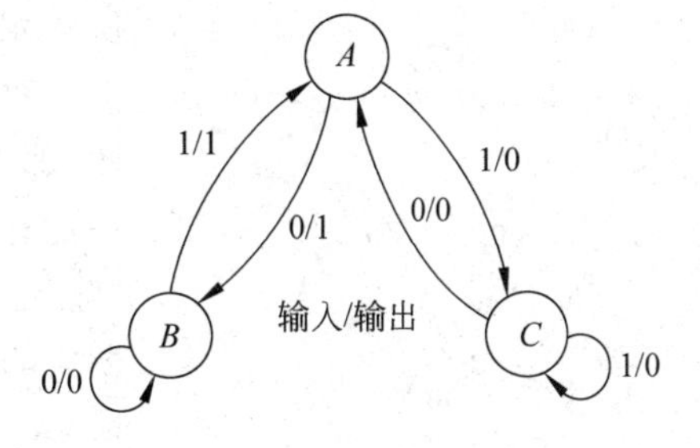

图 6.4 Mealy 模型状态图

图 6.5 给出的是一个具体的 Mealy 模型时序电路，它是一个由 JK 触发器及有关的组合电路构成的可逆二进制计数器(关于计数器的具体内容将在第 7 章介绍)。该时序电路的状态表如表 6-4 所示，对应的状态图如图 6.6 所示。

表 6-4　状态表

现态 Q_1Q_0 \ 输入 x	0	1
0　0	01/1	11/0
0　1	10/1	00/0
1　0	11/1	01/1
1　1	00/1	10/1

次态/输出

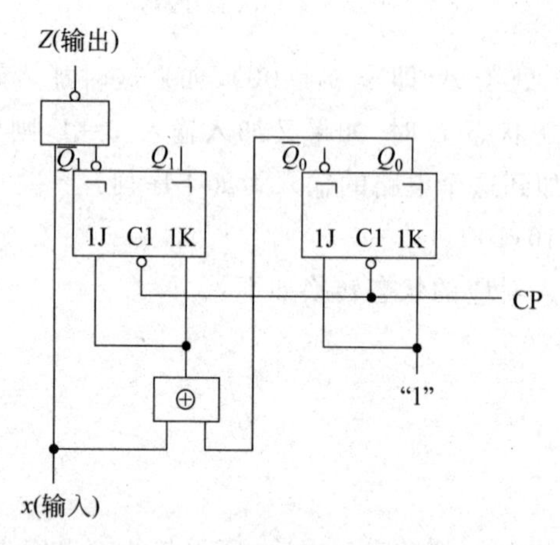

图 6.5　Mealy 模型电路举例

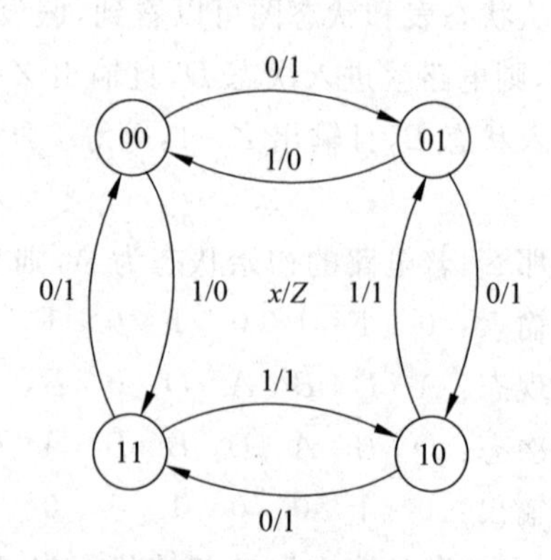

图 6.6　状态图

从该 Mealy 模型电路的状态表及状态图中可以清楚地看到，电路的输出不仅与现态有关而且与输入也有关的情形。例如，现态为 00，输入是 0 时，输出是 1；现态为 00，输入是 1 时，则输出是 0。

6.2.5 Moore 模型

另一种时序电路模型是 Moore 模型。Moore 模型与 Mealy 模型的主要区别在于，它是仅由电路的现态得到输出。或者说 Moore 模型时序电路的输出仅由电路的现态所决定。

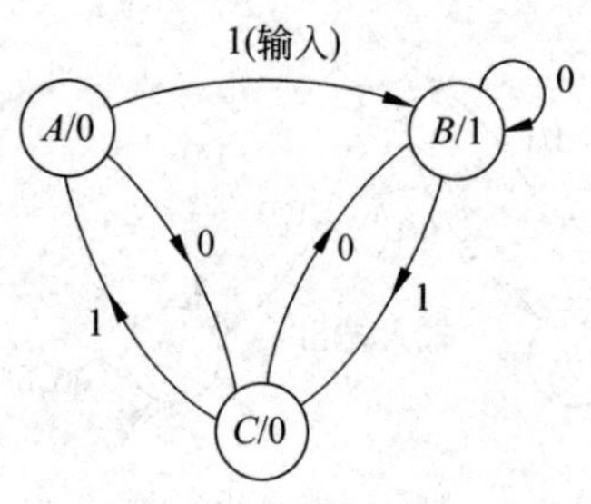

图 6.7　Moore 模型状态图

对于这类电路，如果仍按 Mealy 型电路的规定作状态图，那么在所得到的状态图中，从每一个圆圈出发的箭头线一定有相同的输出。由此可以把输出不标在箭头线旁边的"输入/输出"标注上，而标在仅与该输出有关的圆圈内，即圆圈内的标注应改为"现态/输出"。如图 6.7 所示，就是一个 Moore 模型时序电路的状态图。

Moore 模型的状态表也具有新的格式，即由于状态表的每一行有相同的输出，所以可以把输出从原来的"次态/输出"栏内提出来，并单开一列，如表 6-5 所示。也就是说，Moore 型时序电路的状态图和状态表可以做成与 Mealy 型不同的形式。

表 6-5　Moore 模型状态表

现态＼输入	0	1	输出
A	C	B	0
B	B	C	1
C	B	A	0
	次态		

6.3　时序电路的分析

时序电路的分析就是根据给定的时序电路，求出它的状态表、状态图或时间图，从而确定其逻辑功能和工作特性的过程。或者说，时序电路的分析，就是找出给定电路对特定的输入序列产生什么样的输出响应的过程。

我们着重讨论同步时序的分析方法。下面先给出同步时序电路分析的一般步骤，然后通过具体例子加以说明。同步时序电路分析的一般步骤如下：

(1) 根据给定的电路结构，列出电路的输出函数表达式和各触发器的激励函数表达式。

(2) 根据触发器的次态方程和激励函数表达式，求出各触发器的状态表达式。

(3) 根据状态表达式和输出函数表达式，列出该时序电路的状态表和状态图。

(4) 用时间图或文字描述的方式对电路特性进行表述。

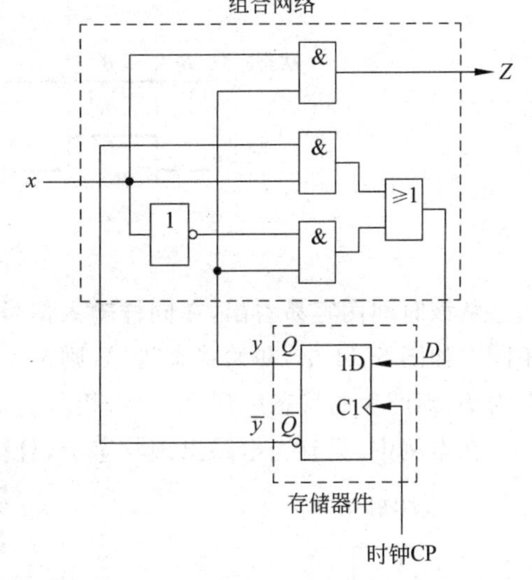

图 6.8　例 6-2 逻辑图

【例 6-2】　分析如图 6.8 所示的同步时序电路，其中 x 为外部输入信号，Z 为电路的输出信号。

第一步，根据图 6.8 所给的电路结构，列出触发器的激励函数表达式和电路的输出函数表达式为：

$$D = x\overline{y} + \overline{x}y \tag{6-3}$$

$$Z = xy \tag{6-4}$$

第二步，把第一步得到的激励函数表达式代入 D 触发器的次态方程 $y^{n+1}=D$ 中，得到该触发器的状态表达式为：

$$y^{n+1} = x\overline{y} + \overline{x}y \tag{6-5}$$

第三步，根据状态表达式和输出函数表达式列出该电路的状态表和状态图，如表 6-6 和图 6.9 所示。

表 6-6　状态表

现态 y＼输入 x	0	1
0	0/0	1/0
1	1/0	0/1
	次态 y^{n+1}/输出 Z	

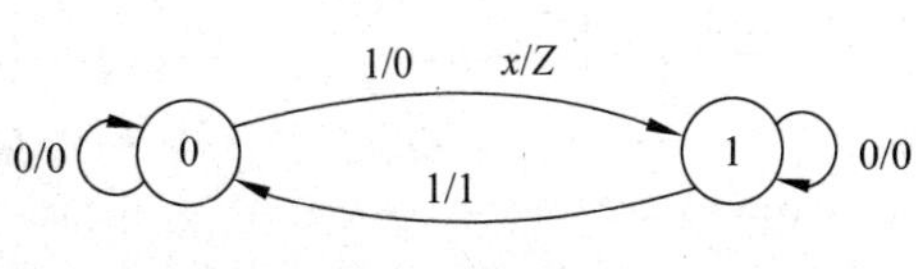

图 6.9　状态图

也可以用符号 A 和 B 分别表示状态 0 和 1，则上述的状态表和状态图又可改写表 6-7 和图 6.10 的形式。

表 6-7　状态表

现态 y \ 输入 x	0	1
A	$A/0$	$B/0$
B	$B/0$	$A/1$

次态/输出(y^{n+1}/Z)

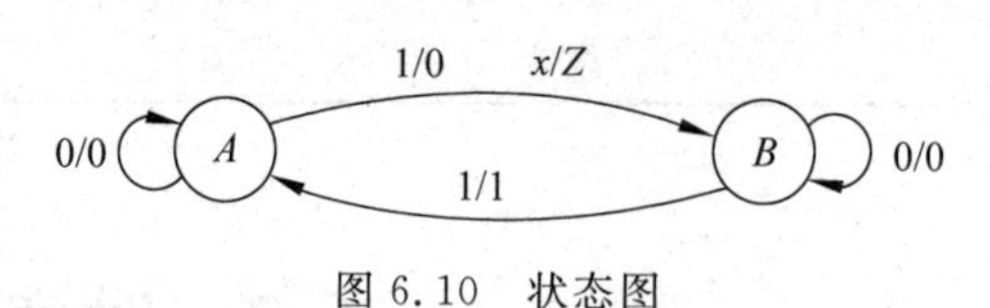

图 6.10　状态图

第四步，作时间图对电路特性进行描述，如图 6.11 所示。

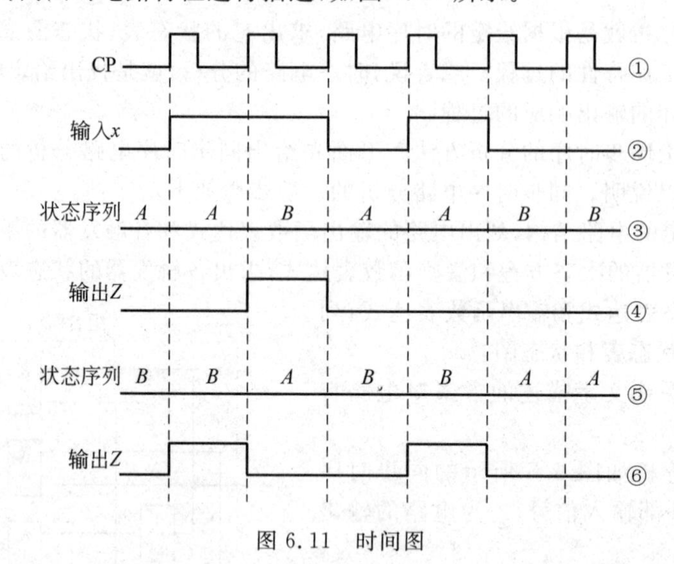

图 6.11　时间图

从该时间图容易看出，在同样输入信号作用下，电路的初始状态不同，相应的输出也不相同。如图 6.11 中，初始状态为 A，则产生的状态序列为③行，相应的输出为④行；初始状态为 B，则产生的状态序列为⑤行，相应的输出为⑥行。

在本例中，只有当电路出现状态 B，且输入 $x=1$ 时，才有输出 $Z=1$。

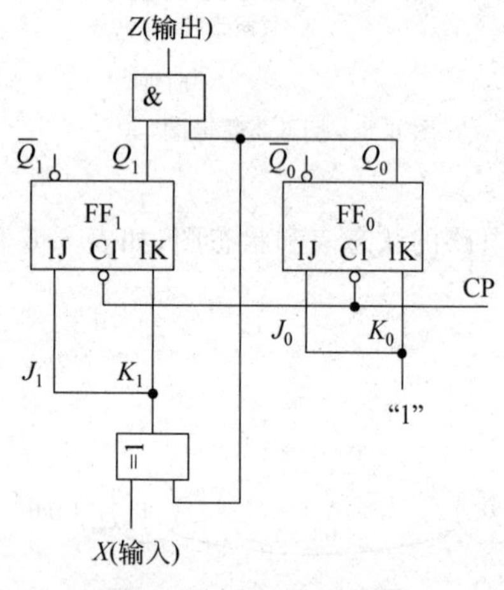

图 6.12　例 6-3 逻辑图

【例 6-3】　分析如图 6.12 所示的同步时序电路。

第一步，根据图 6.12 所示逻辑图，列出两个触发器的激励函数表达式和电路的输出函数表达式：

$$J_0 = K_0 = 1 \tag{6-6}$$

$$J_1 = K_1 = X \oplus Q_0 = X\overline{Q}_0 + \overline{X}Q_0 \tag{6-7}$$

$$Z = Q_1 Q_0 \tag{6-8}$$

第二步，把式(6-6)和式(6-7)分别代入两个触发器的次态方程得：

$$Q_0^{n+1} = J_0\overline{Q}_0 + \overline{K}_0 Q_0 = \overline{Q}_0$$

$$\begin{aligned} Q_1^{n+1} &= J_1\overline{Q}_1 + \overline{K}_1 Q_1 \\ &= \overline{X}\,\overline{Q}_0 Q_1 + \overline{X}Q_0\overline{Q}_1 + X\overline{Q}_0\overline{Q}_1 + XQ_0Q_1 \end{aligned}$$

第三步，列出状态表和状态图，如表 6-8 和图 6.13

所示。

表 6-8 例 6-3 状态表

现态 Q_1Q_0 \ 输入 X	0	1	输出 Z
0 0	01	11	0
0 1	10	00	0
1 0	11	01	0
1 1	00	10	1

次态/输出($Q_1^{n+1}Q_0^{n+1}/Z$)

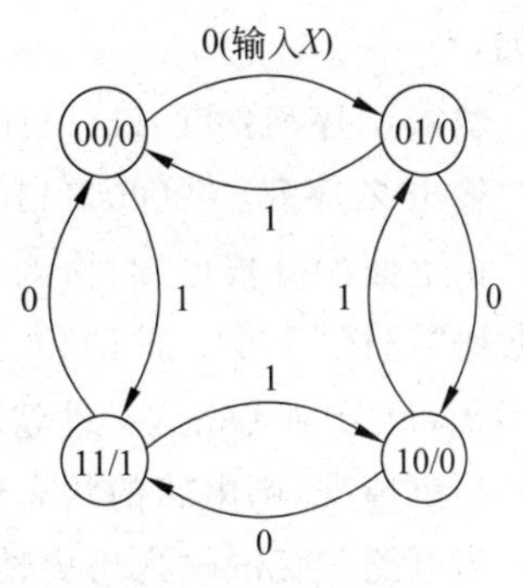

图 6.13 例 6-3 状态图

第四步,对电路逻辑特性的文字描述:该电路是一个模 4 可逆计数器,当 $X=0$ 时,进行加 1 计数;当 $X=1$ 时,进行减 1 计算。

另外,从所得该电路的状态表及状态图容易看出,它是一个属于 Moore 型的时序电路。

6.4 时序电路的设计

时序电路的设计,也称时序电路的综合。它是时序电路分析的逆过程。同步时序电路设计的一般步骤为:

(1) 根据电路的设计要求,作出状态表或状态图;

(2) 进行状态化简;

(3) 进行状态分配,即对每一个状态指定一个二进制代码;

(4) 选定触发器,并根据所选触发器的激励表及简化后的状态表求出各触发器的激励函数表达式和时序电路的输出函数表达式;

(5) 根据上面求得的表达式,画出时序电路的逻辑图。

我们先就上述各步的实现方法进行一般讨论,以了解必要的基本概念和方法,然后再通过设计实例进一步加以说明。

6.4.1 根据设计要求形成原始状态表

状态表就是把用语言文字描述的对时序电路的要求通过表格的形式表示出来。显然,它是整个设计过程的基础和依据,后面的设计步骤都要在状态表的基础上进行。最初形成的状态表,称为原始状态表。它不一定是最简的,即允许其中存在多余的状态,但必须保证不能有状态遗漏或错误。也就是说,在确定状态数目时,应按"宁多勿漏"的原则来进行,以确保逻辑功能的正确和完备性。下面通过例子来说明。

【例 6-4】 设计一个二进制序列检测器,要求当输入连续 3 个 1 或 3 个以上 1 时,电路输出为 1,否则输出为 0。作出这个时序电路的原始状态表。

由上面的设计要求可知,要设计的电路有一个输入 x 和一个输出 Z,输入 x 为一个二进制序列,每当其中出现连续 3 个 1 时,该检测电路能够识别并输出 1;当有连续 3 个以上 1

时，则在第三个以及相继的连续1出现时，电路也输出1，直到输入转为0时，输出才变为0。例如：

输入x序列：1101111110010

输出Z序列：0000011110000

由上面的分析可知，检测电路要判断是否连续输入3个1，至少应将输入的前两位二进制数码"记忆"下来。前两位二制数码形成4种不同的状态组合，即00、01、10、11，我们用A,B,C,D分别代表这4种状态组合。如果采用两位具有左移功能的存储器件来"记忆"输入的历史情况，则电路的状态转移情况及相应的输出应该是：

当电路记忆的输入历史情况为01，如果此时输入为0，则电路的下一状态按左移规律应为10，输出为0；如果输入为1，电路的下一状态则变为11，输出仍为0。

当电路记忆的输入历史情况为10，如果此时输入为0，则下一状态为00，输出为0；如果输入为1，则下一状态为01，输出也为0。其余可依此类推。只有在当前的记忆的历史情况为11，而此时的输入为1时，电路的下一状态仍为11，此时电路的输出才为1。

至此可以得到表征所要设计电路特性的状态表和相应的状态图，如表6-9和图6.14所示，图6.14中的字母A、B、C、D分别代表状态组合00、01、10、11。

表 6-9 状态表

现态 \ 输入	0	1
0 0	00/0	01/0
0 1	10/0	11/0
1 0	00/0	01/0
1 1	10/0	11/1

次态/输出

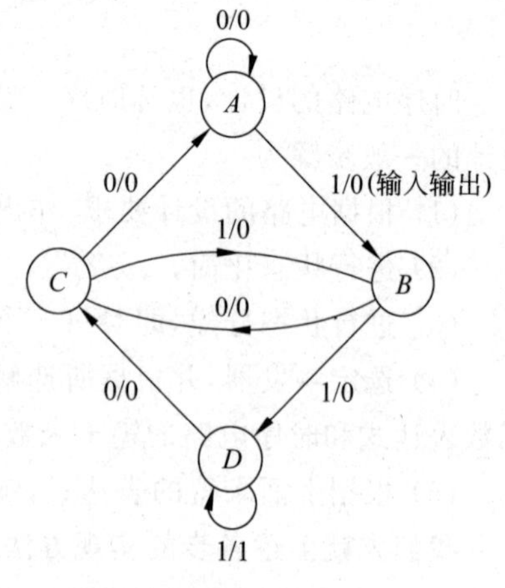

图 6.14 状态图

6.4.2 状态化简

前面已经提到，根据时序电路的设计要求作出的原始状态表不一定是最简的，很可能包含有多余的状态，因此需要进行状态化简，以求出最小化状态表。

最小化状态表是一个包含状态数目最少的状态表，它与原始状态表相比，虽然代表了内部结构不同的电路，但是表现于电路的外部性能却是完全一样的。也就是说，对于任意的输入，它们对应的输出总是一样的。下面说明关于状态化简的基本概念和方法。

首先介绍一下状态等价的概念。

所谓状态等价，是指在完全给定的状态表(即不含有无关项d的状态表)中，如果在所有输入条件下，两个状态(设为S_1，S_2)所对应的输出相同，而且转移效果也一致，则称S_1和

S_2 为等价，记作 $S_1 \Leftrightarrow S_2$。例如表 6-10 中的状态 C 和 E，无论输入 x 为 0 或为 1，C 和 E 对应的输出都相同(均为 0,1)，而且它们的次态也相同(均为 D,E)，所以 C 和 E 等价，即有 $C \Leftrightarrow E$；再看表 6-10 中的状态 A 和 B，它们对应的输出相同，而且从转移效果上看，当 $x=0$ 时，它们的次态仍为 A 和 B；当 $x=1$ 时，它们的对应次态为 E 和 C，而上面已经分析出 E 和 C 等价，这就是说，在任何输入条件下，A 和 B 的转移效果是一致的。所以 A 和 B 也等价，即有 $A \Leftrightarrow B$。

所谓状态不等价，是指在完全给定的状态表中，如果两个状态的对应输出不同，或者对应的输出虽然相同但转移效果不一致，则称这两个状态为不等价，记作 $S_1 \Leftrightarrow S_2$。例如在表 6-10中的状态 B 和 C。明显看出输入 $x=1$ 时，它们的输出不同，所以 $B \Leftrightarrow C$。而状态 E 和 F，它们的对应输出虽然相同，但注意到在 $x=0$ 时，它们分别转移到 D 和 A，尽管 D 和 A 的对应输出相同，但当 $x=0$ 时，D、A 分别转移到 C、A，而 C、A 对应的输出不同。这就是说，E 和 F 的转移效果并不一致(或说它们的次态并不等价)，因此 E 和 F 并不等价，记作 $E \Leftrightarrow F$。

凡是等价的状态都可以合并。例如可以把表 6-10 中的 A、B 两个状态合并为一个状态，令它为 A；把 C、E 两个状态合并为一个状态，令它为 C。同时将表中的 B 行和 E 行全部划掉，并把其他各行中所有的 B 改为 A，E 改为 C。这样就可以得到一个新的状态表，如表 6-11所示。仔细考查表 6-11，任意两状态之间均不再具备等价的条件，即不能再进一步合并化简了。因此可以说，表 6-11 是一个最简化状态表。

表 6-10　原始状态表

现态 \ 输入	0	1
A	$A/0$	$E/0$
B	$B/0$	$C/0$
C	$D/0$	$E/1$
D	$C/0$	$F/0$
E	$D/0$	$E/1$
F	$A/0$	$F/1$

次态/输出

表 6-11　最简化状态表

现态 \ 输入	0	1
A	$A/0$	$C/0$
C	$D/0$	$C/1$
D	$C/0$	$F/0$
F	$A/0$	$F/1$

次态/输出

等价的状态具有传递性，即如果有 $A \Leftrightarrow B$，$B \Leftrightarrow C$，则有 $A \Leftrightarrow C$。

上面是用直观观察的方法来寻找等价状态，进而对状态表进行合并化简的。采用这种方法，首先要观察状态表的输出部分，如果两个状态的相应输出不同，就可以肯定这两个状态不等价，也就不能合并。如果对应输出相同，则有合并的可能，然后进一步考查它们的转移效果是否一致，如一致则可判定这两状态可以合并，如不一致则不能合并。采用这种合并方法，在每次得到一个新的状态表后，还要考查是否有进一步化简的可能，直至剩下的状态不能再行合并即得到一个最简化状态表为止。

这种直接观察的方法适合简单状态表的化简，而对于那些较复杂的状态表，等价状态的判断和寻找往往也较复杂。通常可采用称为“蕴涵表法”的方法进行化简，对此方法有兴趣的读者可查阅参考文献[1]或其他参考资料，此处不再具体介绍。

6.4.3 状态分配与电路实现

所谓状态分配,是指在得到一个简化的状态表之后,对每一个状态指定一个二进制代码,因此也称状态分配为状态编码,编码方案不同,电路的结构也不同。

下面以同步时序电路设计中的状态分配为例,来说明不同的编码方案对电路结构的影响。

【例 6-5】 一个同步时序电路的简化状态表如表 6-12所示。

表 6-12 中有 4 种状态,需用两位触发器的 4 种代码组合(00,01,10,11)来表示。这 4 种代码组合分配给 4 种状态可有多种分配方案,假如分别选用表 6-13 给出的两种分配方案,然后比较一下它们的电路实现情况。

表 6-12 简化状态表

现态 \ 输入	0	1
A	*C*/0	*D*/0
B	*C*/0	*A*/0
C	*B*/0	*D*/0
D	*A*/1	*B*/1

次态/输出

如果采用状态分配 1,则可将表 6-12 改写成表 6-14。

表 6-13 状态分配

状态	分配 1	分配 2
A	0 0	0 0
B	0 1	1 0
C	1 1	0 1
D	1 0	1 1

表 6-14 采用状态分配 1 所得的状态表

现态 \ 输入	0	1
0 0	11/0	10/0
0 1	11/0	00/0
1 1	01/0	10/0
1 0	00/1	01/1

次态/输出

选用 D 触发器实现该电路,可根据表 6-14 及 D 触发器的激励表导出表 6-15。该表中将输入 X 与 Q_1Q_2 并列在一起,以便用卡诺图化简时看起来方便。

表 6-15 导出表

X	Q_1	Q_2	Q_1^{n+1}	Q_2^{n+1}	D_1	D_2	Z
0	0	0	1	1	1	1	0
0	0	1	1	1	1	1	0
0	1	1	0	1	0	1	0
0	1	0	0	0	0	0	1
1	0	0	1	0	1	0	0
1	0	1	0	0	0	0	0
1	1	1	1	0	1	0	0
1	1	0	0	1	0	1	1

利用卡诺图化简法,容易从表 6-15 得到两个 D 触发器的激励函数表达式及电路输出函数表达式,如图 6.15 所示。

所以在状态分配 1 时有:

$$D_1 = \overline{X}\,\overline{Q}_1 + \overline{Q}_1\overline{Q}_2 + XQ_1Q_2,\quad D_2 = \overline{X}Q_2 + \overline{X}\,\overline{Q}_1 + XQ_1\overline{Q}_2,\quad Z = Q_1\overline{Q}_2$$

如果采用状态分配 2,则按上述同样的步骤和方法,可导出表 6-16。

(a) D_1的卡诺图

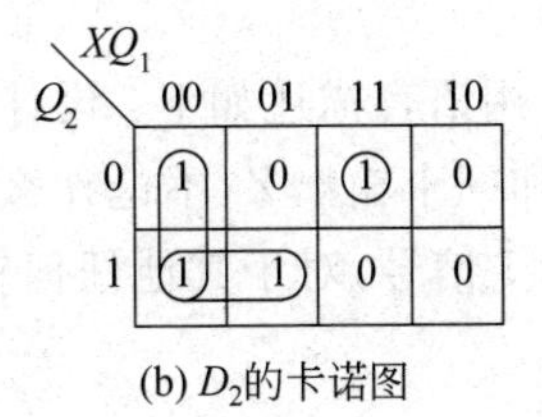

(b) D_2的卡诺图

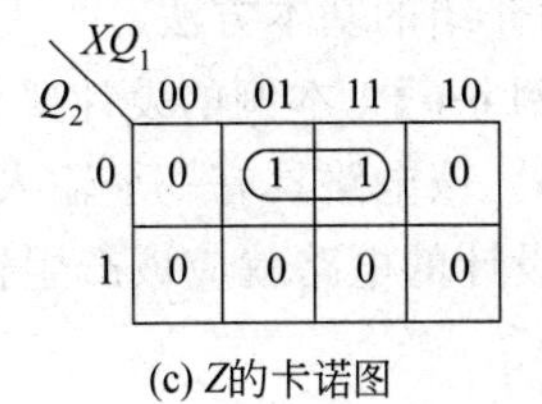

(c) Z的卡诺图

图 6.15　用卡诺图化简

表 6-16　导出表

X	Q_1	Q_2	Q_1^{n+1}	Q_2^{n+1}	D_1	D_2	Z
0	0	0	0	1	0	1	0
0	1	0	0	1	0	1	0
0	0	1	1	0	1	0	0
0	1	1	0	0	0	0	1
1	0	0	1	1	1	1	0
1	1	0	0	0	0	0	0
1	0	1	1	1	1	1	0
1	1	1	1	0	1	0	1

用图 6.16 所示的卡诺图化简，可得两个 D 触发器的激励函数表达式及电路的输出函数表达式。

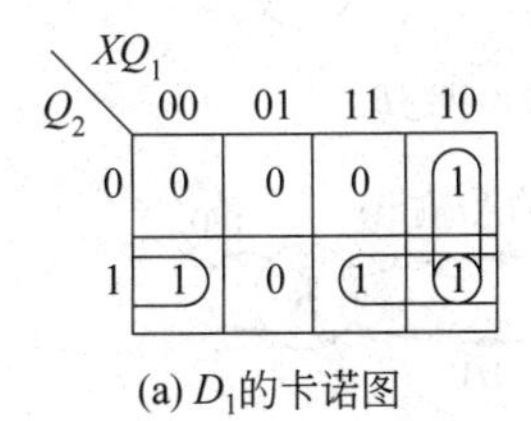

(a) D_1的卡诺图

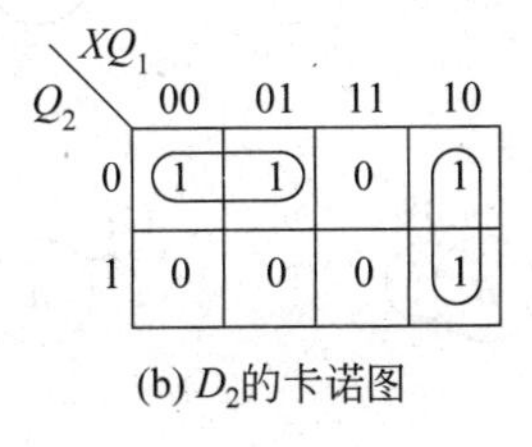

(b) D_2的卡诺图

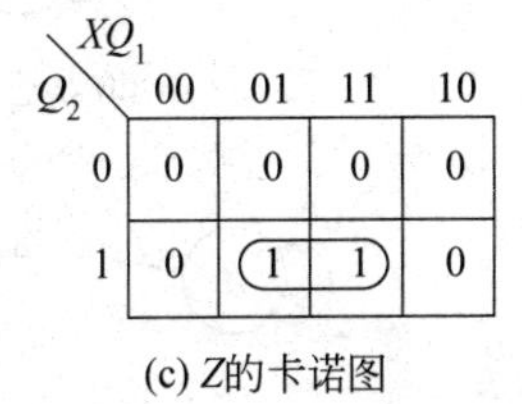

(c) Z的卡诺图

图 6.16　用卡诺图化简

所以在状态分配 2 时有：

$$D_1 = X\bar{Q}_1 + XQ_2 + \bar{Q}_1 Q_2,\quad D_2 = \bar{X}\,\bar{Q}_2 + X\bar{Q}_1,\quad Z = Q_1 Q_2$$

由上述两种分配方案所得结果可以看到，由于编码方案不同，所得实现电路的逻辑表达式也不相同。显然，分配 2 比分配 1 的实现电路要简单。

在时序电路的设计中，怎样选择状态分配是一个重要的问题，同时也是一个涉及多方面因素的较复杂的问题。单就简化电路结构这一个方面来说，选取的编码方案应该有利于所选触发器的激励函数以及电路输出函数的简化。也就是说，应该使激励函数和输出函数在卡诺图上呈现较好的 0、1 分布，即要使出现的 1 在卡诺图上尽可能相邻，以便构成较大的组块，进而得到较简单的逻辑表达式。例如，上述图 6.16 卡诺图比图 6.15 卡诺图上的 0、1 分布要好，所以相应的实现电路也就简单。

6.4.4　时序电路设计举例

前面已经介绍了时序电路设计的一般步骤和方法，下面通过设计实例进一步熟悉和运用上面介绍的基本方法。

【例 6-6】 本例的设计要求可用语言描述如下：设计一个能识别输入序列 01 的同步时序电路。该电路具有一个输入 x 和一个输出 Z，不论什么时候，只要输入中出现 $x=01$ 序列时，所设计的电路就应该产生输出 1 信号，对于其他任何输入，输出皆为 0。例如，如果输入序列为：

$$x = 0010000010011101$$

那么输出序列应该是：

$$Z = 0010000010010001$$

设计的第一步是构造满足上述要求的状态图和状态表。首先，假定要设计的电路处在某一起始状态 A。若输入为 1，因为 1 不是要识别的输入序列 01 的第一个符号，所以输出 $Z=0$，并且电路仍停留在状态 A，如图 6.17(a)所示。但是，如果电路处于初始状态 A，且输入为 0 时，那么由于它是要识别的输入序列的第一个符号，电路应将这个情况记下，因此电路进入新的状态 B，但此时的输出仍应为 0，如图 6.17(b)所示。现在假设电路处在状态 B，并且输入为 0，因为 0 不是识别序列 01 的第二个符号，所以电路仍停在状态 B，得到输出 $Z=0$，如图 6.17(c)所示。最后，如果电路处在状态 B，输入符号是 1，这是要识别的输入序列 01 的第二个符号，此时电路已检测到 01 序列，产生输出 $Z=1$，并可以回到初始状态 A。图 6.17(d)是最后得到的状态图。

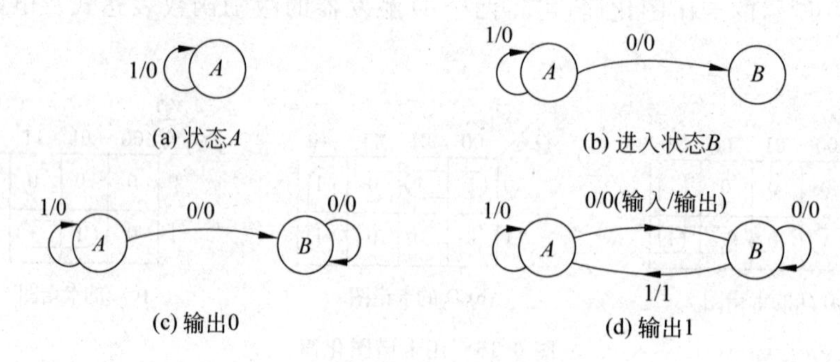

图 6.17 状态图

与图 6.17(d)所示的状态图相对应的状态表如表 6-17 所示。通过观察即可容易看出，该状态表已经是最简化状态表。现在进行状态分配，因共有两个状态，故只需一位二进制代码即可表示，这里选分配为 $A=0$，$B=1$（当然也可选相反的分配，即 $A=1$，$B=0$）。因此表 6-17又可改画为表 6-18。

表 6-17 状态表

现态 Q \ 输入 x	0	1
A	$B/0$	$A/0$
B	$B/0$	$A/1$

次态 Q^{n+1}/输出 Z

表 6-18 改画后的状态表

现态 Q \ 输入 x	0	1
0	1/0	0/0
1	1/0	0/1

次态 Q^{n+1}/输出 Z

如果选用钟控 RS 触发器实现此时序电路，那么问题就变成，如何根据表 6-18 及钟控 RS 触发器的激励表，来确定复位端 R 和置位端 S 应该加什么样的信号（即求出触发器的激励函数表达式)。为此,可导出表 6-19。

表 6-19　导出表

x	Q	Q^{n+1}	R	S	Z
0	0	1	0	1	0
0	1	1	0	d	0
1	0	0	d	0	0
1	1	0	1	0	1

用图 6.18 所示的卡诺图化简,可得所设计电路的触发器激励函数表达式及电路输出函数表达式:

$$R = x, \quad S = \bar{x}, \quad Z = xQ$$

由所得表达式,容易作出逻辑电路图,如图 6.19 所示。

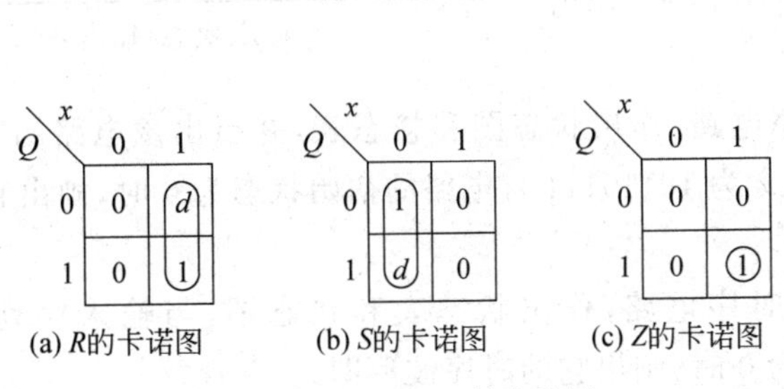

(a) R的卡诺图　(b) S的卡诺图　(c) Z的卡诺图

图 6.18　R、S 和 Z 的卡诺图

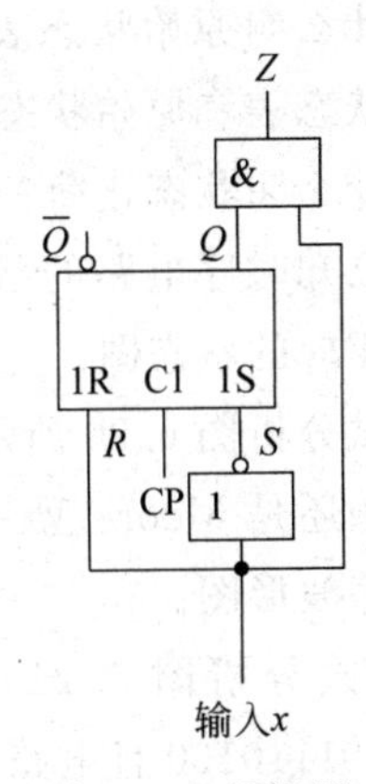

图 6.19　逻辑图

本 章 小 结

本章主要讨论时序电路的分析与设计。首先介绍了时序电路的一般组成结构及描述方法。然后介绍了时序电路的分析与设计方法及实例。

(1) 与组合电路不同,时序电路在任何时刻的输出不仅与电路当时的输入状态有关,而且还与先前的输入状态有关。时序电路通常包括组合电路及存储电路两部分,而存储电路可以由触发器或寄存器、计数器等构成。

(2) 状态表、状态图及时间图是描述时序电路的 3 种基本形式和方法。为进行时序电路的分析与设计,应很好熟悉和掌握这几种描述形式和方法。

(3) 与组合逻辑电路的分析与设计是两个相反的过程类似,时序电路的分析与设计也是两个相反的过程。即时序电路的分析是由给定的时序电路,求出状态表、状态图或时间图的过程;而时序电路的设计则是根据对电路的功能要求,求出具体的时序电路的过程。对于时序电路的设计,具体地说,首先要根据对电路的功能要求,作出状态图或状态表,然后进行状态化简和状态分配。再求出所选触发器的激励函数表达式和电路的输出表达式,最后画出逻辑电路图。在这几个设计步骤中,如同组合逻辑电路的设计首先要正确无误地列出真值表是整个设计过程的关键一样，时序电路的设计也要首先列出正确的状态表或状态图，因为它是后面几个设计步骤的基础和关键。

习 题 6

6.1 什么是时序电路，它和组合电路有何区别？时序电路由哪几部分组成？时序电路分哪两大类？

6.2 怎样描述时序电路？状态表和状态图怎样构成？它们有何关系？

6.3 同步时序电路的分析大致分哪几步进行？

6.4 Mealy 型和 Moore 型时序电路有何区别？

6.5 同步时序电路的设计大致分哪几步进行？

6.6 什么叫原始状态表和原始状态图？建立原始状态表和原始状态图的原则是什么？为什么？

6.7 什么叫状态化简？状态化简有哪几种方法？

6.8 已知时序电路的状态表如表 6-20 所示，作出相应的状态图。

表 6-20 状态表

现态 y \ 输入 x	0	1
A	$D/1$	$B/0$
B	$D/1$	$C/0$
C	$D/1$	$A/0$
D	$B/1$	$C/0$

y^{n+1}/Z(次态/输出)

6.9 试分析图 6.20 所示的同步时序电路，作出状态图和状态表，并指出该电路属 Mealy 型还是 Moore 型。当输入序列 x 为 10110111 且电路的初始状态为 0 时，画出它的时序波形图。

6.10 试分析图 6.21 所示的同步时序电路，作出状态表和状态图，当输入序列 x 为 01110100 且电路的初始状态为 0 时，画出它的时序波形图。

6.11 根据图 6.22 所示的状态图，用 D 触发器设计此同步时序电路。

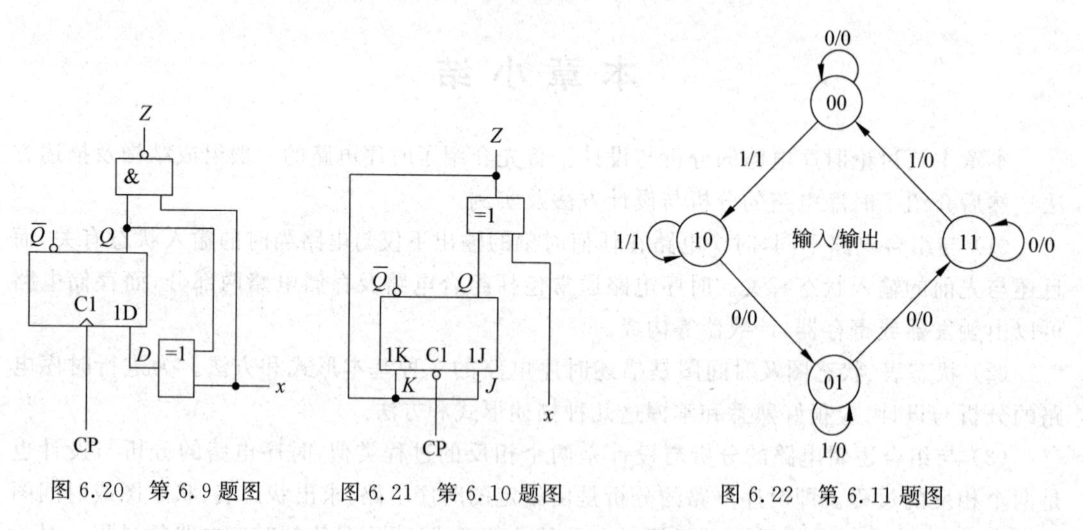

图 6.20 第 6.9 题图　　图 6.21 第 6.10 题图　　图 6.22 第 6.11 题图

6.12 按表 6-21 所示的最简化状态表和表 6-22 所示的状态分配，用 JK 触发器设计此同步时序电路。

表 6-21 最简化状态表

现态 y \ 输入 x	0	1
A	$B/0$	$D/0$
B	$C/0$	$A/0$
C	$D/0$	$B/0$
D	$A/1$	$C/1$

y^{n+1}/Z

表 6-22 状态分配

状态	Q_1	Q_2
A	0	0
B	0	1
C	1	0
D	1	1

第 7 章 时序逻辑电路的应用

第 4 章曾结合组合逻辑电路的分析与设计，介绍了几种典型的组合逻辑电路，如加法器、译码器、多路分配器和多路选择器等。

本章将结合时序逻辑电路的特点及其在数字系统和计算机中的典型应用，介绍几种常用的时序逻辑电路。首先介绍寄存器，然后介绍计数器。

7.1 寄 存 器

寄存器(registers)是数字系统和计算机中用来存放数据或代码的一种基本逻辑部件，它由多位触发器连接而成。

我们已经知道，一位触发器可以存储一位二进制信息。所以要存放 n 位二进制信息，寄存器就需要用 n 位触发器构成。

从寄存器的具体用途来分，它有多种类型，如数码寄存器、地址寄存器、状态寄存器等。但从基本功能上来分，它主要可分为没有移位功能的代码寄存器和具有移位功能的移位寄存器两类。

7.1.1 代码寄存器

代码寄存器主要用来接收、寄存、传送数据或代码。由 D 触发器构成的 4 位代码寄存器如图 7.1 所示。

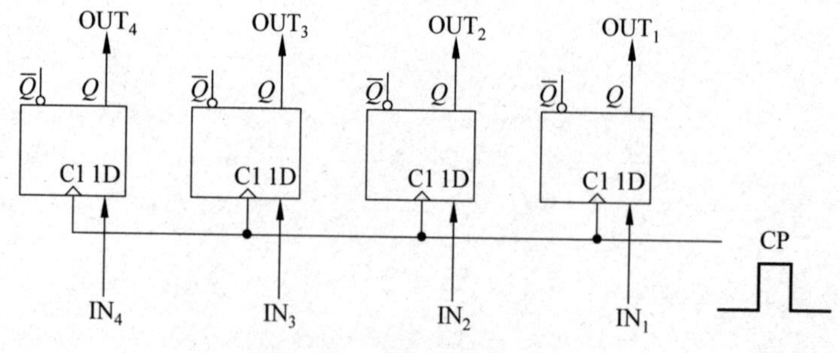

图 7.1 4 位代码寄存器

由图 7.1 可见，该寄存器有 4 条输入线 IN_1、IN_2、IN_3、IN_4，每条输入线分别与对应触发器的 1D 输入端相连。当时钟脉冲 CP 到来时，数据从输入线 $IN_1 \sim IN_4$ 输入到寄存器中。由于 4 位数据同时进入寄存器，因此称为并行输入。另外，4 位触发器的 Q 输出端分别与输出线 $OUT_1 \sim OUT_4$ 相连，所以 4 位数据在输出线上是同时有效的，因此称这种寄存器为"并行输入并行输出"寄存器。

代码寄存器常常要有接收控制和清 0 功能。如图 7.2 所示，LOAD 是接收控制信号，容易看出，只有当 LOAD 为 1 时，数据才能进入寄存器。CLEAR 是清 0 信号，当它为 1 时，时钟脉冲到来将使整个寄存器清 0。当 CLEAR 信号为 0 时，寄存器可以进行正常的数据输入操作。

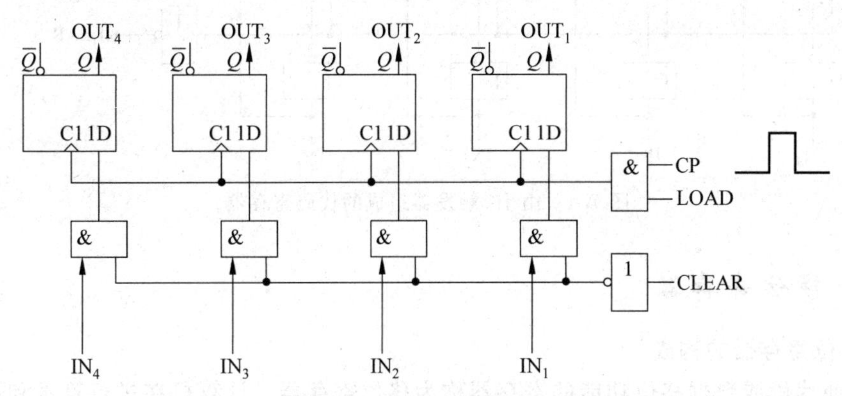

图 7.2　带有清 0 和接收控制的代码寄存器

在图 7.3 所示的代码寄存器中，其清 0 操作是通过触发器的复位端 R 来实现的，通常也称为异步清 0 方式。在这种方式下，清 0 操作是独立于时钟 CP 的。它与上述图 7.2 的清 0 方式有所不同，那里是靠时钟脉冲本身将数据 0 置入触发器的。

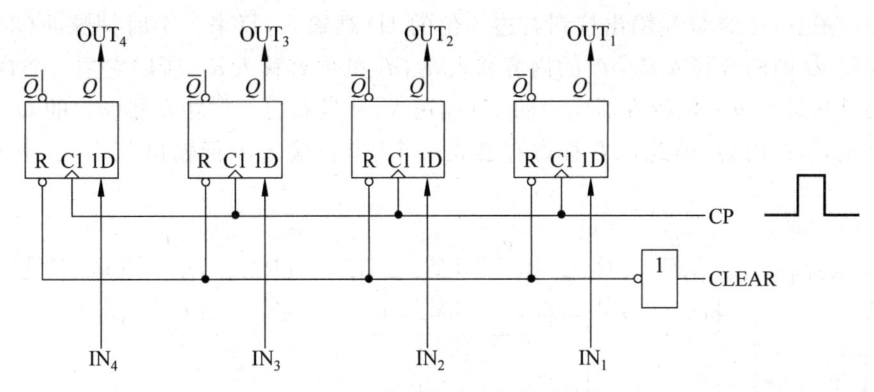

图 7.3　异步清 0 的代码寄存器

图 7.4 是一个由 JK 触发器组成的 4 位代码寄存器，其工作原理请读者自行分析，此处不再赘述。

上面给出的几种代码寄存器全部是"并行输入并行输出"(并入-并出)寄存器，即在接收代码时，各位代码同时置入寄存器，输出时也是各位代码同时输出。在介绍了移位寄存器后将会看到，还有"并行输入串行输出"(并入-串出)寄存器、"串行输入并行输出"(串入-并出)寄存器以及"串行输入串行输出"(串入-串出)寄存器。

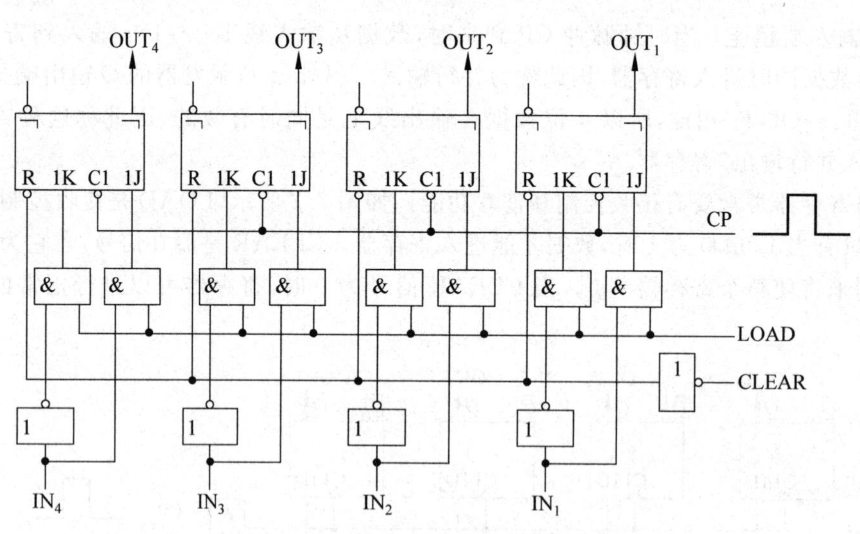

图 7.4　由 JK 触发器组成的代码寄存器

7.1.2　移位寄存器

1. 移位寄存器的构成

具有使代码或数据移位功能的寄存器称为移位寄存器。计算机在进行算术和逻辑运算时，常常需要把代码向左或向右移位。例如作乘法运算时，需要把每次所得的部分积向右移位；在做除法运算时，需要把每次所得的余数向左移位。因此，移位寄存器是数字电子装置和计算机中一种常用的逻辑部件。图 7.5 所示的是由 D 触发器构成的 4 位移位寄存器。

在图 7.5 所示的移位寄存器中，移位脉冲直接加在各触发器的时钟输入端。相邻两位触发器中，左边一位的 Q 端输出接到右边一位的 1D 端输入，每来一个时钟脉冲(即移位脉冲)，同时将 d_4 的内容移入 d_3，d_3 的内容移入 d_2，d_2 的内容移入 d_1，所以它是一个右移寄存器。代码是从最左边一位触发器(d_4)的 1D 端送入，从最右边一位触发器(d_1)的 Q 端输出，即输出总是 d_1 的内容，因此该右移寄存器是一个"串行输入串行输出"(串入-串出)的寄存器。

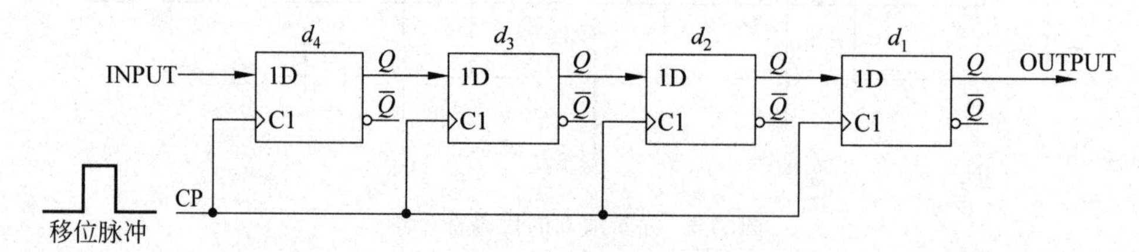

图 7.5　移位寄存器

将图 7.5 所示的连接方式改换一下方向，即可变成"串入-串出"的左移寄存器。这时输入代码将从最右边一位触发器的 1D 端送入，相邻两位触发器右边一位的 Q 端输出接到左边一位的 1D 端输入，其工作原理和上面介绍的"串入-串出"的右移寄存器类似，只不过移位的方向相反。

既能左移又能右移的移位寄存器称为双向移位寄存器。图 7.6 表示了一个由 3 位

D 触发器和相应的控制电路构成的双向移位寄存器，表 7-1 说明了它的操作功能。

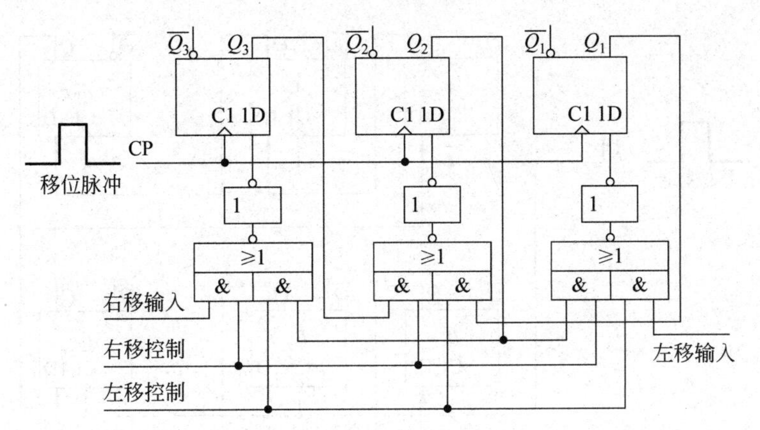

图 7.6　双向移位寄存器

表 7-1　双向移位寄存器的操作

左移控制	右移控制	操　　作	左移控制	右移控制	操　　作
0	0	把寄存器清除为 0	1	0	左移
0	1	右移	1	1	不允许

2. 移位寄存器的应用

根据移位寄存器的特点，可以产生多种巧妙的实际应用。在这里，仅举几个简单的应用实例予以说明。

1）利用移位寄存器进行代码在两个寄存器间的串行传送

如图 7.7 所示，两个 8 位的“串入-串出”右移寄存器 A 与 B 首尾相接，经过 8 个移位脉冲之后，将寄存器 A 的内容（即 A 中所存代码）送到 B，同时寄存器 B 的内容送到 A，即实现 $(A)\longleftrightarrow(B)$。

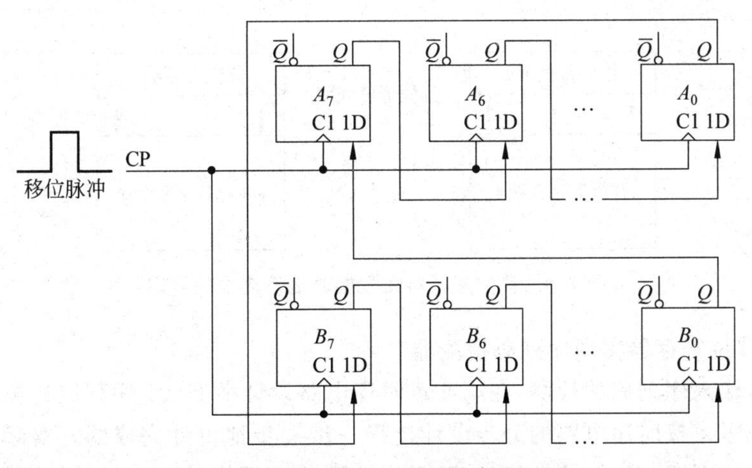

图 7.7　(A)←→(B)的实现

若要实现 $(A)\rightarrow(B)$，并且要求 A 的内容不变，则可按图 7.8 所示的连接方法实现。其中 A_0 的 Q 端除接到 B_7 的 1D 端外，还要接到 A_7 的 1D 端，以形成 A 寄存器的自身循环移位。这样经过 8 个移位脉冲之后，A 的内容送到 B 中，而且 A 的内容保持不变。

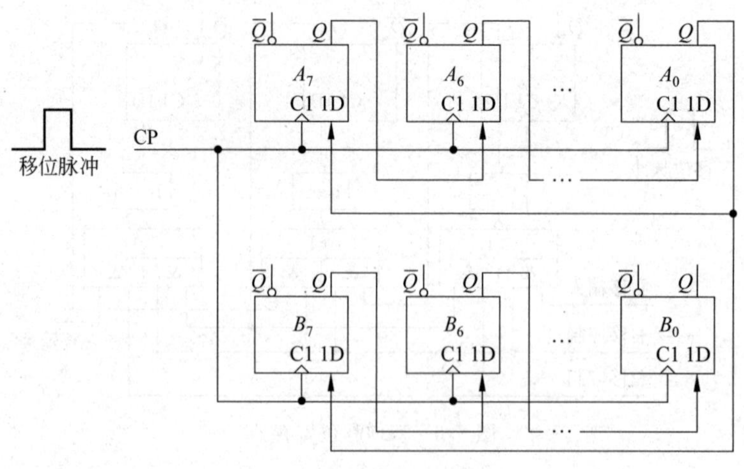

图 7.8 $(A)\to(B)$的实现

2）利用移位寄存器实现串行通信接口中的“串-并”转换

在现代计算机的联网通信中，总要进行两个或多个计算机系统之间的数据传送，而由于通信线路价格较贵，所以在远距离的系统与系统之间一般不采用并行传送方式。而总是采用串行传送方式。但在一个计算机系统内部数据的处理和传送又多采用并行方式，于是就必然要求在并行的计算机系统和串行的外部数据通信之间进行并行和串行之间的相互转换，移位寄存器刚好胜任此任务。图 7.9 表示了在两个并行的数字系统之间进行远程的串行数据传输的工作示意图，图中表示的是将系统 A 中的数据传给系统 B。移位寄存器 A 此时需采用“并入-串出”的工作方式，即它并行接收系统 A 中的数据，然后逐位移出数据到通信线路上；移位寄存器 B 则需采用“串入-并出”的工作方式，即它是逐位串行接收由通信线路上传来的数据，每接收一位，移位一次。当移位寄存器 B 被装满之后，再并行输出到系统 B 中。

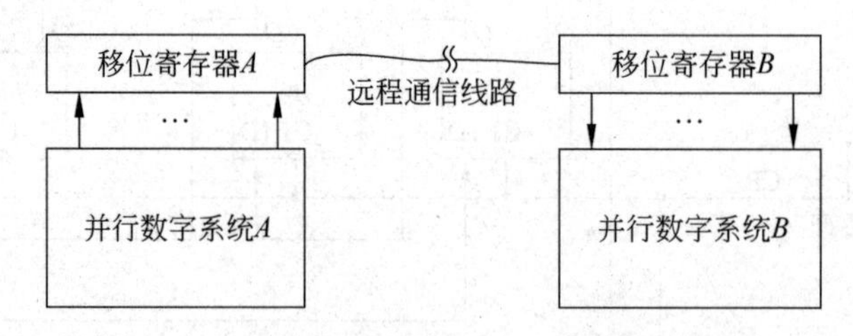

图 7.9 移位寄存器在数据通信系统中的应用

3）利用移位寄存器实现序列码检测器

关于串行输入序列码的检测，在第 6 章时序电路设计举例（01 序列码检测电路）中曾详细介绍过。那里是按时序电路的分步设计过程一步一步地设计完成的。实际上，利用移位寄存器也可以实现序列码检测功能，并且无须按照前面那样的分步设计过程即可实现。例如，图 7.10 所示的就是一个利用 4 位右移寄存器构成的 1101 序列码检测器。其中，x 为输入，Z 为输出。串行代码 1101 是从右到左依次进入移位寄存器（即先进入 1，然后进入 0……），所以当移位寄存器中的内容（从左到右）为 1101 时，Z_1 为 1，再经时钟脉冲 CP 的选通控制,使输出 Z 为1,表示已从串行输入码中检测到指定的序列码。另外,组成该移位寄存器的4位触发器为上升沿触发,并且在检测开始时,应先将整个寄存器清0。

图7.10所示电路用了4位触发器,它比按时序电路分步设计过程的实现方案所需触发器位数要多,但该电路的组合电路部分比较简单,整个电路的逻辑结构也较直观明了。

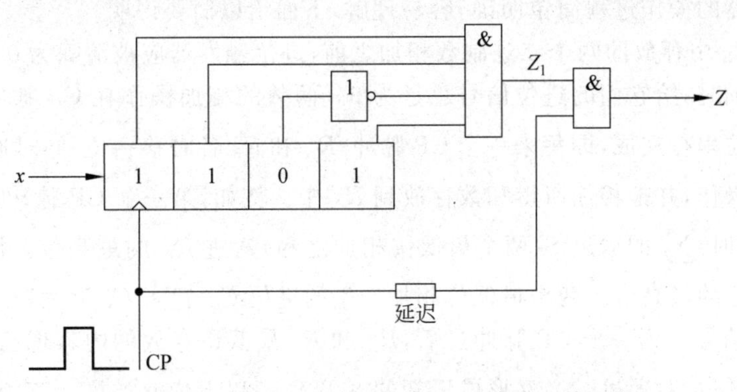

图7.10　利用移位寄存器实现1011序列码检测器

7.2　串行加法器

在前面第4章中介绍的加法器称为并行加法器,即两个二进制数相加时,各位的加法操作是并行进行的。也就是说,在这种加法器中,相加的二进制数有多少位就相应需要有多少位全加器电路。

除了并行加法器以外,对于一些速度要求不高的应用场合,还可采用串行加法器。串行加法器的逻辑原理图如图7.11所示。

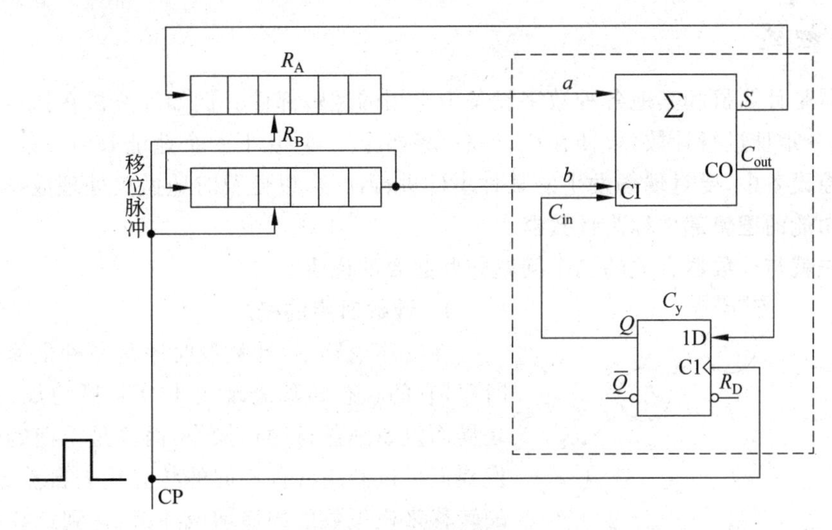

图7.11　串行加法器

由图7.11可见,串行加法器由一位全加器Σ、两个移位寄存器(R_A 和 R_B)和一位进位触发器(C_y)组成。R_A 用于存放被加数以及相加之后的和数,并且具有右移的功能;R_B 用于存放加数,从图7.11中的连接方式可以看出它具有循环右移的功能;C_y 为进位触发器,用于存放进位位；只需一位全加器 $\sum$，其输入输出接法如图 7.11 所示。另外，图 7.11 中虚线框内是一个典型的时序电路组成结构，在此特意将其标出。不难看出，其中的全加器 $\sum$ 为整个时序电路组成结构中的组合电路部分，C_y 为存储电路。

串行加法器的操作过程简单明确，容易理解，下面给以简要说明。

在 R_A 和 R_B 中存放的两个二进制数相加之前，进位触发器应被清除为 0，因为两个二进制数最低位相加时，给它们的进位信号总是为 0。两数的相加操作在 CP 脉冲的控制下，从最低位开始逐位串行完成，即每来一个 CP 脉冲，R_A 和 R_B 各右移一位，同时通过全加器 $\sum$ 完成一位加法操作，并把相加所得和数存放到 R_A 中。例如，第一个 CP 脉冲到来，R_A 和 R_B 都右移一位，同时 $\sum$ 的输出 S(两个最低位相加之和)送进 R_A 的最高位。R_B 的最低位循环移位到它自己的最高位。两个最低位相加产生的进位 C_{out} 置入 C_y 触发器中，以作次低位相加时的进位信号。第一个 CP 脉冲过后，R_A 和 R_B 最低位存放的内容现已经变成了两个二进制数的次低位，并通过 $\sum$ 又形成了新的 S 及 C_{out}，以下依此类推。若相加的二进制数有 n 位，那么经过 n 个 CP 脉冲之后，R_A 的内容为两个 n 位的二进制数之和，R_B 的内容则循环移了一周，保持原来内容不变。

从上面的讨论可以看出，串行加法器的结构比并行加法器简单，所用设备较省。但很明显，它的操作速度比并行加法器慢得多。例如，同样实现两个 n 位的二进制数相加，用串行操作的加法器需用 n 个 CP 脉冲时间才能完成，而并行操作的加法器只需一个 CP 脉冲时间即可完成。

7.3 计 数 器

7.3.1 概述

计数器是计算机和其他各种数字设备中常用的逻辑部件。例如计算机在执行指令过程中，要对指令地址进行计数，以便在执行完一条指令后，再从下一个地址取出一条新的指令。在各种数控设备中，要对现场发生的某种事件进行计数，以便及时地做出处理或响应。完成上述计数功能的逻辑部件称为计数器。

下面先就与计数器有关的几个问题作些必要的说明。

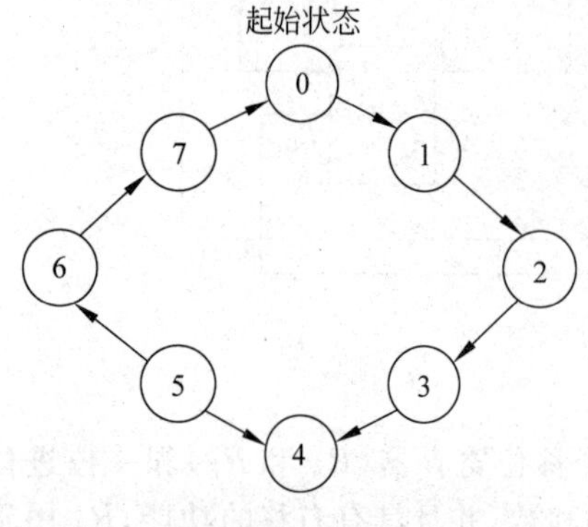

图 7.12 状态循环

1. 计数时序的概念

在时序电路中，计数型时序是一种最简单的周期时序，它的状态转移表现出十分明显的规律性，即总是周而复始地进行循环操作，而且是单向的。这就启发我们可以利用各种不同的状态代表自然数，用状态的转移来模拟数值的递增或递减，达到计数的目的。

计数器的状态转移图如图 7.12 所示。运行时总是从某个起始状态出发，依次经过所有状态后完成一次循环。我们把一次循环所包括的状态数，称为计数器的“模”。例如，模 8 计数器要求有 8 个状态。

2. 计数器的构成

计数器是由具有记忆作用的触发器和相应的组合控制逻辑所构成，其中的组合控制逻辑为各个触发器提供所需要的激励函数。触发器的位数 n 可由计数器的模 M 来决定，它由下列不等式给出：

$$2^{n-1} < M \leqslant 2^n$$

依据给定的模数 M，总可以找到一个满足上列不等式的触发器位数 n，n 为正整数。

3. 计数器的分类

计数器的种类很多，按进位制可分为二进制计数器、十进制计数器及任意进制计数器；按功能可分为加法计数器、减法计数器及可逆计数器；按操作方式可分为异步计数器及同步计数器等。

下面，讨论几种常用的计数器。

7.3.2 二进制异步计数器

在异步计数中，各位触发器的翻转是从低位到高位依次进行的，其进位信号也是从低位向高位逐级发出。也就是说，在计数脉冲的作用下，各触发器的状态翻转不同步，所以称异步计数器。

图 7.13 是由 D 触发器组成的 3 位二进制异步计数器。该计数器的状态转换表如表 7-2 所示。

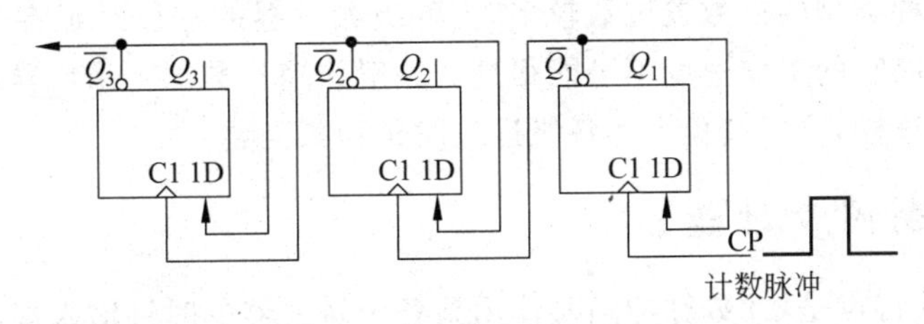

图 7.13　3 位二进制异步计数器

表 7-2　状态转换表

计数脉冲序号	现　态			次　态		
	Q_3	Q_2	Q_1	Q_3^{n+1}	Q_2^{n+1}	Q_1^{n+1}
0	0	0	0	0	0	1
1	0	0	1	0	1	0
2	0	1	0	0	1	1
3	0	1	1	1	0	0
4	1	0	0	1	0	1
5	1	0	1	1	1	0
6	1	1	0	1	1	1
7	1	1	1	0	0	0

从表 7-2 可以看出，任一时刻计数器的状态将取决于过去输入计数脉冲的数目，因此计数器属于时序电路是明显的。图 7.13 所示的计数器中，各触发器没有统一的同步时钟脉冲控制，各触发器的状态翻转不是同时的，所以，该计数器属于异步工作方式，其各级触发器的

翻转要依靠前一位触发器从 1 到 0 的跳变。图 7.14 是该计数器的工作波形。

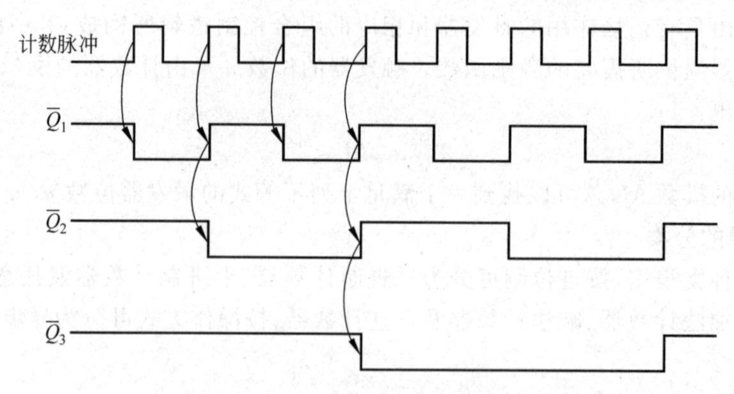

图 7.14　计数器的工作波形

从图 7.14 所示的工作波形可以看出，其逐级波形都是二分频的，$\bar{Q}_1$ 是计数脉冲的二分频，$\bar{Q}_2$ 是 $\bar{Q}_1$ 的二分频，$\bar{Q}_3$ 是 $\bar{Q}_2$ 的二分频。也就是说，$\bar{Q}_1$ 是每输入 1 个计数脉冲就改变一次状态，$\bar{Q}_2$ 是每输入 2 个计数脉冲就改变一次状态，$\bar{Q}_3$ 是每输入 4 个计数脉冲就改变一次状态。我们还可以看到，高位触发器的状态翻转必须在低位触发器的状态翻转之后才能实现，即这种异步工作的计数器的进位信号是从低位到高位逐位产生的，或者说是串行的，因此异步计数器也称串行计数器。

很明显，当这种类型的计数器位数较多时，各级触发器的进位时延将会积累起来，总的时延就会很长，所以它的工作速度不可能很高。一般快速计数器不采用异步工作方式，而采用同步操作方式，这样，可以避免上述各级进位时延积累问题。

7.3.3　二进制同步计数器

同步计数器的特点是，计数脉冲同时作用到各位触发器的时钟输入端，当计数脉冲到来后，应该翻转的触发器都同时翻转，因此同步计数器也称并行计数器。

1. 二进制同步加 1 计数器

3 位二进制同步加 1 计数器的状态转换表如表 7-3 所示，相应的状态转换图如图 7.15 所示。

表 7-3　状态转换表

CP	现　态			次　态		
	Q_3	Q_2	Q_1	Q_3^{n+1}	Q_2^{n+1}	Q_1^{n+1}
0	0	0	0	0	0	1
1	0	0	1	0	1	0
2	0	1	0	0	1	1
3	0	1	1	1	0	0
4	1	0	0	1	0	1
5	1	0	1	1	1	0
6	1	1	0	1	1	1
7	1	1	1	0	0	0

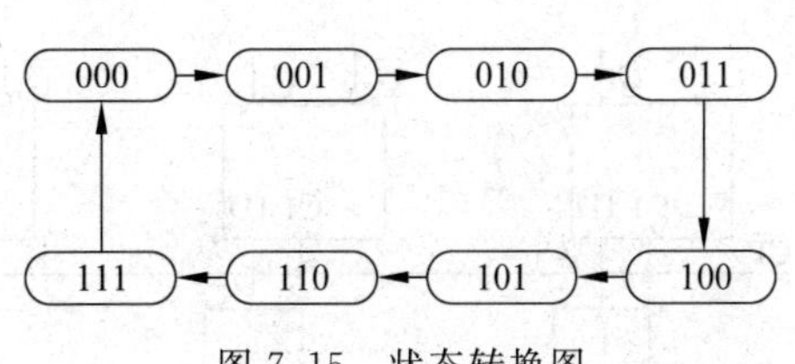

图 7.15　状态转换图

下面具体讨论用 D 触发器构成的 3 位二进制同步加 1 计数器的设计步骤和方法。

第一步，列出 3 位二进制加 1 计数器状态表，如表 7-3 所示。

第二步，列出触发器的激励函数表，以求出各触发器的 D 端激励函数表达式，所列激励函数表如表 7-4 所示。

表 7-4　激励函数表

现态			次态			激励函数		
Q_3	Q_2	Q_1	Q_3^{n+1}	Q_2^{n+1}	Q_1^{n+1}	D_3	D_2	D_1
0	0	0	0	0	1	0	0	1
0	0	1	0	1	0	0	1	0
0	1	0	0	1	1	0	1	1
0	1	1	1	0	0	1	0	0
1	0	0	1	0	1	1	0	1
1	0	1	1	1	0	1	1	0
1	1	0	1	1	1	1	1	1
1	1	1	0	0	0	0	0	0

由于 D 触发器的次态方程为 $Q^{n+1}=D$，所以从表 7-4 可以看到，激励函数栏和次态栏的内容完全相同。

第三步，根据激励函数表作出 D_1、D_2、D_3 的卡诺图，如图 7.16 所示。利用卡诺图化简可得 D_1、D_2、D_3 的激励函数表达式为：

$$D_3 = Q_3\bar{Q}_1 + Q_3\bar{Q}_2 + \bar{Q}_3Q_2Q_1, \quad D_2 = Q_2\bar{Q}_1 + \bar{Q}_2Q_1, \quad D_1 = \bar{Q}_1$$

Q_1 \ Q_3Q_2	00	01	11	10
0	0	0	1	1
1	0	1	0	1

(a) D_3

Q_1 \ Q_3Q_2	00	01	11	10
0	0	1	1	0
1	1	0	0	1

(b) D_2

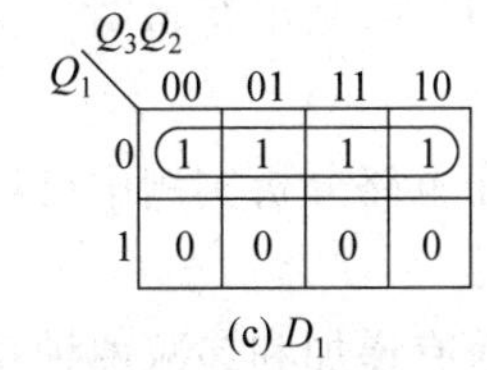

(c) D_1

图 7.16　利用卡诺图化简

第四步，根据求得的激励函数表达式，画出计数器的逻辑图，如图 7.17 所示。

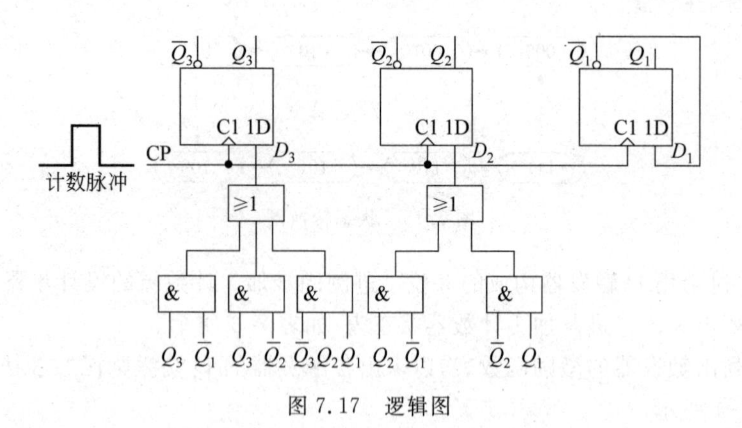

图 7.17　逻辑图

2. 二进制同步减 1 计数器

减 1 计数器与加 1 计数器的状态图相似，仅流向相反。一个 3 位二进制同步减 1 计数器的状态图如图 7.18 所示，其相应的状态表如表 7-5 所示。

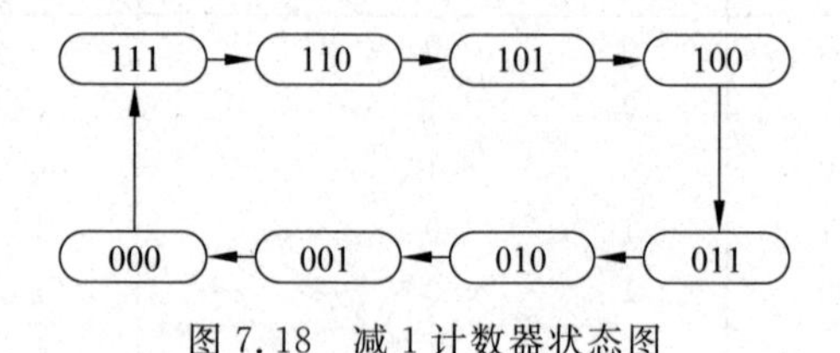

图 7.18　减 1 计数器状态图

表 7-5　减 1 计数器状态表

CP	现态			次态		
	Q_3	Q_2	Q_1	Q_3^{n+1}	Q_2^{n+1}	Q_1^{n+1}
0	1	1	1	1	1	0
1	1	1	0	1	0	1
2	1	0	1	1	0	0
3	1	0	0	0	1	1
4	0	1	1	0	1	0
5	0	1	0	0	0	1
6	0	0	1	0	0	0
7	0	0	0	1	1	1

可以用与前述二进制同步加 1 计数器完全相同的步骤和方法，设计出二进制同步减 1 计数器。这里请读者自己列出设计步骤，画出逻辑图。

3. 可逆二进制同步计数器

关于可逆计数器，在第 6 章时序电路分析实例中已经遇到过，现在再通过一个具体的电路进一步了解它的功能和特点。

我们已经知道，可逆计数器是兼有递加和递减两种功能的计数器，它能按照给定的控制信号从递加计数转换成递减计数，或者从递减计数转换成递加计数，所以也称可逆计数器为双向计数器，为了实现加减计数功能，可逆计数器应设“加 1 控制”和“减 1 控制”，有的还设有“计数控制”。一个由 T 触发器及有关控制电路构成的可逆二进制同步计数器如图 7.19

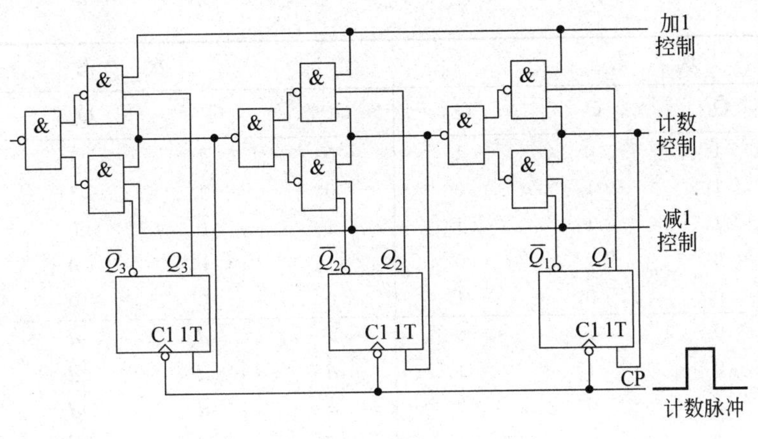

图 7.19　可逆计数器

所示。

由图 7.19 可以看出：当计数控制为 1 时，若加 1 控制为 1，减 1 控制为 0，则该计数器具有加 1 计数功能；当计数控制为 1 时，若加 1 控制为 0，而减 1 控制为 1 时，则该计数器具有减 1 计数功能；当计数控制为 0 时，计数器不计数。显然，在计数控制为 1 时，加 1 控制和减 1 控制不允许同时为 1。

当然，还可以由其他类型的触发器(如维阻 D 触发器、主从 JK 触发器等)构成可逆计数器。此处不再一一列举。

7.3.4　非二进制计数器

非二进制计数器的类型很多，如十进制计数器、八进制计数器、循环码计数器等，在此并不对它们进行一一讨论，而着重介绍十进制计数器。

十进制计数器是非二进制计数器中最重要最常用的一种。有各种类型的十进制计数器，如十进制异步计数器、十进制同步计数器、十进制递加计数器、十进制递减计数器以及十进制可逆计数器等。在这里，主要讨论 8421 编码的十进制同步计数器的设计问题。在掌握了前面介绍的二进制同步计数器的基本工作原理和设计方法之后，十进制同步计数器的设计就显得十分容易。

【例 7-1】　采用 D 触发器设计 8421 编码的十进制加 1 计数器。

第一步，列状态转换表，如表 7-6 所示。

表 7-6　状态转换表

现态				次态			
Q_4	Q_3	Q_2	Q_1	Q_4^{n+1}	Q_3^{n+1}	Q_2^{n+1}	Q_1^{n+1}
0	0	0	0	0	0	0	1
0	0	0	1	0	0	1	0
0	0	1	0	0	0	1	1
0	0	1	1	0	1	0	0
0	1	0	0	0	1	0	1

续表

现态				次态			
Q_4	Q_3	Q_2	Q_1	Q_4^{n+1}	Q_3^{n+1}	Q_2^{n+1}	Q_1^{n+1}
0	1	0	1	0	1	1	0
0	1	1	0	0	1	1	1
0	1	1	1	1	0	0	0
1	0	0	0	1	0	0	1
1	0	0	1	0	0	0	0
1	0	1	0	d	d	d	d
1	0	1	1	d	d	d	d
1	1	0	0	d	d	d	d
1	1	0	1	d	d	d	d
1	1	1	0	d	d	d	d
1	1	1	1	d	d	d	d

一位十进制计数器至少需要4位触发器构成，而我们知道，4位触发器共有16种状态，我们用其中的10种状态(0000～1001)分别代表一位十进制数0～9，那么还剩下6种状态(1010～1111)，它们是在8421码十进制计数器中不可能出现的状态。但在状态转换表中仍将这6种状态列出，并将对应的次态输出全部标以无关项 d，以便在函数化简时利用。

第二步，用卡诺图法化简，求出各位D触发器的激励函数表达式，如图7.20所示。

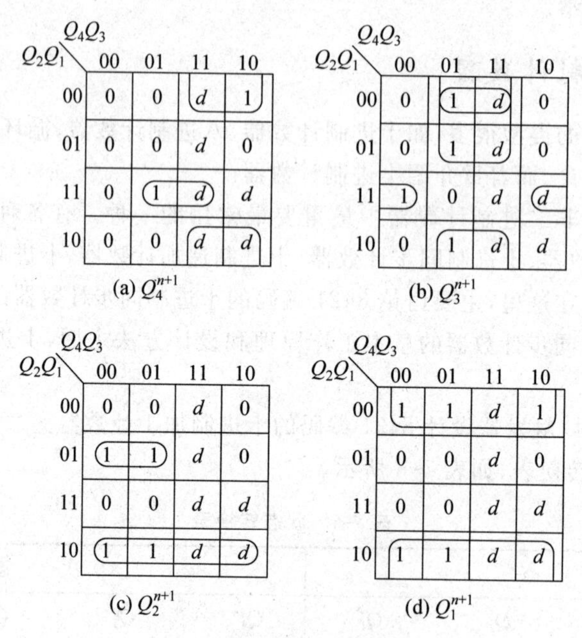

图7.20 利用卡诺图化简

由卡诺图得到：

$$Q_4^{n+1} = D_4 = Q_4\bar{Q}_1 + Q_3Q_2Q_1$$

$$Q_3^{n+1} = D_3 = Q_3\bar{Q}_1 + Q_3\bar{Q}_2 + \bar{Q}_3Q_2Q_1$$

$$Q_2^{n+1} = D_2 = Q_2\bar{Q}_1 + \bar{Q}_4\bar{Q}_2Q_1$$

$$Q_1^{n+1} = D_1 = \overline{Q}_1$$

第三步，画出该计数器的逻辑图，如图7.21所示。

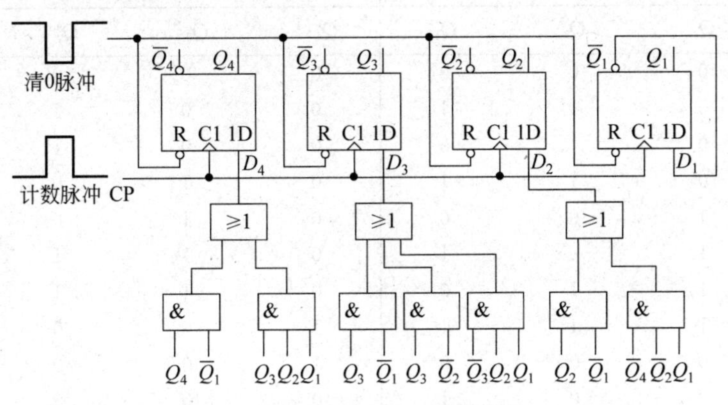

图7.21　8421码十进制计数器

第四步，检查所设计的计数器是否有“挂起”现象。

对于非二进制计数器，当有效状态数S和所用触发器的位数n之间存在$S<2^n$关系时，则该计数器电路还存在着未用到的多余状态，也称偏离状态。如本例中就有6种偏离状态，它们是1010、1011、1100、1101、1110、1111。而在计数器的实际工作中，可能由于某种因素(如刚一加电或有其他干扰信号等)，使计数器进入到某个偏离状态中。因此，在计数器设计完毕后，还应该检查一下，如果由于某种原因而使计数器进入偏离状态后，还能否自动返回到有效状态循环中。若一个计数器能够从偏离状态返回到有效状态，就称该计数器有自启动能力，否则就称无自启动能力或存在“挂起”现象。一旦出现“挂起”现象，计数器将“死”在某个状态或某几个状态的循环中无法解脱出来，除非断电重新启动，否则是没有办法使系统离开这些状态的。

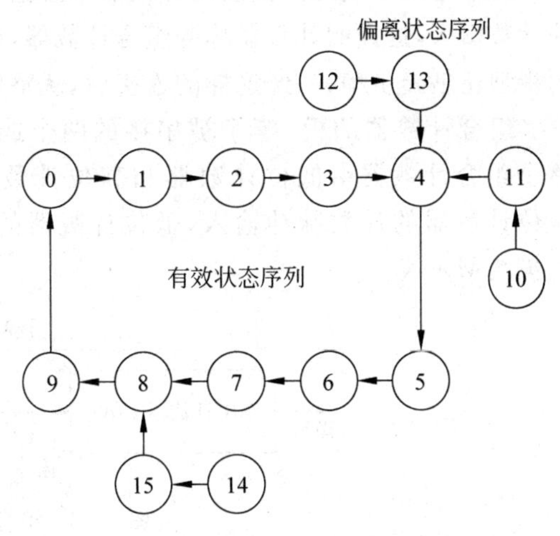

图7.22　完整状态图

下面结合本例介绍一种检查是否存在“挂起”现象的方法。

在由卡诺图求激励函数表达式时，被圈起的d当作了1，未被圈的d当作了0，于是，可将状态转换表7-6改画成表7-7的形式，相应的状态图如图7.22所示，称为计数器的完整状态图，其中既包含有效状态序列也包含偏离状态序列。从本例的完整状态图可以看出，偏离状态经过几次状态转换后都会自动进入有效状态序列，因此所设计的计数器没有“挂起”现象。

如果检查的结果存在“挂起”现象，则在卡诺图上画圈求激励函数表达式时可作适当调整或改换，使偏离状态序列不自身循环。

表 7-7 改画后的状态转换表

现态				次态			
Q_4	Q_3	Q_2	Q_1	Q_4^{n+1}	Q_3^{n+1}	Q_2^{n+1}	Q_1^{n+1}
0	0	0	0	0	0	0	1
0	0	0	1	0	0	1	0
0	0	1	0	0	0	1	1
0	0	1	1	0	1	0	0
0	1	0	0	0	1	0	1
0	1	0	1	0	1	1	0
0	1	1	0	0	1	1	1
0	1	1	1	1	0	0	0
1	0	0	0	1	0	0	1
1	0	0	1	0	0	0	0
1	0	1	0	1	0	1	1
1	0	1	1	0	1	0	0
1	1	0	0	1	1	0	1
1	1	0	1	0	1	0	0
1	1	1	0	1	1	1	1
1	1	1	1	1	0	0	0

7.3.5 组合计数器

如果将两个或几个独立的计数器串接起来，让低位计数器的进位输出作为高位计数器的计数输入，这样的计数器称为组合计数器，或叫计数器的串接级联。不管原来的计数器是同步型还是异步型，一经这样的连接后，从整体上来说就属于串行计数器之列。

组合计数器的模，等于被串接的两个或多个计数器的模数之积。如图 7.23 所示，整个组合计数器由低位计数器和高位计数器串接而成。低位计数器的进位输出作为高位计数器的计数脉冲输入，低位计数器的模为 M，高位计数器的模为 N，整个计数器的模为$M\times N$。

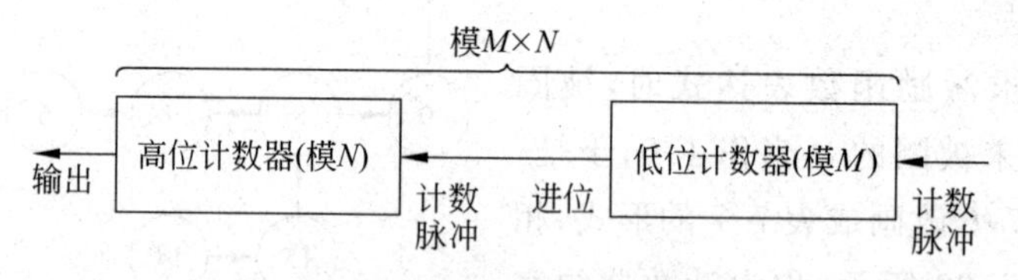

图 7.23 组合计数器示意图

组合计数器的优点是设计起来很方便。例如要设计一个六十进制的串行计数器，可将一个十进制计数器和一个六进制计数器串接而成，或者用一个十二进制计数器和一个五进制计数器串接而成。这样对于所用的模数较小的计数器，就可以采用一些设计结构合理的计数器方案，也可以用一些现成的集成电路计数器模块搭接而成。即使是自己设计，模数较小的计数器，设计起来也容易得多。

本章小结

本章结合时序逻辑电路的应用,介绍了代码寄存器、移位寄存器及计数器等几种典型的时序逻辑电路。

(1) 寄存器是数字系统与计算机中存放数据信息的基本逻辑部件。如何实现数据在寄存器间的传送控制,是数字系统逻辑设计中的一个重要问题。

(2) 计数型时序是一种最简单的周期时序。所以在时序电路的设计与应用中,计数器的设计属较简单容易的一种。但由于计数器是一种十分常用的数字逻辑电路,因此应认真理解和掌握各类计数器的设计与使用方法。

习 题 7

7.1 在第5章介绍过的各类触发器中,哪些能做移位寄存器?哪些不行?试说明理由。

7.2 计数器可分为哪几种类型?异步计数器和同步计数器各有何特点?

7.3 什么是组合计数器?它是怎样构成的?

7.4 计数器所用触发器的位数 n 与计数器的模数 M 之间应满足什么样的关系式?

7.5 简述二进制同步计数器的主要设计步骤。

7.6 如何检查具有偏离状态的计数器是否存在"挂起"现象?

7.7 画一个3位移位寄存器,在"左移"、"右移"和"接收"3个控制电位的控制下,既可以左移,又可以右移,也可以接收代码,在左移时最低位补0,右移时最高位保持原状态不变。

7.8 设计一个8421码十进制同步减1计数器。

第8章 脉冲信号的产生与整形

在数字系统中，需要各种不同形式的脉冲信号，如在前面已经见到的触发器的时钟脉冲、计数器的计数脉冲、移位寄存器的移位脉冲等，它们在整个电路系统中起着定时与协调控制作用。

本章简要介绍脉冲信号的产生及整形方面的有关知识。

8.1 脉冲信号波形的特性参数

所谓脉冲信号，是指在短时间内出现的阶跃电压或电流信号。脉冲信号的持续时间可以短到微秒(μs)甚至毫微秒(ns)数量级。在各种类型的脉冲信号中，最常见的是矩形脉冲。理想的矩形脉冲是一种无上升和下降时间，在持续时间内电压(或电流)保持不变的脉冲信号，如图 8.1(a)所示。

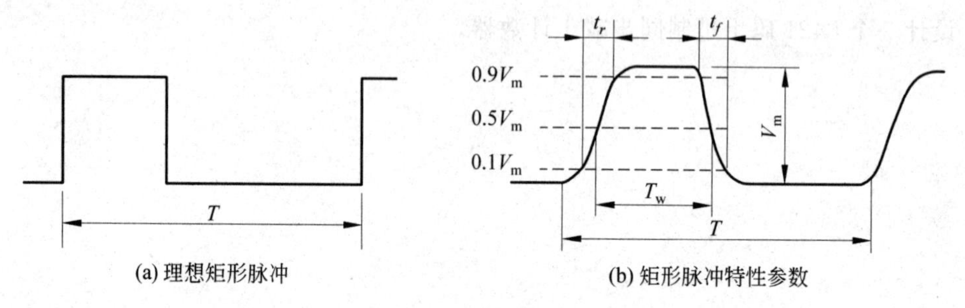

(a) 理想矩形脉冲　　(b) 矩形脉冲特性参数

图 8.1　矩形脉冲

由于矩形脉冲是一种由开关电路产生的电信号，而实际的开关器件，其接通与断开都需时间，所以实际的矩形脉冲信号波形，并不像图 8.1(a)所示的理想矩形波形，而是如图 8.1(b)所示具有一定上升和下降时间的脉冲波形。

在电路分析和实际应用中，对脉冲信号波形的主要特性参数(如上升时间、下降时间、脉冲幅度和周期等)都有严格要求。为了定量地说明矩形脉冲信号的特性，通常使用如图 8.1(b)中所示的几个参数(或指标)，它们是：

(1) 脉冲周期 T——周期性重复的脉冲序列中，两个相邻脉冲间的时间间隔。脉冲周期 T 的倒数即单位时间内出现的脉冲数称为重复频率 f，即 $f=1/T$。

(2) 脉冲幅度 V_m——脉冲电压的最大变化幅度。

(3) 脉冲宽度 T_w——从脉冲前沿上升到 $0.5V_m$ 开始，到脉冲后沿下降到 $0.5V_m$ 为止的一段时间(即脉冲幅度50%处的持续时间)。

(4) 上升时间 t_r——脉冲前沿从 $0.1V_m$ 上升到 $0.9V_m$ 所需要的时间。

(5) 下降时间 t_f——脉冲后沿从 $0.9V_m$ 下降到 $0.1V_m$ 所需要的时间。

通过上述参数，可以把一个矩形脉冲的基本特性大体上表示出来。

8.2 单稳态触发器

前面已经介绍过触发器的基本特性，即它有两种稳定状态，在外界触发信号作用下，可以从一种稳定状态翻转到另一种稳定状态。所以，也称触发器为双稳态电路。触发器之所以具有这种特点，是由触发器电路的内部结构决定的。如果将基本RS触发器的两条交叉耦合支路的其中一条改为RC耦合(电阻电容耦合)，则电路的工作情况就大不一样。这种电路平时(即触发信号未到来时)总是处于一种稳定状态。在外来触发信号的作用下，它能翻转成新的状态，但这种状态是不稳定的，只能维持一定时间，因而称为暂稳态(简称暂态)。

暂态时间结束，电路能自动回到原来状态，从而输出一个矩形脉冲。由于这种电路只有一种稳定状态，因而称为“单稳态触发器”，简称“单稳电路”或“单稳”。单稳电路的暂态时间的长短，与外界触发脉冲无关，仅由电路本身的耦合元件RC决定，因此称RC为单稳电路的定时元件。单稳电路被广泛应用于数字系统中，可用于脉冲信号的宽度调整及延时(将输入信号延迟一定时间之后再输出)等。

按照定时元件的连接方式，单稳电路可分为微分型和积分型两大类，下面分别予以介绍。

8.2.1 微分型单稳电路

1. 电路组成

微分型单稳电路如图8.2所示。图8.2中 G_1、G_2 是CMOS“或非”门。电阻 R 和电容 C 组成微分延时电路。

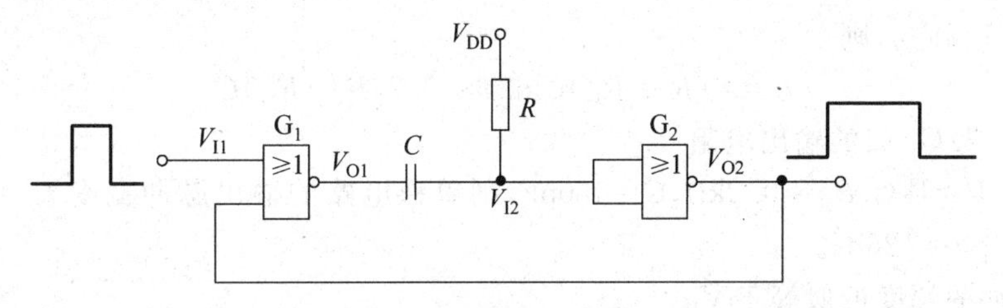

图8.2 微分型单稳电路

2. 工作原理

如图8.2所示，该电路的输入触发脉冲为正脉冲。

稳态时(即正触发脉冲未到来时)，只要恰当选择 R 的阻值，G_2 一定导通，其输出 V_{O2} 为低电平。又由于 V_{I1} 为低电平，所以 G_1 的两个输入端均为低电平，G_1 截止，其输出 V_{O1} 为高电平。

当正触发脉冲到来并使 V_{I1} 由低电平上升至 V_T（即 CMOS“或非”门的开启电压）时，将引起下列正反馈过程：

$$V_{I1}\uparrow \rightarrow V_{O1}\downarrow \rightarrow V_{I2}\downarrow \rightarrow V_{O2}\uparrow$$

该正反馈过程使电路快速翻转到 G_1 导通（输出低电平）、G_2 截止（输出高电平），进入暂稳状态。接着 V_{DD} 通过 R 及 G_1 的输出电阻对电容 C 充电，V_{I2} 按指数规律上升，当 V_{I2} 上升到 V_T 时，又会产生下列正反馈过程（假设此时 V_{I1} 已回到低电平）：

$$V_{I2}\uparrow \rightarrow V_{O2}\downarrow \rightarrow V_{O1}\uparrow$$

这个正反馈过程使电路快速返回到 G_1 截止、G_2 导通的稳定状态。此后电容 C 通过 G_2 输入端保护电路的二极管及 G_1 的输出电阻放电，V_{I2} 基本保持在 V_{DD}，V_{O1} 逐渐上升到 V_{DD}。

这种单稳态电路各点工作波形如图 8.3 所示。

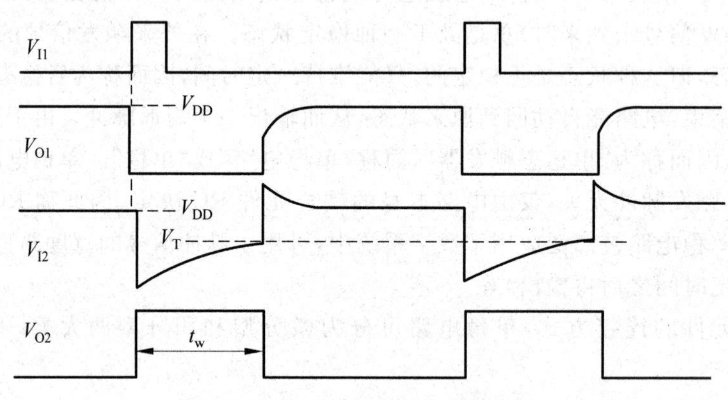

图 8.3 微分型单稳电路工作波形

由上述单稳电路的工作过程，可以得出输出脉冲宽度（即暂稳态时间）t_w 的估算公式如下：

$$t_w = (R+R_O)C\ln\frac{V_{DD}}{V_{DD}-V_T}$$

若 $V_T=1/2V_{DD}$，则

$$t_w = (R+R_O)C\ln 2 \approx 0.7(R+R_O)C$$

其中 R_O 为 G_1 门的输出电阻。

例如，若 $R=1\text{k}\Omega$，$R_O=0.2\text{k}\Omega$，$C=150\text{pF}$，则单稳电路的输出脉冲宽度 $t_w=0.7(1\text{k}\Omega+0.2\text{k}\Omega)\times 150\text{pF}=126\text{ns}$。

输出脉冲的幅度近似等于 V_{DD}。

另外，为使单稳电路可靠工作，应让电容在暂稳态之后能够充分恢复到稳态时的电压。为此，触发脉冲周期应大于 $t_w+3\tau$。τ 称为电容充放电时间常数。在本电路中，τ 即为 $(R+R_O)C$。

8.2.2 积分型单稳电路

1. 电路组成

积分型单稳电路如图 8.4 所示。G_1、G_2 为 CMOS“或非”门，R、C 构成积分型延时电路，容易看出，与微分型单稳电路相比，其中的 R、C 刚好互易位置。

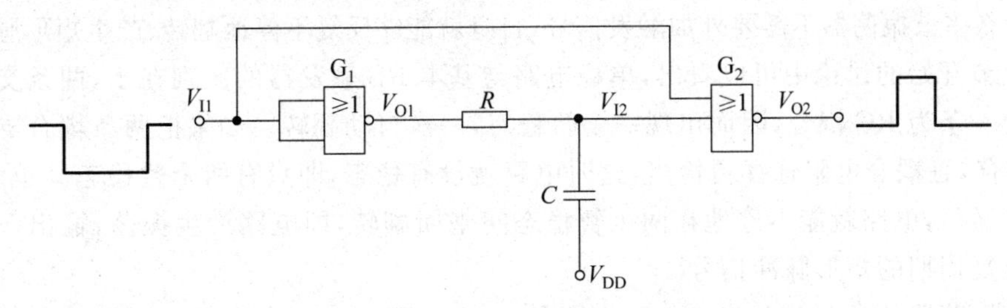

图 8.4　积分型单稳电路

2. 工作原理

如图 8.4 所示，该电路的输入触发脉冲为负脉冲。

稳态时(即负触发脉冲未到来时)，V_{I1} 为高电平，G_1 和 G_2 导通，所以 V_{O1} 为低电平，V_{I2} 为低电平，V_{O2} 也为低电平。

当负触发脉冲到来时，V_{I1} 由高电平跳到低电平，G_1 截止，V_{O1} 由低电平跳到高电平。但由于电容上的电压不能突变，所以此刻 V_{I2} 仍为低电平，故 G_2 由导通变为截止，V_{O2} 由低电平跳变到高电平，电路进入暂稳态。此后电容 C 通过 R 和 R_O(G_1 的输出电阻)放电，V_{I2} 呈指数规律上升，当上升到 V_T 时(假定 V_{I1} 仍为低电平)，G_2 导通，V_{O2} 跳变到低电平。当 V_{I1} 跳变到高电平后，G_1 导通，电容 C 开始充电，直至电路恢复到稳定状态。其工作波形如图 8.5 所示。

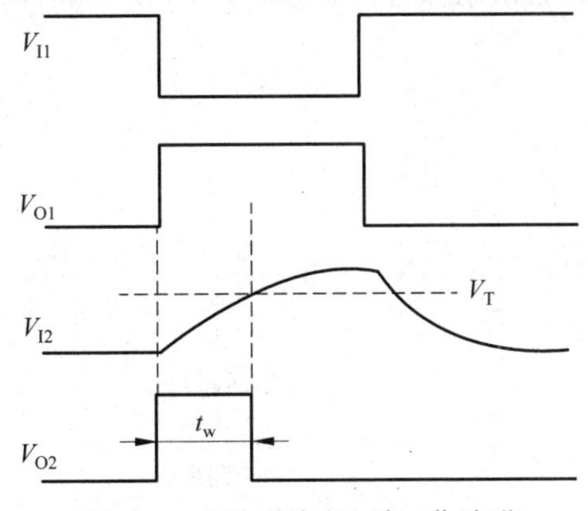

图 8.5　积分型单稳电路工作波形

脉冲宽度 t_w 的估算公式为：

$$t_w = (R + R_O)C\ln\frac{V_{DD}}{V_{DD} - V_T}$$

典型情况下 $V_T = 1/2V_{DD}$，则

$$t_w \approx 0.7(R + R_O)C$$

另外，这种电路要求触发信号 V_{I1} 的脉冲宽度(低电平时间)应大于输出脉冲 V_{O2} 的宽度 t_w，否则该电路就成了反相器，失去了单稳电路的基本特性和功能。

8.3　多谐振荡器

在数字电路中，经常需要有能够自己产生脉冲信号的电路。下面将要介绍的多谐振荡器，就是不需要外加触发信号，自身就可以产生脉冲信号的矩形波发生器。这种自身就可以产生信号的电路称为“自激振荡器”。又由于矩形波或方波都包含多次谐波(即矩形波或方波都可以分解为多种不同频率的正弦谐波)，所以这种电路又称“自激多谐振荡器”，简称“多谐振荡器”。

前面讨论过的双稳态电路具有两个稳定状态，而单稳态电路只有一个稳定状态。但这两种电路有一个共同特点，就是必须在外界触发信号的作用下才能引起电路工作状态的翻转。那么为什么多谐振荡器不需要外加触发信号，自身就能够反复不停地翻转、产生矩形脉冲呢？

从上节开始的讨论中可以看出，单稳电路与基本 RS 触发器的区别在于，两条交叉耦合支路中的一条为 RC 耦合，因而出现一个暂稳态，一次自动翻转。如果把两条耦合支路都改为 RC 耦合，且耦合电阻选择得恰当，这时电路就没有稳态，即只有两个暂稳态。也就是说，在电源接通后，电路就能不停地在两个暂稳态间来回翻转，即电路产生振荡，输出一定脉冲宽度和重复周期的矩形脉冲信号。

多谐振荡器的类型及电路组成形式较多，本节主要介绍环形多谐振荡器及石英晶体多谐振荡器。

8.3.1 环形多谐振荡器

环形多谐振荡器，是一种由奇数个门电路首尾相连而构成的闭环电路多谐振荡器。图 8.6所示即为一个由 3 块 TTL“与非”门构成的环形多谐振荡器及各点电压波形。

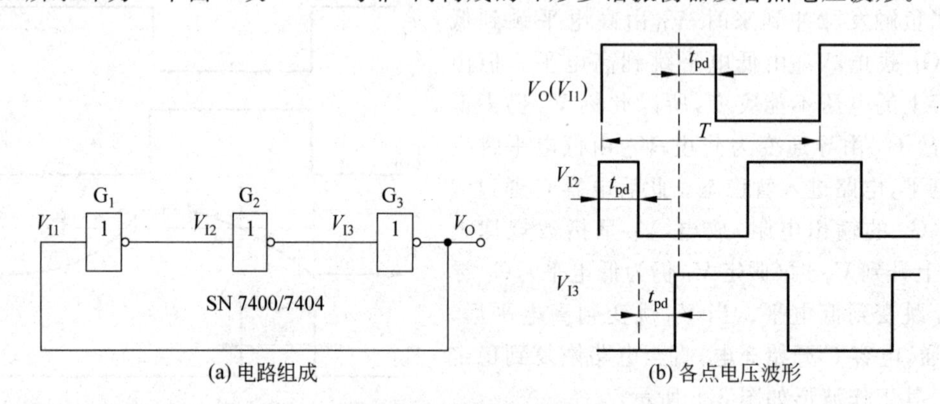

(a) 电路组成　　(b) 各点电压波形

图 8.6　环形多谐振荡器

由于每个门电路都有一定的传输延迟时间，所以在电源接通后，电路的输入输出关系按“1-0-1-0”的规律变化，即这种联结形式的电路一定没有稳定状态。例如当 V_{I1} 突然跳变到 $V_{I1}=1$ 时，那么经过 G_1 门延迟 t_{pd} 以后，$V_{I2}=0$；然后经过 G_2 门延迟 t_{pd}，使 $V_{I3}=1$；再经过 G_3 门延迟 t_{pd}，使 $V_O=0=V_{I1}$。即 V_{I1} 经过 $3t_{pd}$ 之后，又变成了低电平。可以推断，再经过 $3t_{pd}$ 之后，$V_O=V_{I1}$ 又会变成高电平。如此周而复始，电路形成振荡，输出如图 8.6(b)所示的矩形脉冲。由波形图容易看出，振荡周期 $T=2\times 3t_{pd}=6t_{pd}$，振荡频率 f 为：

$$f=\frac{1}{2\times 3t_{pd}}$$

式中，3 为门电路数，t_{pd} 为单个门电路的传输延迟时间。

这种振荡器的电路结构虽然简单，但是由于门电路的传输延迟时间 t_{pd} 很短，所以这种电路的振荡频率很高，而且不可调，因此应用范围有限。为克服这一缺点，容易想到利用 RC 定时以获得所需频率的矩形脉冲。由于 R、C 数值可根据需要进行调节，从而改变电路的振荡频率，所以 RC 环形振荡器在许多场合得到应用。

8.3.2 RC 环形振荡器

由 TTL“与非”门组成的 RC 环形振荡器如图 8.7 所示。其中的 R、C 为主要的定时元

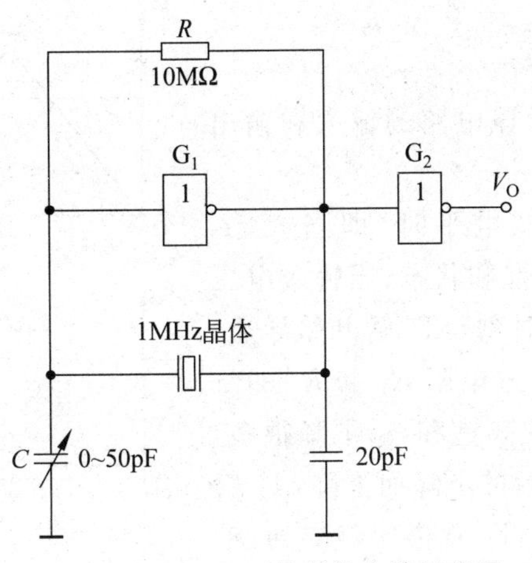

图 8.11　CMOS 石英晶体多谐振荡器

8.4　施密特触发器

施密特触发器(也称施密特电路)能够把变化缓慢的输入信号整形成适合数字电路需要的矩形脉冲。因此,施密特触发器在脉冲的产生和整形电路中得到广泛应用。

8.4.1　电路组成

图 8.12 表示了施密特触发器的电路组成及符号表示。容易看出,它是由两级反相器组成的。在耦合方式上,它通过电阻 R_1 和 R_2 分压,将 T_1 管集电极同 T_2 管基极耦合;同时再通过发射极电阻 R_e 完成 T_2 管与 T_1 管的耦合,所以也有人称此电路为射极耦合触发器。

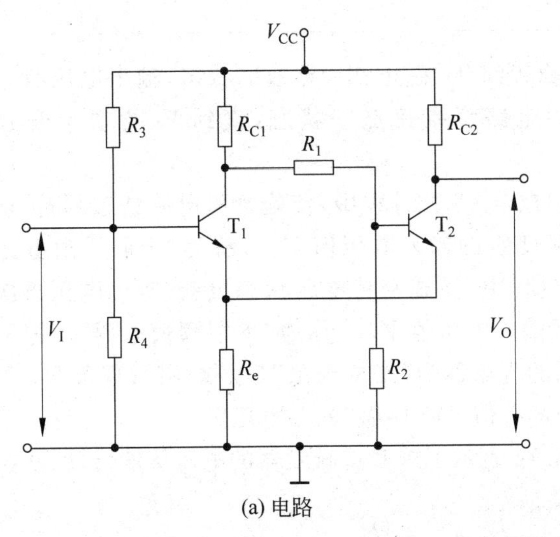

(a) 电路

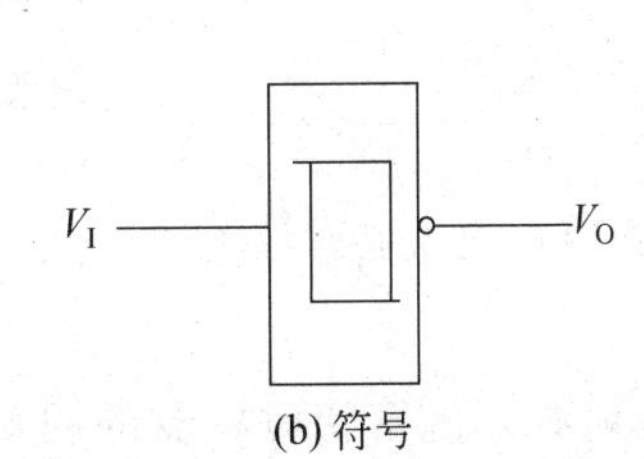

(b) 符号

图 8.12　施密特触发器

8.4.2 工作原理

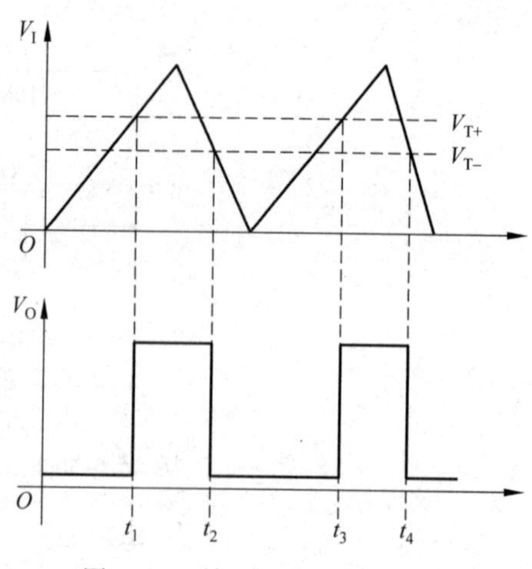

图 8.13 输入和输出波形关系

下面通过图 8.13 所示该电路的输入和输出波形来说明它的工作原理。

当输入信号 V_I 为较低电平时(即当 $t<t_1$ 时),电路处于 T_1 截止、T_2 饱和状态;当输入电压 V_I 上升到 V_{T+} 时(即 $t=t_1$ 时刻),T_1 管开始导通,i_{b1} 上升,i_{c1} 上升,V_{c1} 下降,经过电阻 R_1 和 R_2 的分压,V_{b2} 也下降,并使 T_2 管脱离饱和,i_{c2} 下降很多,电阻 R_e 上的电压 V_e 也因 i_{c2} 的下降而下降,T_1 管的发射结电压 V_{be1} 上升,使 T_1 管进一步导通,产生下述正反馈过程:

$$V_I\uparrow \rightarrow i_{b1}\uparrow \rightarrow i_{c1}\uparrow \rightarrow V_{c1}\downarrow \rightarrow V_{b2}\downarrow \rightarrow i_{c2}\downarrow \rightarrow V_e\downarrow \rightarrow V_{be1}\uparrow$$

正反馈过程使电路迅速翻转到 T_1 饱和、T_2 截止的状态。电路的输出电压 V_O 产生一正跳变。

当 V_I 达到 V_{T+} 之后,即使输入电压 V_I 进一步增高,电路仍维持 T_1 管饱和、T_2 管截止这一状态。

当 V_I 到达最大值之后再降到 V_{T-} 时(即 $t=t_2$ 时),T_1 管脱离饱和进入放大区,i_{b1} 下降,i_{c1} 下降,V_{c1} 上升,经过电阻 R_1 和 R_2 分压,V_{b2} 也上升,并使 T_2 管脱离截止进入放大区,i_{b2} 上升,i_{c2} 更快地上升,电阻 R_e 上的电压 V_e 则因 i_{c2} 上升而上升,T_1 管发射结电压 V_{be1} 下降,使 i_{b1},i_{c1} 进一步减小,产生下述正反馈过程:

$$V_I\downarrow \rightarrow i_{b1}\downarrow \rightarrow i_{c1}\downarrow \rightarrow V_{c1}\uparrow \rightarrow V_{b2}\uparrow \rightarrow i_{b2}\uparrow \rightarrow i_{c2}\uparrow \rightarrow V_e\uparrow \rightarrow V_{be1}\downarrow$$

这个正反馈过程又使电路迅速地翻转到 T_1 截止、T_2 导通的状态,输出电压有一负跳变。此后电路将维持这一状态,直到 V_I 再次上升到 V_{T+} 为止。

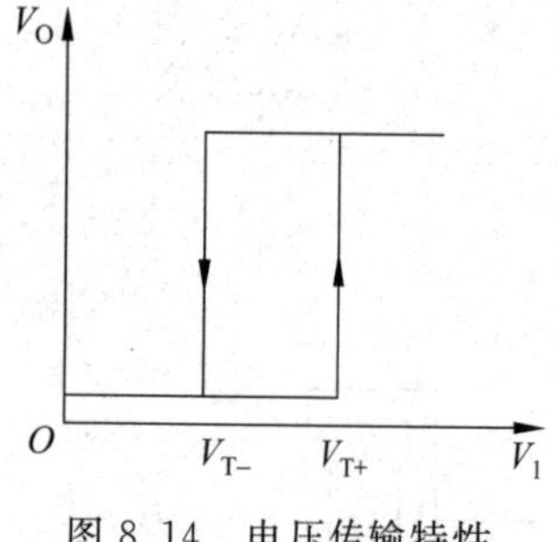

图 8.14 电压传输特性

我们把 V_I 上升过程中,使施密特电路状态翻转、输出电压发生跳变时的输入电压值 V_{T+},称为“上限阈值电压”;把 V_I 下降过程中,使施密特电路状态更新、输出电压再次发生跳变时的输入电压值 V_{T-},称为“下限阈值电压”。把 V_{T+} 与 V_{T-} 不同的现象称为“回差现象”(也称“滞后现象”)。V_{T+} 与 V_{T-} 之间的差值 ΔV,叫做“回差电压”。

图 8.14 表示了施密特触发器的电压传输特性,从图中可以清楚地看到施密特触发器的回差现象。

8.4.3 应用举例

施密特触发器应用很广,下面举例说明。

1. 脉冲整形

图 8.15 为施密特触发器用作脉冲整形电路时的输入输出波形，它把不规则的输入电压波形整形为规则的矩形波。

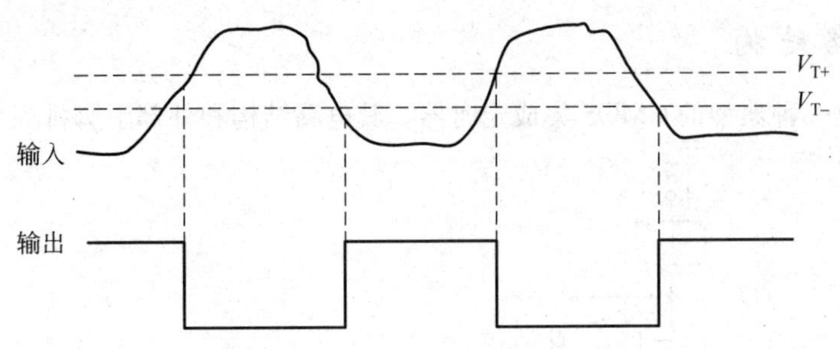

图 8.15　施密特触发器用作脉冲整形

2. 脉冲选择

图 8.16 为施密特触发器用作脉冲选择电路时的输入输出波形，当输入电压到达施密特触发器的上限阈值电压 V_{T+} 时，电路就动作，产生输出脉冲，从而可以去除幅度较小的干扰脉冲，保留有用信号脉冲。

3. 组成多谐振荡器

图 8.17 是用施密特触发器组成的多谐振荡器电路。其工作原理为，当施密特触发器输入端为低电平时，输出为高电平，电容 C 充电。随着充电过程的进行，输入端电压不断上升，当输入端电压上升至 V_{T+} 时，施密特触发器状态翻转，输出低水平。此后电容 C 开始放电，随着放电过程的进行，输入端电压又逐渐下降，当下降到 V_{T-} 时，电路的状态又发生翻转，输出高电平。如此反复振荡，在输出端即可得到周期性矩形脉冲信号。R、C 数值越大，振荡周期 T 越长，振荡频率 f 就越低。改变 R、C 数值，即可调节输出脉冲频率 f。

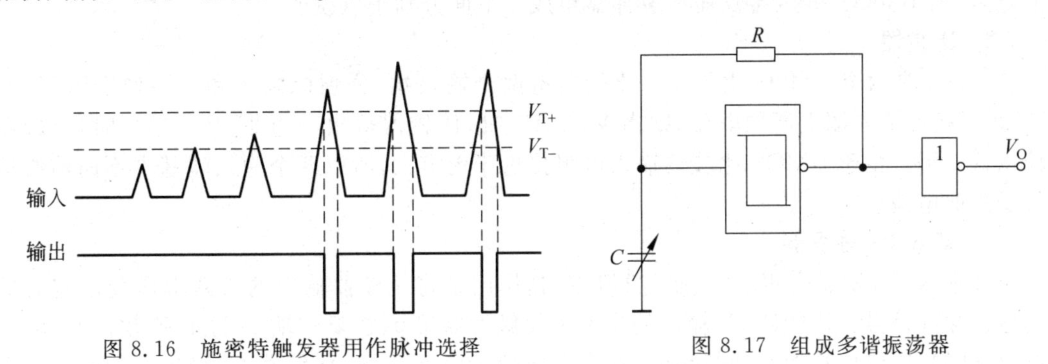

图 8.16　施密特触发器用作脉冲选择

图 8.17　组成多谐振荡器

8.5　555 定时器

555 定时器是一种应用十分广泛的多功能集成器件。利用 555 定时器，只要外接少量元件就可以构成单稳态触发器、自激多谐振荡器和施密特触发器等常用脉冲信号的产生与整形电路，还可以组成其他多种控制与测试电路，使用非常灵活。

555 定时器的型号很多，既有双极型器件的 555 定时器，如 NE555、NE556；又有 CMOS

器件的 555 定时器，如 CC7555、CC7556、CH7555 等。它们的外部引脚基本相同，内部电路功能也无本质区别。下面仅以 CMOS 器件的 CH7555 定时器为例，简要介绍这种电路的组成原理及典型应用。

8.5.1 电路结构

CH 7555 是一种典型的 CMOS 集成定时器。其电路结构和外部引脚排列如图 8.18 所示。

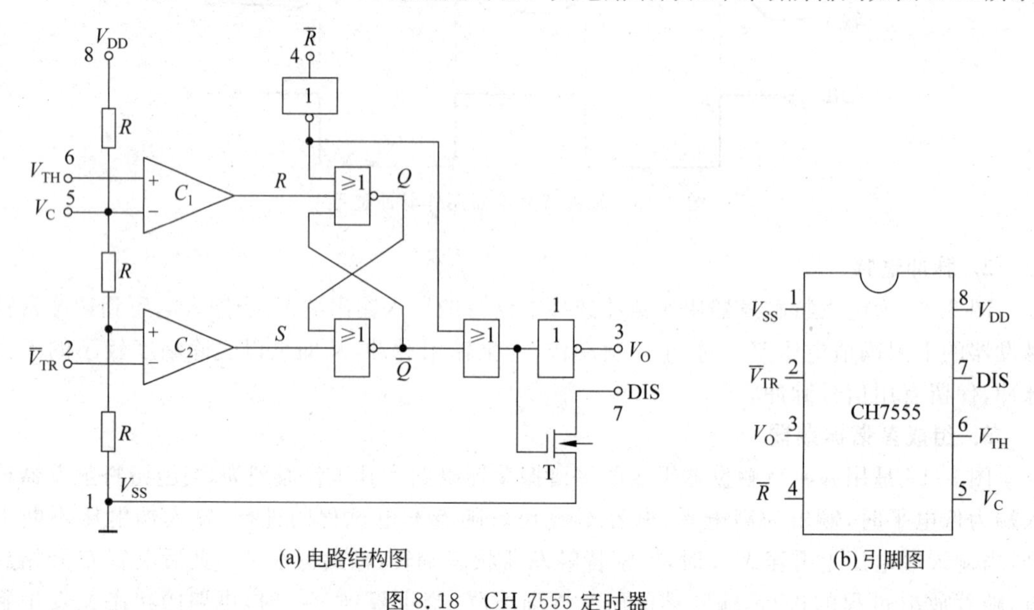

(a) 电路结构图　　(b) 引脚图

图 8.18　CH 7555 定时器

由图 8.18 可见，CH7555 由 2 个比较器、1 个基本 RS 触发器、1 个 MOS 管开关、3 个等值电阻(约 100KΩ)分压器及输出缓冲器组成。下面分别予以说明。

1. 比较器

C_1、C_2 是两个 CMOS 比较器。比较器有两个输入端，分别标以＋和－。如果用 V_+ 和 V_- 表示相应输入端上所加电压，则当 $V_+ > V_-$ 时，比较器输出高电平；$V_+ < V_-$ 时，比较器输出低电平。由于 CMOS 比较器输入电阻接近于无穷大，所以两个输入端基本不向前级信号源索取电流。

2. 基本 RS 触发器

基本 RS 触发器由两个"或非"门组成，其作用是将比较器输出的阶跃电压变成定时器的输出脉冲信号。比较器 C_1 输出的高电平使触发器置 0(在复位端 $\overline{R}$ 为 1，比较器 C_2 输出低电平时)，所以比较器 C_1 输出端即触发器复位端用 R 表示；比较器 C_2 输出端即触发器置位端用 S 表示。显然，当触发器为 0 状态(即 $Q=0$，$\overline{Q}=1$)时，输出 V_O 为 0；触发器为 1 状态(即 $Q=1$，$\overline{Q}=0$)时，输出 V_O 为 1；在 $R=S=0$ 时，触发器状态不变，因而输出 V_O 也不变。

3. 分压器

3 个阻值均为 R 的电阻串联起来构成分压器，为比较器 C_1 和 C_2 提供 $2V_{DD}/3$ 和 $V_{DD}/3$ 的参考电压。C_1 的一端接 $2V_{DD}/3$，C_2 的＋端接 $V_{DD}/3$。如果在电压控制端 V_C 另加控制电压，则可改变 C_1、C_2 的参考电压。

4. MOS 管开关及输出缓冲器

MOS 管 T 构成开关，开关的状态受"或"门输出端控制，当"或"门输出为 0 时 T 截止，为1时T导通。当复位端$\bar{R}$为0时，无论两个比较器输出状态是什么，定时器输出V_O变为低电平，MOS管开关导通。

输出缓冲器就是接在输出端的反相器1，其作用是提高定时器的负载能力以及隔离负载对定时器的影响。

8.5.2 引脚功能

CH7555定时器共有8个引出脚，各引脚功能列于表8-2中。

表8-2 CH7555引脚功能

符 号	功 能	符 号	功 能	符 号	功 能	符 号	功 能
$V_{DD}(8)$	电源正端	$V_C(5)$	控制电压	$V_O(3)$	输出	DIS(7)	放电端
$\bar{V}_{TR}(2)$	低触发端	$V_{TH}(6)$	高触发端	$\bar{R}(4)$	复位	$V_{SS}(1)$	电源负端

现对各引脚功能分别解释如下。

1. 输入端

6脚V_{TH}称为“高触发端”，也称上限阈值输入端，只有该端输入大于$2V_{DD}/3$时，定时器才能置0($V_O=0$)。

2脚$\bar{V}_{TR}$称为“低触发端”，也称下限阈值输入端，只有该端输入小于$V_{DD}/3$时，定时器才能置1($V_O=1$)。

4脚$\bar{R}$为强迫复位输入端，当该端为低电平时，无论2、6脚为何值，定时器复位($V_O=0$)。

5脚V_C为电压控制端，此端输入控制电压，可改变比较器C_1、C_2的参考电压。工作中如果不使用V_C端，可以将其通过一个0.01μF的电容接地，以旁路高频干扰。

2. 输出端

3脚V_O为定时器的输出端，是定时器与负载的连接端。

7脚DIS称为“放电端”，由图8.18所示的电路结构中可以看出，它即为内部电路中的MOS开关管的漏极引出端，当该端与外接定时元件(电阻、电容)相连时，通过控制MOS开关管的截止与导通，即可控制外接定时电容的充放电。

3. 电源端

8脚V_{DD}接电源正端。

1脚V_{SS}接电源负端(或地端)。

8.5.3 定时器的逻辑功能

通过上面对定时器的电路结构分析和引脚功能的说明，现在可以得出定时器的逻辑功能如下：

(1) 当$\bar{R}=0$时，无论V_{TH}、$\bar{V}_{TR}$为何值，$V_O=0$，DIS接通；

(2) 当$\bar{R}=1$时，$V_{TH}>2V_{DD}/3$，$\bar{V}_{TR}>V_{DD}/3$时，$R=1$，$S=0$，触发器置0，$V_O=0$，DIS接通；

(3) 当$\bar{R}=1$，$V_{TH}<2V_{DD}/3$，$\bar{V}_{TR}<V_{DD}/3$时，$R=0$，$S=1$，触发器置1，$V_O=1$，DIS断开；当$\bar{R}=1$，$V_{TH}>2V_{DD}/3$，$\bar{V}_{TR}<V_{DD}/3$时，$R=1$，$S=1$，触发器的Q和$\bar{Q}$均为0，此时“或”门输出仍为0，故$V_O=1$，DIS断开；

(4) 当 $\bar{R}=1, V_{TH}<2V_{DD}/3, \bar{V}_{TR}>V_{DD}/3$ 时，$R=0, S=0$，触发器状态不变，输出 V_O 和 MOS 管 T 的状态也不变。

归纳上述功能，可得 CH7555 定时器的功能如表 8-3 所示。

表 8-3　CH7555 定时器功能表

V_{TH}	$\bar{V}_{TR}$	$\bar{R}$	V_O	DIS
×	×	0	0	通
$>2V_{DD}/3$	$>V_{DD}/3$	1	0	通
×	$<V_{DD}/3$	1	1	断
$<2V_{DD}/3$	$>V_{DD}/3$	1	不变	不变

表 8-3 中×表示任意，“不变”表示基本 RS 触发器保持原来状态，因而输出 V_O 和 MOS 管 T 也为原来状态，“通”和“断”指 MOS 管 T 为导通和截止。

8.5.4　555 定时器应用举例

1. 组成单稳态触发器

由 CH7555 组成的单稳态触发器如图 8.19 所示，图中 R、C 是外接定时元件。输入触发信号 V_I 加在低触发端 $\bar{V}_{TR}$ 上，由输出端 V_O 给出输出信号。电压控制端 V_C 不用，因此将其接 0.01μF 旁路电容。

稳态时，输入触发信号 V_I 为高电平 V_{DD}，基本 RS 触发器处在 0 状态，“或”门输出高电平，MOS 管 T 导通，$V_O\approx 0V$，$DIS=V_{TH}\approx 0V$。

当负触发脉冲到来时，只要输入脉冲的低电平达到 $V_{DD}/3$，则比较器 C_2 输出高电平，基本 RS 触发器置 1，$\bar{Q}=0$，“或”门输出低电平，MOS 管 T 截止，输出 V_O 跳变为高电平，电路进入暂稳态。在暂稳态期间电源 V_{DD} 通过电阻 R 对电容 C 充电，随着充电过程的进行，$V_{TH}=DIS$ 的电位逐渐升高，当 V_{TH} 上升到 $2V_{DD}/3$ 时，比较器 C_1 输出高水平，基本 RS 触发器置 0，$\bar{Q}=1$，“或”门输出高电平，输出 V_O 跳变为低电平，MOS 管 T 导通，电容 C 放电，电路返回到稳态。工作波形如图 8.20 所示。

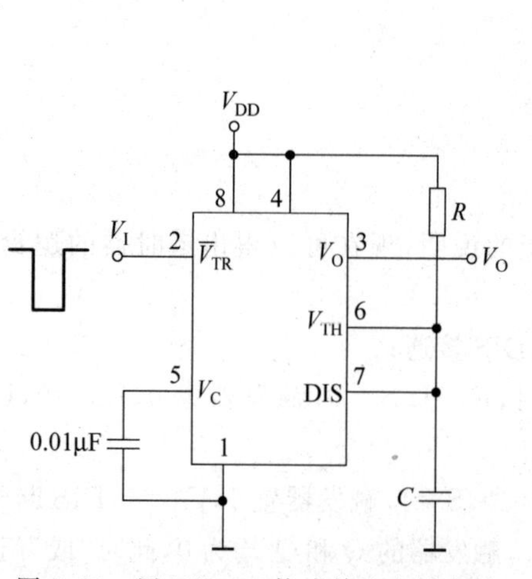

图 8.19　用 CH7555 构成单稳态触发器

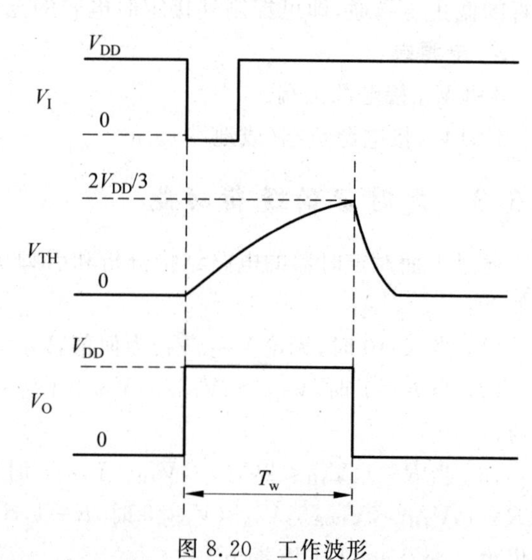

图 8.20　工作波形

若忽略MOS管T的导通压降，则该单稳电路的输出脉冲宽度可用下式估算：

$$T_w \approx RC\ln 3 \approx 1.1RC$$

使用这样单稳电路时，要求输入触发脉冲的宽度一定要小于 T_w。当 V_I 的宽度大于 T_w 时，可在输入端加RC微分电路。

2. 组成多谐振荡器

由CH7555组成的多谐振荡器电路如图8.21所示。R_1、R_2、C 为外接定时元件。

现说明该电路的工作原理。假设电源接通后某时刻电路所处的状态为：输出 $V_O=1$，则此时MOS管T截止，电源 V_{DD} 通过 R_1、R_2 对电容 C 充电，$V_{TH}=\bar{V}_{TR}$ 的电位逐渐升高。当 V_{TH} 上升到 $2V_{DD}/3$ 时，比较器 C_1 的输出跳变为高电平，基本RS触发器置0，$\bar{Q}=1$，“或”门输出高电平，V_O 跳变到低电平，MOS管T导通，电容 C 通过 R_2 放电，$V_{TH}=\bar{V}_{TR}$ 电位逐渐下降。当 $\bar{V}_{TR}$ 下降到 $V_{DD}/3$ 时，比较器 C_2 的输出跳变为高电平，基本RS触发器置1，$\bar{Q}=0$，“或”门输出低电平，V_O 跳变成高电平，MOS管T截止，C 充电。如此重复上述过程，电路产生振荡，在其输出端即可得到周期性的矩形脉冲信号。工作波形图如图8.22所示。

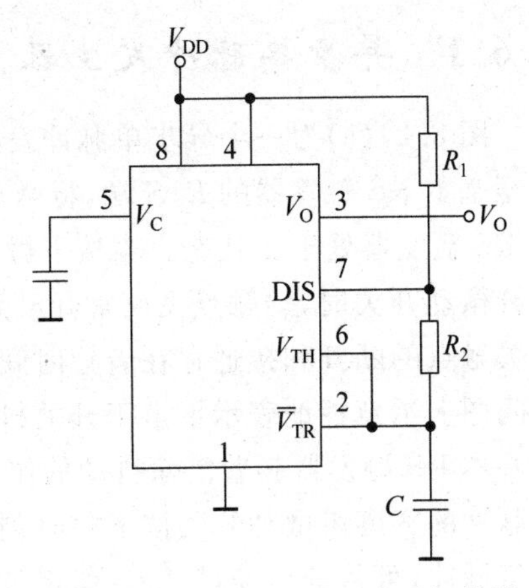

图8.21 用CH7555构成多谐振荡器

根据上述分析，可求得电容 C 的充放电时间 t_1、t_2 和脉冲周期 T，近似计算公式如下：

$$t_1 \approx (R_1+R_2)C\ln 2 \approx 0.7(R_1+R_2)C$$

$$t_2 \approx R_2C\ln 2 \approx 0.7R_2C$$

$$T = t_1 + t_2 \approx 0.7(R_1+2R_2)C$$

3. 组成施密特触发器

由CH7555组成的施密特触发器如图8.23所示。此电路原理比较简单。显然这个电路的上限阈值电压 $V_{T+}=2V_{DD}/3$，下限阈值电压 $V_{T-}=V_{DD}/3$，其回差电压为 $\Delta V=V_{T+}-V_{T-}=V_{DD}/3$。如果在电压控制端加上电压 V_C，则可通过改变 V_C 来调节 V_{T+}、V_{T-} 和 ΔV。另外，电路的 V_{O2} 输出幅度将随着 E_C 的不同而改变，因而可以用作电平转换。

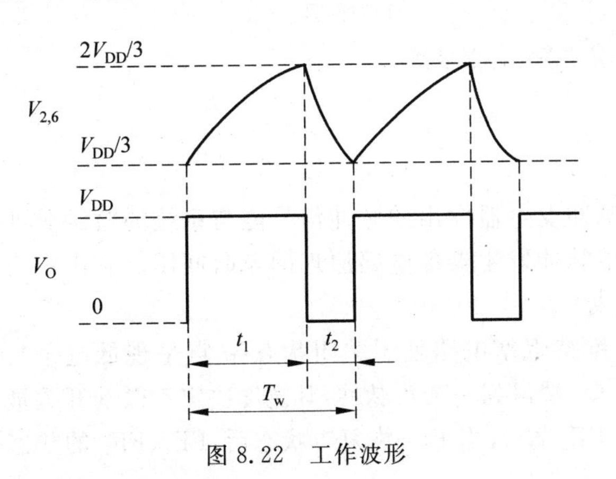

图8.22 工作波形

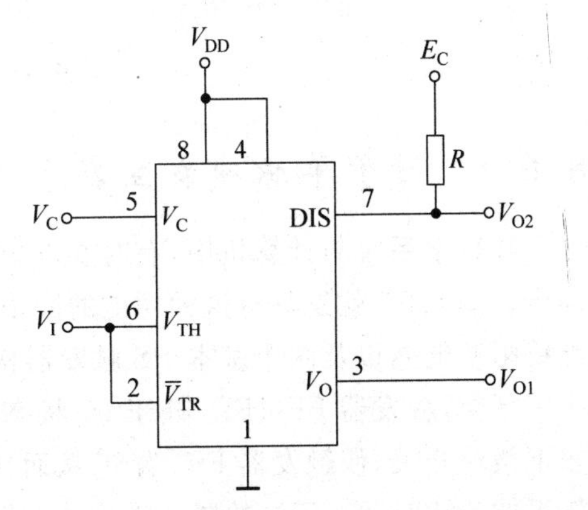

图8.23 用CH7555构成施密特触发器

8.6 单次脉冲产生电路

在数字系统中,常常需要一个单次脉冲产生电路(简称单脉冲发生器),以实现系统的单步执行与检测功能。下面简单介绍两种常见的单脉冲发生器,一种是异步单脉冲发生器,另一种是同步单脉冲发生器。

8.6.1 异步单脉冲发生器

图 8.24(a)为一个异步单脉冲发生器电路原理图。它是将微动开关的两个定触点分别接至基本 RS 触发器的 R、S 端,将微动开关的动触点接地。平常(即没按动微动开关时),基本 RS 触发器处于 1 状态。当按下微动开关时,动触点飞离常闭触点撞击到常开触点上;当放开微动开关时,动触点飞离常开触点又撞击到常闭触点上。这里需要说明的是,实际微动开关触点的断开和接通存在着短时间"若离若合"的所谓开关抖动现象。图 8.24(b)所示的时间图上示意性地表示了由于开关抖动现象对 R、S 端电压波形的影响。事实上,该电路中的基本 RS 触发器起着消除抖动的作用,在 $\overline{Q}$ 端最终得到一个正脉冲,其上升边出现的时刻及脉冲的宽度由微动开关按下的时刻及按下后持续的时间所决定。如果要求得到宽度一定的窄脉冲,可将信号经过延迟(假定延迟时间为 50ns)再反相,然后和 $\overline{Q}$ 相"与",这样输出 Z 上即可得到一个宽度为延迟时间的窄脉冲。有关波形如图 8.24(b)所示。

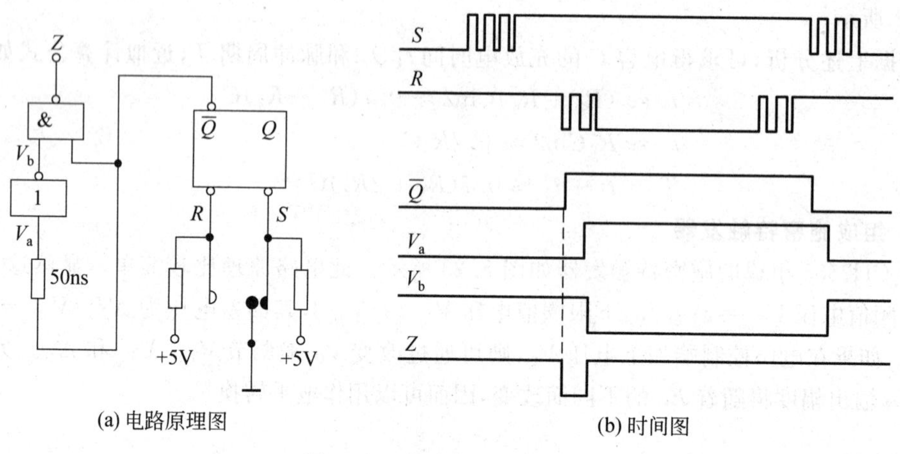

(a) 电路原理图　　(b) 时间图

图 8.24　异步单脉冲发生器

8.6.2 同步单脉冲发生器

在数字系统与计算机中,有时要求单脉冲发生器发出的脉冲信号能与系统的时钟脉冲同步。图 8.25 就是具有这种功能的同步单脉冲发生器的电路原理图及时间图。它由一个维持阻塞电路以及两个基本 RS 触发器构成。

平常,触发器 FF_2、FF_1 处于 01 状态,维持阻塞电路处于关闭状态(a 点呈现低电平)。按下微动开关,使触发器 FF_1 置 0,从而在 Q_1 端得到一个负脉冲,其宽度决定于微动开关被按下的持续时间。FF_1 的置 0 将使触发器 FF_2 置 1;当 FF_1 恢复 1 状态后,FF_2、FF_1 的状态

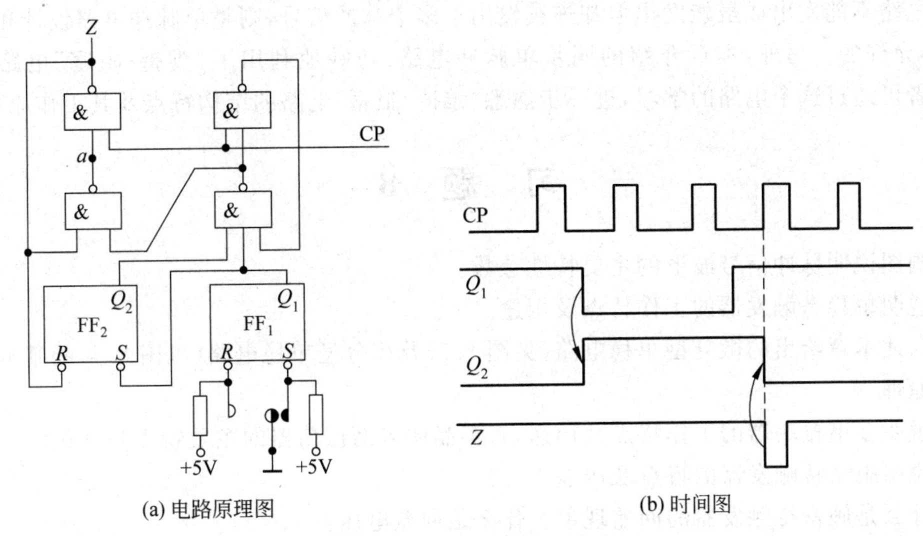

(a) 电路原理图
(b) 时间图

图 8.25　同步单脉冲发生器

成为 11 状态，这时开启维持阻塞电路（a 点呈现高电平），放过此刻之后的下一个时钟脉冲（单脉冲）。这个脉冲又返回来将 FF_2 置 0，触发器 FF_2、FF_1 的状态又回到了 01 状态，关闭维持阻塞电路（a 点又呈现低电平）。

如果 FF_1 回到 1 状态的时间正好在某个时钟脉冲期间内，由于维持阻塞电路的功能，这个时钟脉冲将被阻塞，放过的是下一个完整的时钟脉冲。

本章小结

脉冲信号的产生与整形，是数字电子技术的一个重要内容。本章介绍了各种形式的脉冲信号的产生与整形电路，这些电路归纳起来可分为两类。一类无须外加触发信号，在电源接通后，即能自动地产生出矩形脉冲，称为自激多谐振荡器。本章介绍的由奇数个 TTL“与非”门构成的环形多谐振荡器、RC 环形振荡器以及石英晶体多谐振荡器等都属于这类电路；另一类则不能自动地产生脉冲信号波形，而是要在其他信号（包括变化缓慢的输入信号和脉冲信号）的作用下，才能产生矩形脉冲信号。通常称这一类电路为脉冲波形的整形电路。在这类电路中，我们介绍了单稳态触发器和施密特触发器。

在介绍这些电路的工作过程时，我们采用了波形分析法。即首先根据电路的工作原理，画出电路在变化过程（即暂稳态过程）中关键点的电压波形图，然后找出波形变化的起始值和终了值，最后通过简单的计算，即可求出所需的结果（如脉冲波形的周期和宽度等）。这是在分析这类简单的脉冲电路时常用的一种方法。

本章还介绍了在脉冲与数字系统中应用很广的 555 定时器及其典型应用电路。由于 555 定时器的特殊结构，所以只需少量外接元件，便可构成各式各样的十分有用的电路。本章介绍了 3 种应用电路，读者还可以根据实际要求，开发出更多的应用电路来。

本章最后专门介绍了单次脉冲产生电路，并分别介绍了异步单脉冲电路和同步单脉冲电路的组成及工作原理。无论是哪种类型的单脉冲电路，重要的是要在按动一次微动开关后，电路应能够可靠地发出一个且仅发出一个完整的单脉冲信号；相反，若按动一次微动开关后，电路不能发出或虽能发出但却连续发出了多个脉冲信号，则是单脉冲电路设计和使用中所不允许的。另外，本章介绍的同步单脉冲电路，巧妙地利用了“维持-阻塞”电路的原理，读者可通过这个电路的学习，进一步熟悉“维持-阻塞”电路的结构特点及其工作原理。

习 题 8

8.1 画图说明脉冲信号波形的主要特性参数。

8.2 说明单稳态触发器的工作特点及用途。

8.3 简述本章给出的微分型单稳电路(见图 8.2)及积分型单稳电路(见图 8.4)的基本工作原理。

8.4 说明多谐振荡器的工作特点及用途，石英晶体多谐振荡器的主要特点是什么?

8.5 说明施密特触发器的特点及用途。

8.6 什么是施密特触发器的回差现象? 什么是回差电压?

8.7 说明 CH7555 定时器的电路组成及功能特性。

8.8 画图说明如何用 CH7555 定时器构成单稳触发器、施密特触发器及多谐振荡器。

8.9 在图 8.19 所示 CH7555 构成的单稳电路中，若 $R=50\text{k}\Omega$，$C=2.2\mu\text{F}$，试计算输出脉冲宽度。

8.10 画出一个由多谐振荡器和单稳态触发器构成脉冲信号产生电路的完整电路图，其中由多谐振荡器的 RC 参数决定脉冲信号的频率(或周期)，由单稳态触发器的 RC 参数决定脉冲信号的宽度。试恰当选择这些 RC 数值，使输出正脉宽度为 $2\mu\text{s}$，脉冲周期为 $10\mu\text{s}$。

8.11 简述同步单脉冲电路的工作特点并举出一种可以检测这种电路是否能可靠工作的方法(即可以检测电路在按动一次微动开关后能够发出一个且仅发出一个脉冲信号)。

第 9 章 数/模和模/数转换器

本章首先介绍 D/A 和 A/D 转换的基本知识，然后分别介绍 D/A 转换器和 A/D 转换器的基本结构、工作原理、主要技术指标以及与微处理器的连接时应考虑问题。

9.1 概 述

我们知道，计算机能够处理的是数字量信息。然而在现实世界中有很多信息并不都是数字量的，例如声音、电压、电流、流量、压力、温度、位移和速度等，它们都是连续变化的物理量，所谓连续，包含两方面的含义：一是从时间上来说，这些信息是随时间连续变化的；二是从数值上看，这些信息的数值也是连续变化的。人们将这些连续变化的物理量称为模拟量。计算机是处理数字量信息的设备，要处理这些模拟量信息就必须有一个模拟接口，通过这个模拟接口，将模拟量信息转换成数字量信息，以供计算机运算和处理；然后，再把计算机处理过的数字量信息转换为模拟量信息，以实现对被控制量的控制。

将数字量转换成相应模拟量的过程称为数字/模拟转换，简称数/模转换，或 D/A 转换(Digital to Analog Conversion)，完成这种转换的装置叫做 D/A 转换器(简称 DAC)；反之，将模拟量转换成相应数字量的过程称为模拟/数字转换，简称模/数转换，或 A/D 转换(Analog to Digital Conversion)，完成这种转换的装置叫做 A/D 转换器(简称 ADC)。

A/D 转换和 D/A 转换在控制系统和测量系统中有非常广泛的用途，如图 9.1 是一个计算机自动控制系统的方块图。在生产或实验的现场，有多种物理量，如生产过程中的各种参数，如温度、压力、流量等，它们先通过传感器转换成电信号(电流或电压信号)，然后经过滤波放大后送到模/数转换器，在那里模拟量被转换成数字量，再送给微型计算机。微型

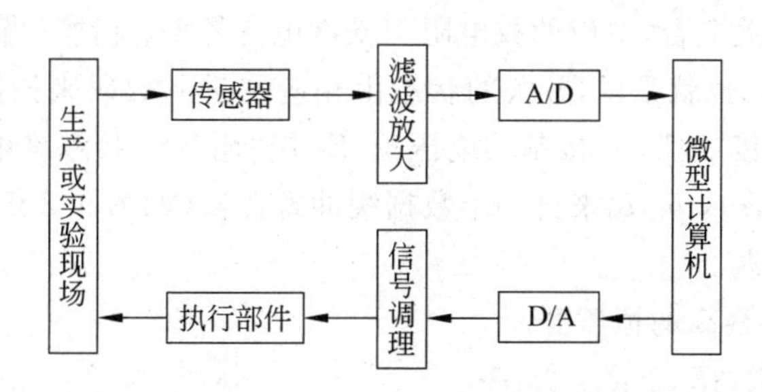

图 9.1 计算机自动控制系统

计算机对这些数字量进行处理加工后，再由数/模转换器转换成模拟信号，在对这些模拟信号进行一定的调理后，由执行部件产生相关的控制信号去控制生产过程或实验装置中的各种参数，这就形成了一个计算机闭环自动控制系统。

21世纪被称为是数字化世纪，如数字电视、数字通信、数字图像、数字化家电等新技术和新设备被广泛使用。在现代化建设中，数字化技术已经非常广泛地应用于国民经济各个领域及人们的日常生活中，因此，了解和掌握D/A和A/D转换的相关概念及其基本技术具有十分重要的意义。

9.2 D/A 转换器

9.2.1 D/A 转换器的工作原理

D/A转换器(DAC)一般由基准电压源、电阻解码网络、运算放大器和数据缓冲寄存器等部件组成。各种DAC都可用图9.2所示的结构框图来概括，其中电阻解码网络是其核心部件，是任何一种DAC都必须具备的组成部分。

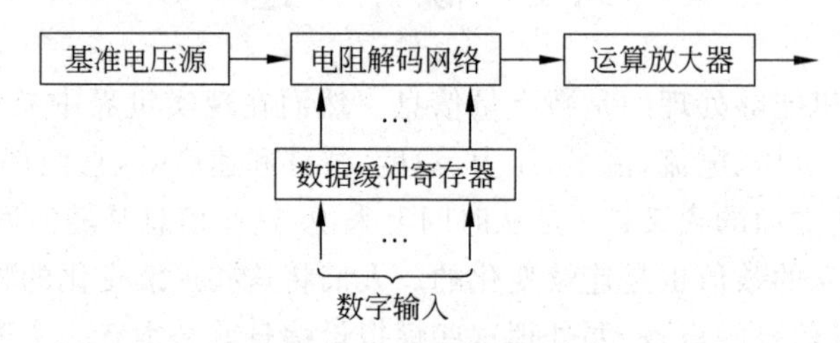

图9.2 DAC结构框图

D/A转换电路的种类很多，如“权电阻D/A转换器”、“倒T型电阻网络D/A转换器”、“开关树型D/A转换器”等，这里仅介绍其中的两种。

1. 权电阻D/A转换器

1) 电路的构成及各部分的作用

权电阻D/A转换器的电路原理图如图9.3所示，它由双向电子开关、基准电压源、权电阻网络和运算放大器等部分组成。

(1) 双向电子开关 S_{n-1}，S_{n-2}，…，S_1 S_0。

双向电子开关通常由场效应管构成，每个开关分别受对应的输入二进制数码 b_{n-1}，b_{n-2}，…，$b_1 b_0$ 的控制。每一位二进制数码 b_i(0或1)控制一个相应的开关 S_i($i=0$，1，…，$n-1$)。当 $b_i=1$ 时，开关上合，对应的权电阻与基准电压源 U_R 相接；当 $b_i=0$ 时，开关下合，对应的权电阻接“地”。也就是说，开关的状态由相应二进制数码来控制。如4位二进制数码是1010，则开关 S_0 接“地”，S_1 接基准电压源，S_2 接“地”，S_3 接基准电压源。

数字量 b_{n-1}，b_{n-2}，…，b_1，b_0 来自一个数据缓冲寄存器(如图9.2所示)。

(2) 基准电压源 U_R。

U_R 是一个稳定性很高的恒压源。

(3) 权电阻网络 R，$2R$，2^2R，2^3R，…。

流过权电阻网络中每个电阻的电流与对应位的“权”成正比，这些分电流在权电阻网络

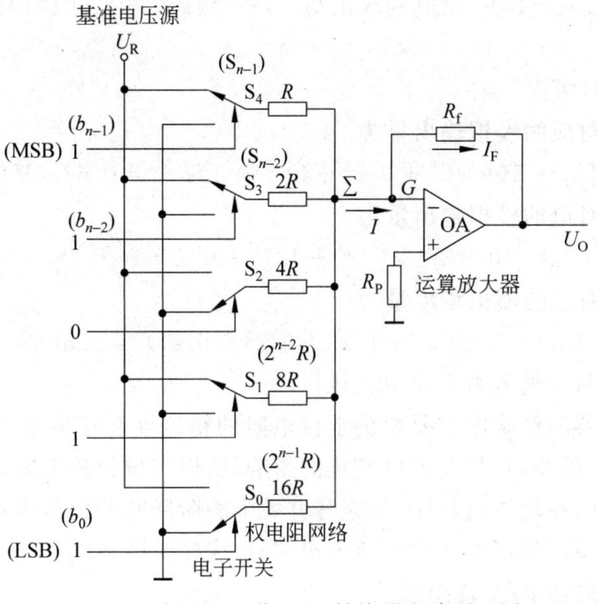

图 9.3 权电阻网络 D/A 转换器电路原理图

的输出端 $\sum$ 处汇总加至运算放大器的反相端，总电流 I 与输入数字量成正比。

对应的位越高，相应的电阻值越小（b_{n-1} 为最高位，电阻值 2^0R 最小）。由于电阻值和每一位的“权”相对应，所以称为权电阻网络。

(4) 运算放大器。

运算放大器和权电阻网络构成反相加法运算电路。输出电压 U_O 与 I 成正比，亦即与输入数字量成正比。运算放大器还能起缓冲作用，使 U_O 输出端负载变化时不影响 I。调节反馈电阻 R_f 的大小，可以很方便地调节转换系数，使 U_O 的数值符合实际需要。

2) 定量分析

在图 9.3 中，G 点为运算放大器的“虚地点”。当 $b_i=1$ 时，S_i 接通基准电压源 U_R，流过第 i 位权电阻的电流 $I_i=U_R/R_i$；当 $b_i=0$ 时，$I_i=0$。这样，I_i 可以综合表示为

$$I_i=\frac{U_R}{R_i}b_i$$

由图 9.3 可见，权电阻网络输出电流 I 为各支路电流之和，即

$$I=\frac{b_{n-1}U_R}{2^0R}+\frac{b_{n-2}U_R}{2^1R}+\frac{b_{n-3}U_R}{2^2R}+\cdots+\frac{b_0U_R}{2^{n-1}R} \tag{9-1}$$

根据运算放大器的工作原理可得

$$I_F=-\frac{U_O}{R_f}$$

而 $I\approx I_F$，将其代入式(9-1)，整理后可得：

$$U_O=-\frac{U_RR_f}{R}\left(\frac{b_{n-1}}{2^0}+\frac{b_{n-2}}{2^1}+\frac{b_{n-3}}{2^2}+\cdots+\frac{b_0}{2^{n-1}}\right) \tag{9-2}$$

当 $R_f=R/2$ 时，有

$$U_O=-U_R\left(\frac{b_{n-1}}{2^1}+\frac{b_{n-2}}{2^2}+\frac{b_{n-3}}{2^3}+\cdots+\frac{b_0}{2^n}\right) \tag{9-3}$$

【**例 9-1**】 设 $U_R=-10V$,试分别求出与二进制数码 0001、0010、0100 相对应的模拟输出量 U_O。

解 根据式 9.3,可得

(1) 与 0001 相对应的模拟输出量为

$$U_O=10(0/2^1+0/2^2+0/2^3+1/2^4)=0.625(V)$$

(2) 与 0010 相对应的模拟输出量为

$$U_O=10(0/2^1+0/2^2+1/2^3+0/2^4)=1.25(V)$$

(3) 与 0100 相对应的模拟输出量为

$$U_O=10(0/2^1+1/2^2+0/2^3+0/2^4)=2.5(V)$$

可见,输出模拟量与输入数字量成正比。

这种 D/A 转换器的精确度主要取决于权电阻的精确度和运算放大器的稳定性。由于权电阻的阻值有一定误差,且易受温度变化的影响,所以当位数较多时,阻值分散性很大,不易保证精确度。另外,在动态过程中,加至各开关上的阶跃脉冲信号将在输出端产生尖峰脉冲,输出模拟电压的瞬时值可能比稳定值大很多,造成较大的动态误差。

2. 倒 T 型电阻网络 D/A 转换器

这种电路只用 R 和 $2R$ 两种电阻来接成倒 T 型电阻网络。4 位倒 T 型电阻网络 D/A 转换器如图 9.4 所示。

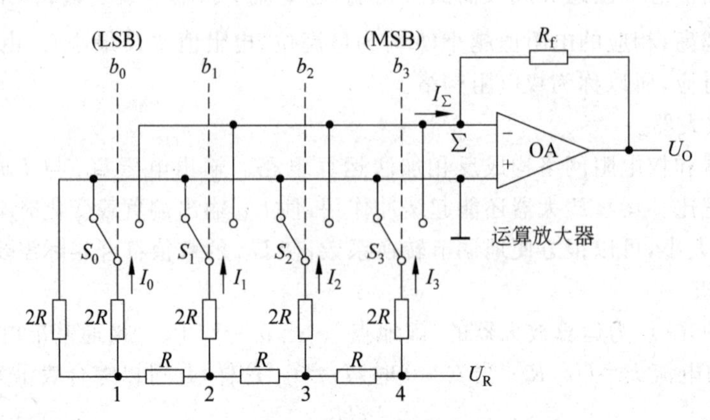

图 9.4 倒 T 型电阻网络 D/A 转换器

该电路的特点是:

(1) 当输入数字量的任何一位为 1 时,对应的开关将 $2R$ 电阻支路接到运算放大器的反相端;而当该位为 0 时,对应开关将 $2R$ 电阻支路接地。因此,无论输入数字信号每一位是 1 还是 0,$2R$ 电阻要么接地,要么虚地,其中流过的电流保持恒定,这就从根本上消除了在动态过程中产生尖峰脉冲的可能性。

(2) 从每一节点向左看的等效电阻都是 R。例如从节点 1 向左看的等效电阻 $R_1=2R/\!/2R=R$;从节点 2 向左看的等效电阻 $R_2=(R+R)/\!/2R=R$,… 。

利用分压原理,求得各节点电压为:

$$U_4=U_R$$

$$U_3=\frac{1}{2}U_R$$

$$U_2 = \frac{1}{4}U_R$$

$$U_1 = \frac{1}{8}U_R$$

各支路电流为：

$$I_3 = \frac{U_4}{2R} = \frac{U_R}{2R}$$

$$I_2 = \frac{U_3}{2R} = \frac{U_R}{4R}$$

$$I_1 = \frac{U_2}{2R} = \frac{U_R}{8R}$$

$$I_0 = \frac{U_1}{2R} = \frac{U_R}{16R}$$

因此，流到 $\sum$ 点的总电流为：

$$I_{\sum} = I_3 + I_2 + I_1 + I_0 = \frac{U_R}{2^4 R}(2^3 b_3 + 2^2 b_2 + 2^1 b_1 + 2^0 b_0) \tag{9-4}$$

若取 $R_f = R$，则输出电压为：

$$U_O = -I_{\sum} R_f = -\frac{U_R}{2^4}(2^3 b_3 + 2^2 b_2 + 2^1 b_1 + 2^0 b_0) = -\left(\frac{U_R}{2^4}\right)N \tag{9-5}$$

其中 $N = 2^3 b_3 + 2^2 b_2 + 2^1 b_1 + 2^0 b_0$ 为数字量的按权展开式。即输出的模拟电压正比于输入的数字信号。对于 n 位倒 T 型电阻网络 D/A 转换器，则可写出：

$$U_O = -\frac{U_R}{2^n}(2^{n-1} b_{n-1} + 2^{n-2} b_{n-2} + \cdots + 2^1 b_1 + 2^0 b_0) \tag{9-6}$$

倒 T 型电阻网络 D/A 转换器是各种 D/A 转换器中速度最快的一种，使用最为广泛。

9.2.2 D/A 转换器的主要技术指标

1. 分辨率

分辨率是指 D/A 转换器的输出模拟量对输入数字量的敏感程度。一般有两种表示法，一种是用输入二进制位数来表示，如分辨率为 n 位的 D/A 转换器就是输入的二进制代码为 n 位；另一种方法是以最低有效位(LSB)所对应的模拟电压值来表示。如果输入为 n 位，则最低有效位所对应的模拟电压值是满量程电压的 $1/2^n$。若 $n=12$，则分辨率为 12 位，或称分辨率为满量程电压的 1/4096，即 12 位 D/A 转换器，其输出分辨率为：$1/2^{12} = 1/4096 = 0.0244\%$。若满量程电压为 4.096V，则分辨率为 1mV，即最低位对应的输出为 1mV，输入全 1 时对应的输出为 4095mV。

2. 精度

精度(即误差)表明 D/A 转换的准确程度，它可分为绝对精度和相对精度。

(1) 绝对精度：绝对精度是指输入给定数字量时，其理论输出模拟值与实际所测得输出模拟值之差。它是由 D/A 转换器的增益误差、零点误差、线性误差和噪声等综合因数引起的。

(2) 相对精度：相对精度是指满量程值校准以后，任一数字输入的模拟量输出与它的理论值之差相对于满量程的百分数情况，有时也以最低有效位(LSB)的分数形式给出。

例如，相对精度±0.1%指的是最大误差为V_{FS}的±0.1%。如满量程值V_{FS}为10V时，则最大误差为$V_E=\pm 10mV$。

n位DAC的相对精度为$\pm\frac{1}{2}$LSB是指最大可能误差为：

$$V_E=\pm\frac{1}{2}LSB=\pm\frac{1}{2}\times\frac{1}{2^n}V_{FS}=\pm\frac{1}{2^{n+1}}V_{FS} \tag{9-7}$$

注意，精度和分辨率是两个截然不同的参数。如上所述，分辨率是指其输出模拟量对输入数字量的敏感程度，它取决于转换器的位数；而精度是表明D/A转换器工作的准确程度，它取决于构成转换器的各个部件的精度和稳定性。

3. 建立时间

DAC的建立时间是指从输入数字信号起到输出电压（或电流）达到稳定输出值所需要的时间。当输出形式是电流时，这个时间很短；当输出形式是电压时，则建立时间取决于运算放大器所需要的时间。建立时间一般为几十纳秒至几微秒。

除以上几个主要技术指标外，还有温度系数、功率消耗、零点误差、标度误差等，使用时可查阅有关资料。

9.2.3 D/A转换器芯片

1. D/A转换器芯片的基本组成和分类

D/A转换器芯片是由集成在单一芯片上的解码网络及其他一些附加电路组成的，图9.5给出了其简化功能结构图。

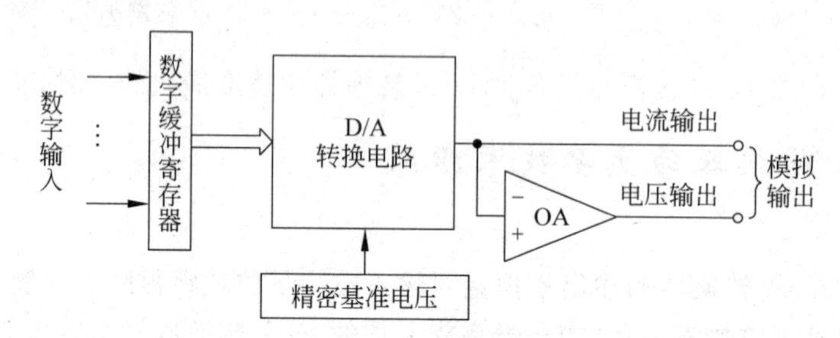

图9.5 D/A芯片的简化功能结构图

图9.5中数字缓冲寄存器接收CPU送来的数字量，由它们产生一组D/A转换电路内部的开关控制电平。有些芯片内部具有缓冲器或锁存器。

D/A转换电路是由电阻网络和由二进制码控制的双向开关组成的，数字量在这里进行D/A转换。

对于输出电路，有些D/A转换芯片是电流输出，有些是把电流经运算放大器OA转变成电压后输出。

精密基准电压部分产生D/A转换电路所需要的基准电压，可以由外部提供，也有的做在芯片内部。

D/A转换芯片的种类很多，根据输入位数可分为8位、10位、12位、16位芯片；根据数据传输方式可分为并行输入和串行输入两类芯片，此外还有对数式D/A转换芯片等。

2. DAC 0832

1）芯片简介

DAC 0832 是一种常用的 8 位 D/A 转换芯片，图 9.6 是其内部逻辑结构及引脚图，它采用了二次缓冲输入数据方式（输入寄存器及 DAC 寄存器）。这样可以在输出的同时，采集下一个数字量，以提高转换速度。更重要的是能够用于需要同时输出多个参数的模拟量系统中。此时对应于每一种参数需要一片 DAC 0832，因而可构成多片 DAC 0832 同时输出模拟量的系统。

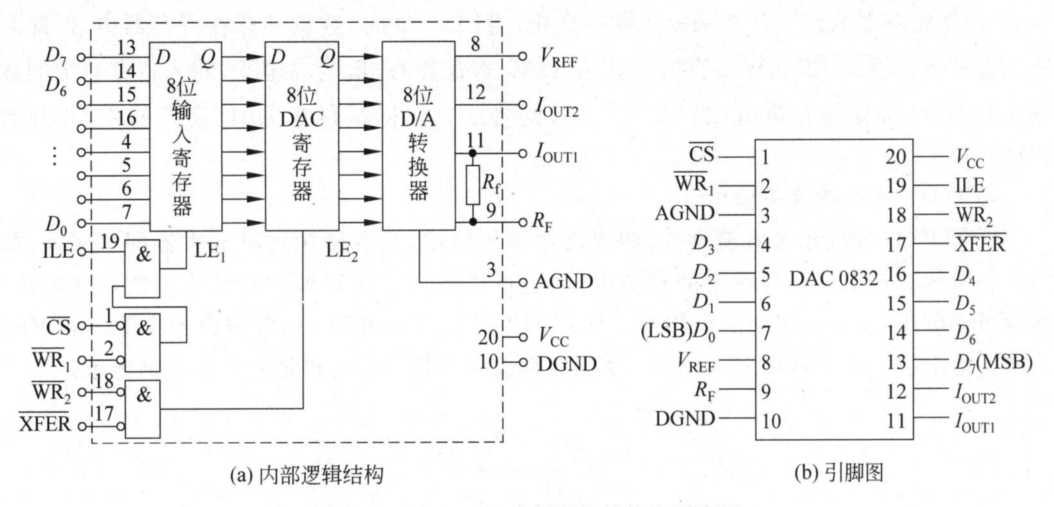

(a) 内部逻辑结构　　(b) 引脚图

图 9.6　DAC 0832 内部逻辑结构和引脚图

DAC 0832 的主要特性如下：

- 分辨率：8 位。
- 建立时间：1μs。
- 增益温度系数：20 ppm/℃。
- 输入：TTL 电平。
- 功耗：20mW。

2）引脚功能

- ILE：允许输入锁存。
- $\overline{CS}$：片选信号，它与 ILE 结合起来用于控制$\overline{WR_1}$是否起作用。
- $\overline{WR_1}$：写信号 1，在$\overline{CS}$和 ILE 有效下，用它将数字输入并锁存于输入寄存器中。
- $\overline{WR_2}$：写信号 2，在$\overline{XFER}$有效下，用它将输入寄存器中的数字传送到 8 位 DAC 寄存器中。
- $\overline{XFER}$：传送控制信号，用来控制$\overline{WR_2}$是否起作用。在控制多个 DAC 0832 同时输出时特别有用。
- $D_7 \sim D_0$：8 位数字输入，D_0 为最低位。
- I_{OUT1}：DAC 输出电流 1，它是逻辑电平为 1 的各位输出电流之和。
- I_{OUT2}：DAC 输出电流 2，它是逻辑电平为 0 的各位输出电流之和。
- R_f：反馈电阻，该电阻被制作在芯片内，用作运算放大器的反馈电阻。

- V_{REF}：基准电压输入，可超出±10V 范围。芯片用于四象限乘时，为模拟电压输入。
- V_{CC}：逻辑电源，+5V～+15V，最佳用+15V。
- AGND：模拟地，芯片模拟信号接地点。
- DGND：数字地，芯片数字信号接地点。

3）DAC 0832 的工作原理

图 9.6 中有两个独立的数据寄存器，即“8 位输入寄存器”和“8 位 DAC 寄存器”。8 位输入寄存器直接与数据总线连接，当 ILE、$\overline{CS}$和$\overline{WR_1}$有效时，8 位输入寄存器的$\overline{LE_1}$为高电平，此时该寄存器的输出状态随输入状态变化；当$\overline{LE_1}=0$时，数据锁存在寄存器中，但此时还没有转换。当$\overline{XFER}$和$\overline{WR_2}$有效时，8 位 DAC 寄存器的$\overline{LE_2}$为高电平，输入寄存器中的数据送到 DAC 寄存器并输出；当$\overline{LE_2}=0$时，则将这个数据锁存在 DAC 寄存器中，并开始转换。

4）DAC 0832 的模拟输出

DAC 0832 的输出是电流型的，如果需要电压输出，只要使用运算放大器即可实现，如图 9.7 所示。其中 V_{REF} 是稳定的直流电压，也可以是从－10V 到＋10V 之间的可变电压。当为可变电压时，即可实现四象限乘。V_{OUT} 的极性与 V_{REF} 相反，其数值由数字输入和 V_{REF} 决定。由于芯片内部有反馈电阻 R_F，所以运算放大器外部不必再接另外的反馈电阻。

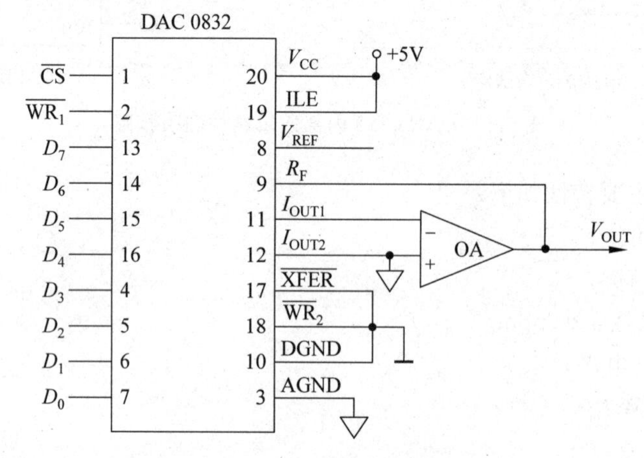

图 9.7　DAC 0832 的电压输出电路

9.2.4　D/A 转换器与微处理器的接口

D/A 转换器与微处理器接口时要考虑如下问题。

1. 数据锁存问题

由于 D/A 转换器只有数据输入线、片选和写入控制线等与微处理器有关，因此 D/A 转换器与微处理器的接口相对比较简单，它不需要应答，微处理器可直接把数据输出给 D/A 转换器。若 D/A 转换器芯片内有数据锁存器，则微处理器就把 D/A 转换器芯片当作一个并行输出端口；若 D/A 转换器内没有数据锁存器，则微处理器把 D/A 转换器芯片当作一个并行输出的外设，在两者之间还需增加并行输出的接口，该接口实际上就是一个数据锁存器。

2. 其他问题

除了数据锁存问题，绝大多数 D/A 转换器还需要考虑地址译码和信号组合等问题，个别的 D/A 转换器还要考虑电平匹配问题。总之，接口的目的是希望使微处理器简单地执行一次输出指令就能建立一个给定的电压或电流输出。

9.3 A/D 转换器

9.3.1 基本概念

A/D 转换器是把模拟量转换成二进制数字量的电路，这种转换过程通常分 4 步进行，即采样、保持、量化和编码。前两步通常在采样保持电路中完成，后两步通常在 A/D 转换电路中完成。

1. 采样

所谓采样(sampling)就是每隔一定的时间间隔，把模拟信号的值取出来作为样本，并让其代表原信号。或者说，采样就是把一个时间上连续变化的模拟量转换为一系列脉冲信号，每个脉冲的幅度取决于输入模拟量，如图 9.8 所示。

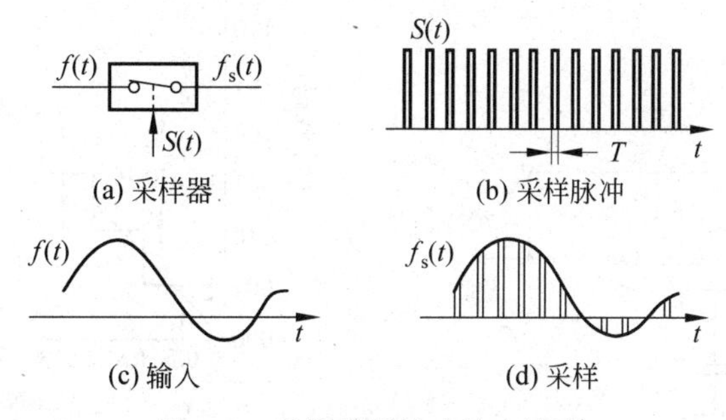

图 9.8 采样器的输入输出波形

图 9.8(a)中采样器相当于一个受控的理想开关，$S(t)$是采样脉冲，如图 9.8(b)所示。当 $S(t)=1$ 时，开关合上，$f_S(t)=f(t)$；$S(t)=0$ 时，开关断开，$f_S(t)=0$，即

$$f_S(t) = f(t) \cdot S(t), \quad S(t) = \begin{cases} 1 \\ 0 \end{cases}$$

采样定理：当采样器的采样频率 f_S 大于或等于输入信号最高频率 f_{max} 的两倍时，采样后的离散序列就能无失真地恢复出原始连续模拟信号。即采样频率 f_S 和输入信号最高频率 f_{max} 须满足如下关系：

$$f_S \geqslant 2f_{max} \tag{9-8}$$

实际工程上常采用：

$$f_S = (3 \sim 5)f_{max} \tag{9-9}$$

2. 保持

所谓保持就是把采样结束前瞬间的输入信号保持下来，使输出和保持的信号一致。由于 A/D 转换需要一定时间，在转换期间，要求模拟信号保持稳定，所以当输入信号变化速率较快时，应采用采样-保持电路；如果输入信号变化缓慢，则可不用保持电路。

最基本的采样-保持电路如图 9.9 所示。它由 MOS 管采样开关 K、保持电容 C 和运算放大器 OA 三部分组成。$S(t)=1$ 时，MOS 管 K 导通，V_{IN} 向电容 C 充电，C 上的电压 V_C 和 V_{OUT} 跟踪 V_{IN} 变化，即对 V_{IN} 采样。$S(t)=0$ 时，K 截止，V_{OUT} 将保持前一瞬间采样的数值不变。只要 C 的漏电电阻、运放的输入电阻和 MOS 管 K 的截止电阻足够大，则 C 的放电电流可以忽略，V_{OUT} 就能保持到下次采样脉冲到来之前而基本不变。实际上进行 A/D 转换时所用的输入电压，就是这种保持下来的采样电压。

3. 量化

所谓量化就是决定样本属于哪个量化级，并将样本幅度按量化级取整，经量化后的样本幅度为离散的整数值，而不是连续值。量化之前要规定将信号分为若干个量化级，例如可分为 8 级、16 级等。规定好每一级对应的幅值范围，然后将采样所得样本的幅值与上述量化级幅值范围相比较，并且取整定级。

图 9.10 就是量化的示意图。3 位 A/D 转换器把模拟范围分割成 8($2^3=8$)个离散区间，可把 0～7V 的采样信号量化为数字量，如输入 5V 被量化为数字代码 101。

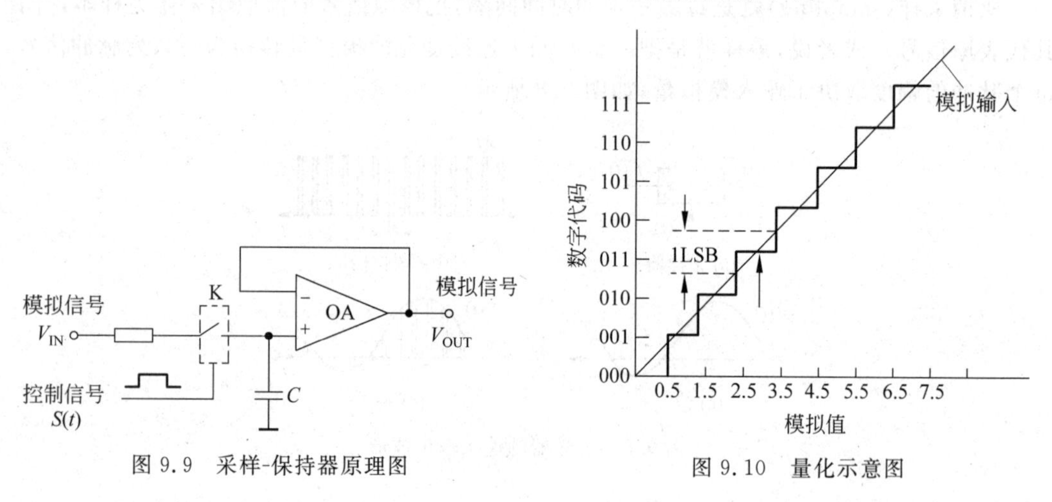

图 9.9　采样-保持器原理图　　　图 9.10　量化示意图

从图 9.10 中可以看出，量化过程会产生 1/2 LSB(即 0.5V)的误差，要减少这种量化误差，可采取位数更多的 A/D 转换器，这样就可以把模拟范围分割成更多的离散区间，从而可以减少 LSB 的值。

4. 编码

编码就是用相应位数的二进制码表示已经量化的采样样本的量级，如果有 N 个量化级，二进制位的位数应为 $\log_2 N$。如量化级有 8 个，就需要 3 位编码。例如在语音数字化系统中，常分为 128 个量级，故需用 7 位编码。

9.3.2　A/D 转换器的工作原理

A/D 转换器的种类很多，常见的有并行比较式、双积分式和逐次逼近式等。不同的 A/D转换方式具有不同的工作特点和电路特性，例如并行比较式 A/D 转换器具有较高的转换速度，双积分式 A/D 转换器的精度较高，而逐次逼近式 A/D 转换器在一定程度上兼顾了以上两种转换器的特点。下面以常用的逐次逼近式 A/D 转换器为例，简要介绍 A/D 转换器的基本工作原理。

逐次逼近式A/D转换器的工作特点为：二分搜索，反馈比较，逐次逼近。其工作过程与天平称物体重量的过程十分相似，例如被称物体重量为195g，把标准砝码设置为与8位二进制数码相对应的权码值。砝码重量依次为128g、64g、32g、16g、8g、4g、2g、1g，相当于数码最高位(D_7)的权值为$2^7=128$，次高位(D_6)为$2^6=64$，…，最低位(D_0)为$2^0=1$，称重过程如下：

(1) 先在砝码盘上加128g砝码，经天平比较结果，重物195g>128g，此砝码保留，即相当于最高位数码D_7记为1。

(2) 再加64g砝码，经天平比较，重物195g>(128+64)g，则继续留下64g砝码，即相当于数码D_6记为1。

接着不断用上述方法，由大到小砝码逐一添加比较，凡砝码总重量小于物体重量的砝码保留，否则拿下所添加的砝码。这样可得保留的砝码为128g+64g+2g+1g=195g，与物体重量相等，相当于转换的数码为$D_7 \sim D_0=11000011$。

逐次逼近式A/D转换器工作原理框图如图9.11所示，它由电压比较器C、D/A转换器、逐次逼近寄存器(SAR)、控制逻辑和输出缓冲器等部分组成。

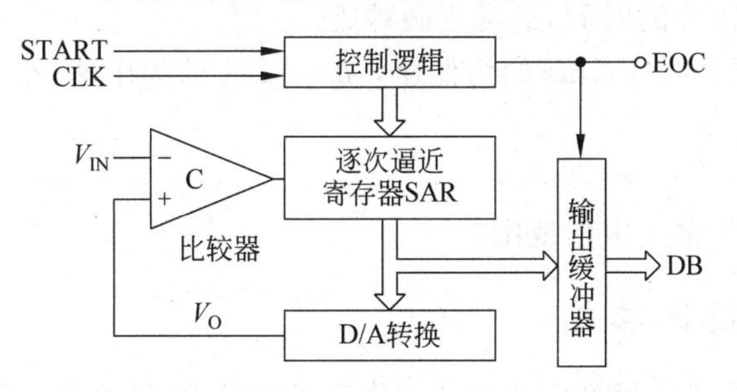

图9.11 逐次逼近式A/D转换器工作原理框图

其工作原理如下：

一个待转换的模拟输入信号V_{IN}与一个"推测"信号V_O相比较，根据V_O大于还是小于V_{IN}来决定减小还是增大该推测信号V_O，以便向模拟输入信号逐渐逼近。推测信号V_O由D/A输出得到，当推测信号V_O与V_{IN}相等时，则D/A转换器输入的数字即为V_{IN}对应的数字量。"推测"的算法如下：使逐次逼近寄存器SAR中的二进制数从最高位开始依次置1，每一位置1后都要进行测试，若$V_{IN}<V_O$，则比较器输出为0，并使该位置0；否则$V_{IN}>V_O$，比较器输出为1，则使该位保持1。无论那种情况，均应比较下一位，直到SAR的最末位为止。此时在D/A输入的数字量即为对应V_{IN}的数字量，本次A/D转换完成，给出转换结束信号EOC。

逐次逼近式A/D转换器的特点是转换时间固定，它取决于A/D转换器的位数和时钟周期，适用于变化过程较快的控制系统，转换精度取决于D/A转换器和比较器的精度，可达0.01%。转换的结果可以并行输出，也可以串行输出，是目前应用很广泛的一种A/D转换器。

9.3.3 A/D转换器的主要技术指标

1. 分辨率

对于ADC来说，分辨率表示输出数字量变化一个相邻数码所需要输入模拟电压的变化量。通常定义为满刻度电压与 2^n 的比值，其中 n 为 ADC 的位数。例如具有 12 位分辨率的 ADC 能够分辨出满刻度的 $1/2^{12}$(0.0244%)。若满刻度为 10V，则分辨率为 2.44mV。

有时分辨率也用 A/D 转换器的位数来表示，如 ADC 0809 的分辨率为 8 位，AD574 的分辨率为 12 位等。

2. 量化误差

量化误差是由于 ADC 的有限分辨率引起的误差，这是连续的模拟信号在量化取整后的固有误差。对于四舍五入的量化法，量化误差在 ±1/2 LSB 之间。

3. 绝对精度

绝对精度是指在输出端产生给定的数字代码，实际需要的模拟输入值与理论上要求的模拟输入值之差。

4. 相对精度

它与绝对精度相似，所不同的是把这个偏差表示为满刻度模拟电压的百分数。

5. 转换时间

转换时间是 ADC 完成一次转换所需要的时间，即从启动信号开始到转换结束并得到稳定的数字输出量所需要的时间，通常为微秒级。

一般约定，转换时间大于 1ms 的为低速，1ms～1μs 的为中速，小于 1μs 的为高速，小于 1ns 的为超高速。

6. 量程

量程是指能转换的输入电压范围。

9.3.4 A/D 转换器芯片

ADC 0809 是目前最常用的 8 位中速逐次逼近法 A/D 转换器，下面简单介绍此芯片的结构、性能、指标和它的工作过程。

1. ADC 0809 的结构和指标

ADC 0809 的结构如图 9.12(a)所示，它是 CMOS 集成器件，内部包括一个逐次逼近型的 A/D 部分、一个 8 通道的模拟开关和地址锁存及译码逻辑等。它的主要技术指标如下：

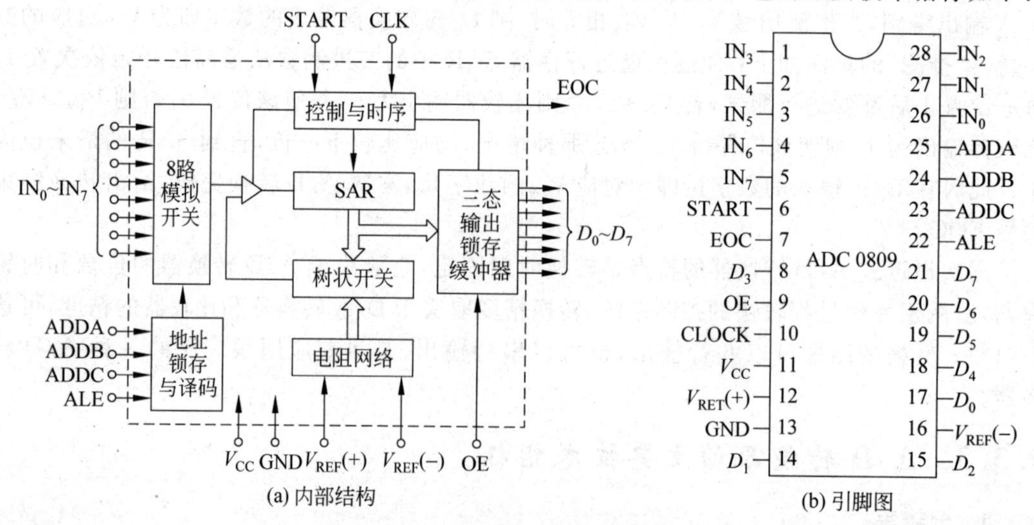

(a) 内部结构　　(b) 引脚图

图 9.12　ADC 0809 内部结构和引脚

- 分辨率：8位。
- 转换时间：100μs。
- 时钟频率：10～1280kHz(典型值640kHz)。
- 8路模拟输入通道，通道地址锁存。
- 未经调整误差：±1LSB。
- 模拟输入范围：0～5V。
- 功耗：15mW。
- 工作温度：－40～＋85℃。
- 无须进行零点和满刻度校正。

2. ADC 0809的引脚

ADC 0809的引脚如图9.12(b)所示。

- IN_0～IN_7：8路模拟输入。
- START：启动A/D转换信号。
- ALE：地址锁存允许信号。
- EOC：转换结束信号。
- ADDA、ADDB、ADDC：8路模拟通道选择。
- $V_{REF}(+)$、$V_{REF}(-)$：基准电压输入，典型值为$V_{REF}(+)=+5V$，$V_{REF}(-)=0V$。
- D_0～D_7：8位数字数据输出。
- CLOCK：时钟输入。
- V_{CC}、GND：电源和地。
- OE：输出允许。

3. ADC 0809的工作过程

转换由START为高电平启动，START的上升沿将SAR(逐次逼近寄存器)复位，真正转换从START的下降沿开始，转换期间EOC输出为低电平，以指示转换操作正在进行中。转换完成后EOC变为高电平，此时若OE也为高电平，则输出三态门打开，数据锁存器的内容输出到数据总线上。

模拟通道的选择可以相对于转换操作开始前独立地进行，然而通常把通道选择和启动转换结合起来完成。这样用一条输出指令就可以既选择模拟通道，又可以启动转换开始。EOC信号是转换结束的标志，可供CPU查询或用作中断申请信号。

9.3.5 A/D转换器与微处理器接口

A/D转换器与微处理器接口时应考虑如下问题。

1. ADC的数字输出特性

首先要考虑A/D转换器芯片内部是否有数据锁存器和三态输出缓冲器，如果有，则接口很简单，只要将A/D的数字输出线直接连到微处理器的数据总线上就可以了。如果A/D芯片内没有数据锁存器和三态输出缓冲器，则A/D的数字输出必须考虑数据的锁存和三态输出问题，以保证A/D转换器芯片与微处理器接口的正确性。

2. ADC与微处理器的时间配合问题

任何一个A/D转换器芯片都有一个转换时间，快者要几纳秒到几微秒，慢者则需要几十到几百微秒，甚至需要几秒。一般说来，A/D转换时间都要比微处理器的指令周期长。

为了正确地将 A/D 转换的结果送到微机内，要很好地解决启动 A/D 转换器开始转换和读取转换结果数据这两种操作的时间配合问题。

通常可以采用 3 种方法来解决 A/D 转换器与微处理器的时间配合问题，即固定延迟时间法、查询法和中断响应法。关于这方面的具体技术，可查阅相关文献，此处不再详述。

本章小结

数字系统(例如数字电子计算机)能够处理的是数字量信息，然而在现实世界中有很多信息并不是数字量的，例如声音、压力、温度、流量等，它们属于模拟量信息。为了能够用计算机处理这些模拟量信息，并实现生产过程的自动控制，首先就要把模拟信号转换成数字信号，计算机才能接受并处理，这就是 A/D 转换器(ADC)要完成的任务；经计算机处理后的数字信号还必须再转换成模拟信号，才能对过程进行自动控制，这就是 D/A 转换器(DAC)要承担的任务。ADC 和 DAC 是测量和控制系统中必不可少的接口电路。

在 D/A 转换器中，本章介绍了权电阻网络型和倒 T 型电阻网络型 D/A 转换器。

A/D 转换器的种类很多，本章重点介绍了目前广泛应用的逐次逼近式 A/D 转换器，它兼有转换速度较快和转换精度高两方面的优点。

分辨率、转换精度和转换速度是衡量 DAC 和 ADC 的主要技术指标。高分辨率、高精度和高速度是 DAC 和 ADC 的发展趋势。

习 题 9

9.1　A/D 和 D/A 转换器在微机应用中起什么作用？

9.2　简述 D/A 转换器的基本工作原理，它一般由哪几部分组成？

9.3　试从结构、特点和工作原理等方面比较权电阻解码网络 D/A 转换器和倒 T 型电阻网络 D/A 转换器。

9.4　A/D 转换器与 D/A 转换器的分辨率和精度各指什么？

9.5　DAC 0832 有何特点？用它做双极性输出时，输出电路如何连接，试用图来说明。

9.6　D/A 转换器和微处理器接口时最关键的问题是什么？采用何种方法解决？

9.7　把模拟量转换成数字量一般要经过哪几步？这几步通过什么部件实现？

9.8　A/D 转换为什么要进行采样？采样频率根据什么选定？

9.9　什么是量化？如何减小量化带来的误差？

9.10　简述逐次逼近式 A/D 转换器基本原理。

9.11　A/D 转换器和微处理器接口中的关键问题有哪些？

9.12　有几种方法解决 A/D 转换器与微处理器接口中的时间配合问题？

9.13　若输入模拟信号的最高有效频率为 5MHz，问采样频率应选择多大？

9.14　图 9.13 所示的 A/D 转换电路，试说明该转换器的运行过程，以及各信号的作用。

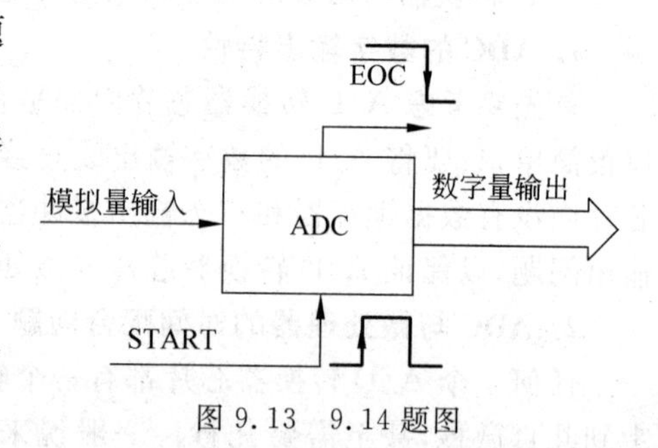

图 9.13　9.14 题图

第10章 硬件描述语言 VHDL 基础

硬件描述语言是数字技术领域一种新的描述方法，它已成为现代数字电子系统设计和开发的重要方法和技术。

在前面各章详细介绍数字电子技术的基础知识之后，本章简要介绍硬件描述语言 VHDL 的基本概念和相关技术，为进行高性能可编程器件的开发和应用打下必备基础。

10.1 VHDL 概述

VHDL(Very High Speed Integrated Circuit Hardware Description Language)即超高速集成电路硬件描述语言。20 世纪 80 年代初美国国防部为使得电子系统项目各承包公司之间的设计能够被重复利用，制定了 VHDL。1987 年 12 月，VHDL 被正式接受为国际标准，编号为 IEEE Std 1076—1987，即 VHDL'87。1993 年更新为 IEEE Std 1164—1993，即 VHDL'93。VHDL 成为 IEEE 的标准后，很快得到了广泛应用，并成为数字系统及各种应用集成电路设计中的主要硬件描述语言。

VHDL 不受某一特定工艺的束缚和限制，允许设计者在其使用范围内选择工艺和方法，它是一种独立于实现技术的语言。VHDL 支持系统级、寄存器级和门级 3 个不同层次的设计。在数字系统自顶向下(Top-to-Down)设计的全过程中，都可以利用这同一种硬件描述语言进行设计、模拟和存档。

VHDL 的主要优点是：

- 覆盖面广，描述能力强，是一种多层次的硬件描述语言；
- VHDL 代码易于阅读，既能被计算机接受，也容易被人理解；
- 生命周期长，它的硬件描述与工艺技术无关，不会因工艺变化而过时；
- 数据类型丰富，既支持预定义的数据类型，又支持自定义的数据类型；
- 支持过程与函数的概念；
- 支持大规模设计的分解和已有设计的再利用，有利于由多项目组来共同完成一个大规模设计。

10.2 VHDL 程序的基本结构

10.2.1 VHDL 程序示例

一个 VHDL 程序通常包括实体(entity)、结构体(architecture)、配置(configuration)、库(library)和包集合(package)5 部分。

VHDL 把一个电路模块视作一个设计单元,对任何一个设计单元的描述包括接口描述和内部特性描述两部分。接口描述称为实体,它提供该设计单元的名称、端口等信息;内部特性描述称为结构体,它定义设计单元的内部操作特性。下面以一个全加器的描述为例,初步展示一下 VHDL 程序的基本结构。

一个全加器的 VHDL 描述如下:

```
LIBRARY ieee;                                                         }
USE ieee.std_logic_1164.ALL;                                          }库和包集合调用
USE ieee.std_logic_unsigned.ALL;                                      }
ENTITY adder IS                           --实体名为 adder            }
    PORT (a,b,c_in : IN std_logic;        --a, b, c_in 为输入端口     }
          sum,c_out : OUT std_logic);     --sum, c_out 为输出端口     }实体部分
END adder;                                --实体描述结束              }

ARCHITECTURE behavior OF adder IS         --结构体名为 behavior       }
BEGIN                                                                 }
    PROCESS (a,b,c_in)                    --a,b,c_in 为敏感量         }
    BEGIN                                                             }
        sum<=a xor b xor c_in;            --sum=a⊕b⊕c_in              }结构体部分
        c_out<=(a and b) or (c_in and (a xor b)); --c_out=ab+c_in(a⊕b) }
    END PROCESS;                                                      }
END behavior;                             --结构体描述结束            }
```

在上述 VHDL 描述程序中,大写单词(如 LIBRARY、USE、ALL、ENTITY、IS 等)为关键字。VHDL 本身不区分大小写,但为了使程序清晰起见,本书把关键字都用大写来表示(其他用小写表示)。开始的 3 行是库和包集合调用。实体包含在 ENTITY adder 和 END adder 之间,adder 是实体名。实体描述的是端口信号,即输入输出引脚信号,其中 a、b、c_in 是输入端口,sum、c_out 是输出端口。结构体包含在 ARCHITECTURE behavior 和 END behavior 之间,它描述了该单元的操作行为。behavior 是结构体名,结构体描述中的“<=”是赋值符号。在 VHDL 中,一个设计单元只有一个设计实体,而结构体的个数可以不限。

另外,在 VHDL 程序中,凡以双字符--开头,直到本行末尾的一段文字均为注释。注释不是 VHDL 设计描述的一部分,编译之后存储的信息不包含注释信息。

利用第 11 章介绍的 EDA 开发工具 MAX+PlusⅡ可实现对上述 VHDL 程序的输入、编译及仿真操作,其仿真波形如图 10.1 所示。从图中可以看到,在 0~1.0μs 的时间间隔内,全加器的输入 c_in、a、b 为 0、1、1,对应的输出 sum、c_out 为 0、1,与 VHDL 程序所描述

的全加器的逻辑功能相一致。其他时间段的逻辑功能情况从图中也可以清楚地看到。

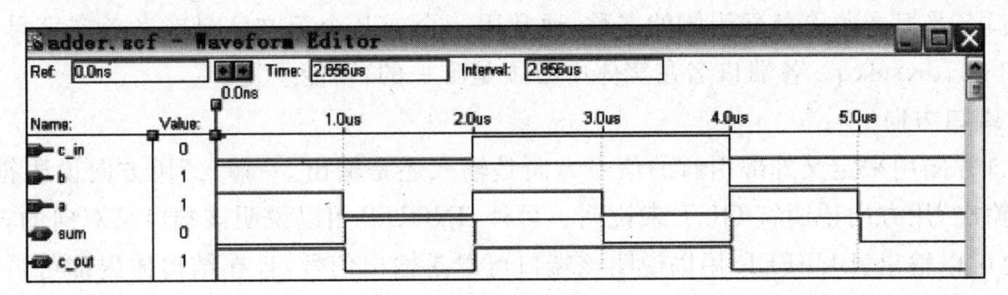

图 10.1　全加器的仿真波形

10.2.2　实体

实体(ENTITY)用来描述设计单元的名称和端口信息,实体的一般格式为:

```
ENTITY 实体名 IS
    [类属参数说明;]
    [端口说明;]
END 实体名;
```

1. 实体名

实体名由设计者自定,一般应根据设计电路的功能来确定。需要注意的是,实体名不能以数字开头,也不能用工具库中已定义好的元件名作为实体名。

2. 类属参数说明

类属参数(GENERIC)说明必须放在端口说明之前,用于说明实体和其外部环境通信的对象及实体的定时特性等,其书写格式如下:

```
GENERIC(常数名:数据类型[:=设定值];
                    ⋮
        常数名:数据类型[:=设定值];
```

例如,一个"二选一"数据选择器的实体描述如下:

```
ENTITY mux IS
    GENERIC(m:TIME:=5ns);
    PORT (d0,d1,sel: IN std_logic;
                 q: OUT std_logic);
END mux ;
```

其中,GENERIC 引导的是类属参数说明语句,它定义了延迟时间 m 为 5ns。

3. 端口说明

端口对应于电路图中元件符号的外部引脚。端口说明是对基本设计实体(单元)与外部接口的描述,也可以说是对外部引脚信号的名称、数据类型和输入输出方向的描述。

端口说明的一般书写格式如下:

```
PORT(端口名{,端口名}:方向 数据类型名;
     端口名{,端口名}:方向 数据类型名);
```

1）端口名

端口名是赋予每个外部引脚的名称，通常用一个或几个英文字母或者英文字母加数字命名，如 do，di，sel，q。各端口名在实体中必须是唯一的，不能重复。

2）端口方向

端口方向用来定义外部引脚的信号方向是输入还是输出。“输入”用方向说明符 IN 来说明，“输出”用方向说明符 OUT 来说明。另外，INOUT 用以说明该端口是双向的，既可以输入，也可以输出；BUFFER 用以说明该端口可以是输出信号，且在结构体内部可再使用该输出信号（允许用于内部反馈）；LINKAGE 用以说明该端口无指定方向，可以与任何方向的信号相连接。

3）数据类型

在 VHDL 语言中有 10 种数据类型，但在逻辑电路设计中只用到两种：BIT 和 BIT_VECTOR。

当端口说明为 BIT 数据类型时，该端口的信号取值只能是逻辑值 0 或 1，当端口被说明为 BIT_VECTOR 数据类型时，该端口的取值是一组二进位值。例如，某一具有 8 位总线宽度的数据总线输出端口，其端口的数据类型可被说明成 BIT_VECTOR。具体的端口说明如例 10-1 所示。

【例 10-1】

```
PORT(d0, d1, sel: IN BIT;
                 q: OUT BIT;
                 bus: OUT BIT_VECTOR(7 DOWNTO 0));
```

该例中的 d0、d1、sel、q 均为 BIT 数据类型，而 bus 是 BIT_VECTOR 类型，(7 DOWNTO 0)表示该 bus 端口是一个 8 位端口，由 $B_7 \sim B_0$ 8 位构成。位矢量长度为 8 位。

需要说明的是，例 10-1 中 BIT 类型也可用 std_logic 说明，而 BIT_VECTOR (7 DOWNTO 0)可用 std_logic_VECTOR(7 DOWNTO 0)说明。即可将例 10-1 的描述写成完全等效的例 10-2 所示的描述形式。

【例 10-2】

```
LIBRARY ieee;
USE ieee_std_logic_1164.ALL;
ENTITY mux IS
    PORT (d0,d1,sel: IN std_logic);
                 q: OUT std_logic;
                 bus: OUT std_logic_VECTOR (7 DOWNTO 0));
END mux;
```

在 VHDL 语言中存在一个库，库中有一个包集合，专门对数据类型做了说明，其作用像 C 语言中的 include 文件一样。这样做的目的是为了标准和统一。所以，在用 std_logic 和 std_logic_VECTOR 做类型说明时，必须在实体说明之前，增加例 10-2 中所示的两个语句，以便在对 VHDL 程序编译时，从指定库的包集合中寻找数据类型的定义。

10.2.3 结构体

结构体(architecture)用于描述实体的具体行为与功能，一定要跟在实体的后面。结构体的语句格式如下：

```
ARCHITECTURE 结构体名 OF 实体名 IS
    [定义语句;]
BEGIN
    并行处理语句;
END 结构体名;
```

1. 结构体名

结构体名是对本结构体的命名，它是该结构体的唯一名称。OF 后面紧跟的实体名，表明该结构体所对应的是哪一个实体。

2. 定义语句

结构体中的定义语句位于 ARCHITECTURE 和 BEGIN 之间，用于对结构体内部所使用的信号(SIGNAL)、常数、数据类型和过程等进行定义。例如：

```
ARCHITECTURE behave OF mux IS
    SIGNAL y:BIT;                                  --信号定义语句
        ⋮
BEGIN
        ⋮
END behave;
```

信号定义和端口说明一样，应有信号名和数据类型，因为是内部使用，所以不需要有方向的说明。

3. 并行处理语句

并行处理语句位于语句 BEGIN 和 END 之间，具体描述了结构体的行为及其连接关系。在结构体中的语句都是可以并行执行的，即语句不以书写的语句顺序为执行顺序。

4. 结构体的描述方式

VHDL 的结构体用于描述设计实体的行为与功能，它可以用不同的描述方式和语句类型表达。描述方式也称描述风格，通常有以下 3 种：行为描述方式(behavioral)、数据流描述方式(dataflow)和结构描述方式(structure)。最常用的是结构描述方式。

需要说明的是，不同的描述方式，只是体现在描述语句上，而结构体的内部结构是完全一样的。

10.2.4 库、包集合及配置

除了实体和结构体外，库、包集合及配置是在 VHDL 中另外 3 个可以各自独立进行编译的设计元件。

1. 库

库(library)主要用来存放已经编译的实体、结构体、包集合和配置。VHDL 常用的有 IEEE 库、STD 库、WORK 库和用户自定义的库。这几类库中除了 WORK 库和 STD 库外，其他两类库在使用时均需进行库的说明。

1）IEEE 库

IEEE 库是目前使用最广泛的资源库，它主要包含 IEEE 标准的程序和其他一些支持工业标准的包集合。其中，std_logic_1164 是设计人员最常使用的包集合，它定义了一些常用的数据类型和函数。

2）STD 库

STD 库包含包集合 standard 和包集合 textio。由于包集合 standard 是 VHDL 的标准配置，因此在使用这个包集合时不需要在程序的开始部分进行说明；而使用包集合 textio 时必须在程序的开始部分进行包集合的说明，相应的说明语句如下：

```
LIBRARY STD;
USE STD.textio.ALL;
```

3）WORK 库

WORK 库用来临时保存以前编译过的元件和模块。因此，如果需要引用以前编译过的元件和模块，则设计人员需要引用该库。

4）用户自定义的库

设计人员可以将设计开发所需要的公用包集合、设计实体等汇集在一起定义成一个库，即用户自定义的库。自定义库在使用时需要在程序的开始部分对其进行说明。

2. 包集合

包集合(package)是 VHDL 为了使一组元件、子程序、数据类型等能够被多个设计单元所公用而提供的一种机制。它是一个可编译的设计单元，也是库结构的一个层次。要使用包集合时可以用 USE 语句进行说明。例如：

```
USE ieee.std_logic_1164.ALL;
```

该语句表示在 VHDL 程序中要使用名为 std_logic_1164 包集合中的所有定义或说明。

包集合说明的一般形式是：

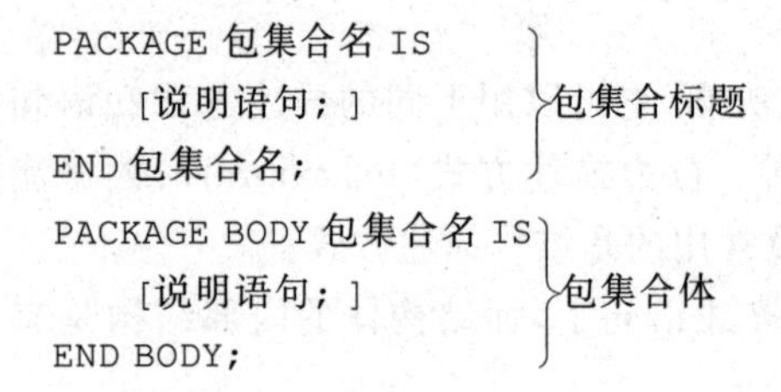

一个包集合由两大部分组成：包集合标题(header)和包集合体(package body)。包集合体是一个可选项，即包集合可以只由包集合标题构成。一般包集合标题列出所有项的名称，而包集合体具体给出各项的细节。

3. 库和包集合的说明

库的说明语句应放在实体之前，库语句一般与 USE 语句同用。库语句的关键词 LIBRARY 指明所使用的库名，USE 语句指明库中的包集合。

例如，常见的库说明语句格式如下：

```
LIBRARY ieee;
USE ieee. std_logic_1164.ALL;
USE ieee std_logic_unsigned.ALL;
```

上述 3 条语句中,第一条表示打开 IEEE 库,第二条表示允许使用 std_logic_1164 包集合中的所有内容,第三条表示允许使用 std_logic_unsigned 包集合中的所有内容。

4. 配置

配置(configuration)语句描述层与层之间的连接关系,以及实体与结构体之间的连接关系。设计者可以利用这种配置语句来选择不同的结构体,使其与要设计的实体相对应。在仿真某一个实体时,可以利用配置来选择不同的结构体,进行性能对比试验,以得到最佳的结构体。例如,要设计一个 3-8 译码器。如果一种结构中的基本元件采用非门和三输入与门,而另一种结构中的基本元件都采用与非门。它们各自的结构体是不一样的,并且都放在各自的库中。那么现在要设计的译码器,就可以利用配置语句实现对不同结构体的选择。

配置语句的基本格式如下:

```
CONFIGURATION 配置名 OF 实体名 IS
    [语句说明;]
END 配置名;
```

配置语句根据不同情况,其说明语句的繁简程度不同,下面的例 10-3 是一种最简单的配置格式。

【例 10-3】 最简单的配置格式。

```
CONFIGURATION 配置名 OF 实体名 IS
    FOR 选配结构体名
    END FOR;
END 配置名;
```

需要说明的是,配置语句主要用于为顶层设计实体指定结构体。当实体只有一个结构体时,程序中不需要配置语句。

10.3 VHDL 语法基础

10.3.1 标识符和保留字

同其他程序语言类似,VHDL 的标识符主要由字母、数字以及下划线组成,标识符的书写通常要遵守以下规则:

- 标识符必须以英文字母开头;
- 标识符的最后一个字符不能是下划线;
- 在标识符中不允许出现连续两个下划线;
- VHDL 的保留字(也称关键字)不能作一般的标识符用。

VHDL 标识符中不区别大小写,但本书为了便于阅读,通常将保留字用大写来表示,其他用小写表示。

下面是几个符合规范的标识符:

```
Adder2
Three_state_Gate
Sel_ID
RAM_6116
```

下面是几个不符合规范的标识符：

```
_VIDEO_FILE                          --标识符必须以字母开头
4MUX                                 --标识符不能以数字开头
ESC__KEY                             --不能出现连续两个下划线
LOOP                                 --保留字不能做标识符用
Reset_                               --标识符的最后一个字符不能是下划线
```

VHDL 的保留字是 VHDL 语言中预先保留下来的具有特殊含义的符号，只能作为固定的用途，不能由程序员任意定义。VHDL 的常用保留字如表 10-1 所示。

表 10-1　VHDL 的常用保留字

保留字	保留字	保留字	保留字	保留字
ABS	DOWNTO	LIBRARY	POSTPONED	SRL
ACCESS	ELSE	LINKAGE	PROCEDURE	SUBTYPE
AFTER	ELSIF	LITERAL	PROCESS	THEN
ALIAS	END	LOOP	PURE	TO
ALL	ENTITY	MAP	RANGE	TRANSPORT
AND	EXIT	MODE	RECORD	TYPE
ARCHITECTURE	FILE	NAND	REGISTER	UNAFFECTED
ARRAY	FOR	NEW	REJECT	UNITS
ASSERT	FUNCTION	NEXT	REM	UNTIL
ATTRIBUTE	GENERATE	NOR	REPORT	USE
BEGIN	GENERIC	NOT	RETURN	VARIABLE
BLOCK	GROUP	NULL	ROL	WAIT
BODY	GUARDED	OF	ROR	WHEN
BUFFER	IF	ON	SELECT	WHILE
BUS	IMPURE	OPEN	SEVERITY	WITH
CASE	IN	OR	SIGNAL	XNOR
COMPONENT	INERTIAL	OTHERS	SHARED	XOR
CONFIGURATION	INPUT	OUT	SLA	
CONSTANT	IS	PACKAGE	SLL	
DISCONNECT	LABEL	PORT	SRA	

10.3.2　数据对象

VHDL 语言中将可以赋予一个值的客体(object)称为数据对象。VHDL 的数据对象主要有信号、变量和常量 3 种类型。

1. 信号

信号(signal)代表电路内部各元件间的连接线，可以在包集合、实体和结构体中说明。

信号说明的格式如下：

```
SIGNAL 信号名：信号类型[：=初始值]；
```

例如：

```
SIGNAL m1: std_logic:='0';                       --定义标准逻辑信号 m1,初始值为低电平
SIGNAL m2: std_logic_vector(7 DOWNTO 0);         --定义标准逻辑矢量信号 m2,共有 8 位
SIGNAL n: integer RANGE 0 TO 10;                 --定义整型信号 n, 变化范围是 0~10
```

信号赋值语句的格式为：

```
信号名<=表达式；
```

其中，<=为信号赋值符号。

例如：

```
m1<=b AFTER 10ns;                                --延时 10ns
m1<=expression_b;                                --有一定的延时
m1<=expression_b AFTER 20ns;                     --延时 20ns
```

注意，使用信号赋值语句时，要保证赋值符号两边的数值类型一致。

2. 变量

变量(variable)通常用来暂存某些数据，它是局部量，只能在进程语句和子程序中使用，变量说明语句的格式为：

```
VARIBLE 变量名：数据类型[:=初始值 ]；
```

例如：

```
VARIABLE x, y: bit;                              --定义变量 x,y 是位型变量
VARIABLE a: integer RANGE 0 TO 3;                --定义变量 a 是整型,变化范围是 0~3
VARIABLE z: std_logic_vector (3 DOWNTO 0);       --定义变量 z 是标准逻辑矢量,共 4 位
```

变量赋值语句的格式为：

```
变量名：=表达式；
```

注意，变量赋值符号为"：="。与使用信号赋值语句的情况相似，在使用变量赋值语句时，也要保证赋值符号两边的数据类型一致。

变量与信号在定义和使用上的区别是：

(1) 赋值符号不同；

(2) 附加延时不同，变量赋值是立即生效的，没有时延。而信号相当于电路间的物理连接线，仿真时其赋值必须经一段时间的延迟后才能生效。

3. 常量

常量(constant)是指那些在设计描述中固定不变的值，例如供电电源的电压、寄存器的宽度等。常量是全局量，可以在包集合说明、实体说明、结构体描述、过程说明、函数调用说明和进程说明中定义。常量说明的格式如下：

```
CONSTANT 常量名：数据类型：=表达式；
```

例如：

```
CONSTANT VCC: real:=5.0;                    --指定供电电源的电压
CONSTANT width: integer:=8;                 --寄存器的宽度
CONSTANT dbus: bit_vector:="11110000";      --给出总线数据向量
```

10.3.3 数据类型

同其他高级语言类似，VHDL 具有多种数据类型，而且还可以由用户自定义数据类型。VHDL 的数据类型定义相当严格，不同类型之间的数据不能直接代入，即使数据类型相同，但位长不同也不能直接代入。

1. 常用数据类型

VHDL 的常用数据类型及其含义如表 10-2 所示。

表 10-2 常用数据类型

数据类型	含义
bit	位型数据，只有 0 和 1 两种取值
bit_vector	位矢量型，是多个位型数据的组合，如 11001111，使用时注明宽度
std_logic	标准逻辑型，有 0,1,L,H 等 9 种取值
std_logic_vector	标准逻辑矢量型，是多个 std-logic 型数据的组合
boolean	布尔型数据，取值是 0 和 1，或 true(真)和 false(假)
integer	整型数据，包括正、负整数和零，取值范围是 $-(2^{31}-1)\sim+(2^{31}-1)$
real	实型数据，取值范围是 -1.0e38～+1.0e38
character	字符型数据，可以是任意的数字和字符，字符用' '括起来，如'B'
string	字符串，用" "括起来的一个字符序列，如"Hello world"
time	时间型数据，由整数和时间单位组成，如 10ns
severity level	错误等级类型，共有 4 种等级：note(注意)、warning(警告)、error(出错)、failure(失败)，可以据此了解仿真状态
natural 和 positive	自然数和正整数类型，是整数的子类。自然数是 0 和 0 以上的整数，而正整数是大于 0 的整数

2. 用户自定义的数据类型

在 VHDL 中，用户还可以根据需要自己定义新的数据类型及子类型。新定义的数据类型通常在包集合中说明，其一般形式如下：

```
TYPE 数据类型名 IS 数据类型定义;
```

例如：

```
TYPE new_data IS integer RANGE 0 TO 7;     --定义 new_data 的数据类型是 0~7 的整数
```

下面介绍几种常用的用户自定义数据类型及其使用方法。

1）枚举类型

枚举(enumerated)类型的定义格式如下：

```
TYPE 数据类型名 IS(元素 1,元素 2,…,元素 n);
```

例如：

```
TYPE week IS(sun, mon, tue, wed, thu, fri, sat);
```

这类用户自定义的数据类型的应用相当广泛，例如，在 IEEE 库的包集合 std_logic 及 std_logic_1164 中都有此类数据的定义。例如：

```
TYPE std_logic IS('U','X','1','0','Z','W','L','H','-');
```

这里定义 std_logic 数据类型具有 9 种不同的值：U(初始值)、X(不定值)、1(逻辑 1)、0(逻辑 0)、Z(高阻)、W(弱信号不定)、L(弱信号 0)、H(弱信号 1)、－(不可能情况)。

2) 整数类型、实数类型

整数类型在 VHDL 中已经存在，这里所说的整数类型是用户自定义的，实际上可以认为是整数类型的一个子集。例如，在一个数码管上显示十进制数字，其值只能取 0～9 的整数。此时，可以由用户定义一个用于数码显示的数据类型 digit，格式如下：

```
TYPE digit IS integer RANGE 0 TO 9;
```

同样，也可以由用户自定义实数类型，例如：

```
TYPE current IS real -1.0E4 TO+1.0E4;
```

由用户自定义的整数或实数数据类型的格式如下：

```
TYPE 数据类型名 IS 数据类型定义 约束范围;
```

3) 数组类型

数组(array)是将相同类型的数据集合在一起所形成的一个新的数据类型。它可以是一维的或多维的。数组定义的格式如下：

```
TYPE 数据类型名 IS ARRAY 范围 OF 原数据类型名;
```

例如：

```
TYPE data_bus IS ARRAY(1 TO 8)OF std_logic;
```

4) 物理类型

物理类型的格式如下：

```
TYPE 数据类型名 IS 范围;
    UNITS 基本单位;
        单位系列;
    END UNITS;
```

例如：

```
TYPE time IS RANGE -1.0E18 TO+1.0E18
    UNITS fs;
        ps=1000 fs;
        ns=1000 ps;
```

```
    μs=1000 ns;
    ms=1000 μs;
    sec=1000 ms;
    min=60 sec;
    hr=60 min;
END UNITS;
```

这里的基本单位是 fs,其 1000 倍是 ps。时间(time)是物理类型的数据,当然也可以对容量、阻抗值等进行定义。

5) 记录类型

数组是同一类型数据集合起来形成的,而记录(record)则是将不同类型的数据和数据名组织在一起而形成的新类型。记录类型的定义格式如下:

```
TYPE 数据类型名 IS RECORD
    元素名: 数据类型名;
        ⋮
    元素名: 数据类型名;
END RECORD;
```

记录数据类型比较适合系统仿真,在生成逻辑电路时应将它分解开来。

10.3.4 运算操作符

VHDL 共有 4 类运算操作符,可以分别进行逻辑运算、关系运算、算术运算和并置(连接)运算。在使用时需注意的是,操作数的类型应与运算操作符所要求的类型相一致。另外,运算操作符是有优先级的。例如逻辑运算符 not,其优先级最高。各种运算操作符如表 10-3所示,其运算优先级依次变低。

表 10-3 VHDL 运算操作符

优先级	运算类型	操作符	功能	操作数类型	优先级	运算类型	操作符	功 能	操作数类型
高	逻辑运算	not	非	bit,boolean,std_logic	A	关系运算	>=	大于等于	任何数据类型
	算术运算	abs	绝对值	整数			<=	小于等于	
		**	乘方	整数			>	大于	枚举、整数、一维数组
		rem	取余	整数			<	小于	
		mod	求模	整数			/=	不等于	
		/	除法	整数和实数			=	等于	
		*	乘法	整数和实数		逻辑运算	xnor	异或非	bit、boolean、std_logic
		−	负	整数			xor	异或	
		+	正	整数			nor	或非	
	并置运算	&	位连接	一维数组			nand	与非	
	算术运算	−	减法	整数			or	或	
A		+	加法	整数	低		and	与	

现对运算操作符的有关问题说明如下：

(1) 逻辑运算符可以对 bit、bit_vector、std_logic、std_logic_vector、boolean 等类型的数据进行运算，操作符两边的数据类型必须相同。

当一个语句中存在两个以上的逻辑表达式时，与在 C 语言中运算有自左至右的优先级顺序的规定不同，在 VHDL 中，左右没有优先级差别。因此，需要借助括号来规定运算的顺序。例如，在下例中，若去掉式中的括号，那么从语法上来说是错误的：

```
X<=(a AND b) OR ( NOT c AND d);
```

存在的例外情况是，当一个逻辑表达式中只有 AND、OR、XOR 中的一种运算符时，那么括号是可以省略的，并不会由于运算顺序的改变而导致逻辑运算的错误。例如：

```
a<=b AND c AND d AND e;
a<=b OR c OR d OR e;
a<=b XOR c XOR d XOR e;
```

在所有的逻辑运算符中，NOT 的优先级最高。

(2) 并置运算符 & 用于位的连接，将多个向量连接成更大的向量。例如，1100 & 0011 的结果是 11000011。

(3) 算术运算符中一般只有＋、－、* 才在 VHDL 综合时生成逻辑电路。对于数据位较长的数据应慎重使用乘法运算，以免综合时电路规模过大。

(4) 关系运算符的作用是将相同类型的数据对象进行比较或关系排序，并将结果以布尔类型的数据表示出来。在进行关系运算时，左右两边操作数的数据类型必须相同，但位长不一定相同。在利用关系运算符对位矢量数据进行比较时，比较过程从最左边的位开始，自左向右按位进行。

10.4 VHDL 的常用描述语句

在用 VHDL 描述系统硬件行为时，按语句执行顺序对其分类，可以分为并发(concurrent)描述语句和顺序(sequential)描述语句两种类型。

并发描述语句具有共时性，一个模块的结构体描述中，所有的并发描述语句都是同时进行的，与语句在程序中的位置无关。当某个信号发生变化时，受此信号触发的所有语句同时执行。而顺序描述语句具有顺序性，它是按照语句在程序中的前后位置顺序执行的。

10.4.1 顺序描述语句

顺序描述语句只能出现在进程或子程序中，它定义进程或子程序所执行的算法。VHDL 中常用的顺序描述语句包括信号和变量赋值、IF、CASE、WAIT、LOOP、NEXT、EXIT、断言语句、过程调用语句、空语句等。下面仅介绍其中主要的几种。

1. 信号和变量赋值语句

1) 信号赋值语句

信号赋值语句的格式如下：

```
目标信号<=表达式;
```

对于信号赋值语句来说，赋值符号"<="两边的目标信号和表达式的数据类型和长度必须保持一致，否则将会出现编译错误。

在信号赋值语句中，语句的执行和信号值更新之间有一定的延时，只有延时过后信号才能得到新值。

2）变量赋值语句

变量赋值语句的格式如下：

```
目标变量:=表达式;
```

对于变量赋值语句来说，赋值符号"：="两边的目标变量和表达式的数据类型和长度必须保持一致，否则将会出现编译错误。

在变量赋值语句中，变量的赋值是直接的、立即生效的，即在变量赋值语句中不允许出现附加延时。

2. IF 语句

IF 语句是具有条件控制功能的语句，根据给出的条件是否成立来决定语句的执行顺序。IF 语句有下面 3 种形式。

1）IF…THEN 语句

其语句格式如下：

```
IF 条件 THEN
    顺序处理语句;
END IF;
```

当程序执行至该 IF 语句时，要对语句中所给出的条件进行判断。若条件成立，则 IF 语句中的顺序处理语句将被执行；否则，程序将跳过 IF 语句，执行 IF 语句的结尾语句(END IF)之后的各条语句。

2）IF…THEN…ELSE 语句

其语句格式如下：

```
IF 条件 THEN
    顺序处理语句;
ELSE
    顺序处理语句;
END IF;
```

当 IF 语句的条件成立时，执行 THEN 和 ELSE 之间的顺序处理语句；否则，执行 ELSE 和 END IF 之间的顺序处理语句。

【例 10-4】 一个二选一逻辑电路的 VHDL 程序。

```
LIBRARY ieee;
USE ieee.std_logic_1164.ALL;
ENTITY mux2 IS
    PORT(d0,d1,sel:IN BIT;
              q:OUT BIT);
```

```
END mux2;
ARCHITECTURE struct OF mux2 IS
BEGIN
    PROCESS(d0,d1,sel)
    BEGIN
        IF(sel='0')THEN
            q<=d0;
        ELSE
            q<=d1;
        END IF;
    END PROCESS;
END struct;
```

从例 10-4 所示二选一逻辑电路的 VHDL 程序中可以清楚地看到 IF…THEN…ELSE 的 IF 语句结构。该程序所描述的电路功能是：如果选择输入信号 sel 为逻辑 0(条件成立)，则电路的输出 q 为 d0；否则，输出 q 为 d1。

二选一逻辑电路的仿真波形如图 10.2 所示。从图中可以看到，在 0～40.0μs 的时间间隔内，输入信号 sel 为逻辑 1，电路的输出 q 为 d1；而在 40μs 之后，输入信号 sel 为逻辑 0，电路的输出 q 为 d0。与程序中描述的二选一电路的逻辑功能相一致。

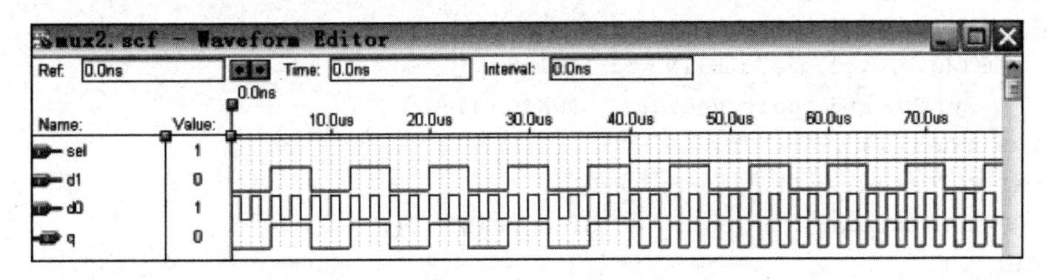

图 10.2　二选一逻辑电路的仿真波形

3) IF…THEN…ELSIF…ELSE 语句

其语句格式如下：

```
IF 条件 1 THEN
    顺序处理语句 1;
ELSIF 条件 2 THEN
    顺序处理语句 2;
        ⋮
ELSIF 条件 n THEN
    顺序处理语句 n;
ELSE
    顺序处理语句 n+1;
END IF;
```

在这种 IF 语句中设置了多个条件，当其中的某一个条件满足时，则执行其后的顺序处理语句；如果所有的条件都不满足，则执行 ELSE 后的顺序处理语句。它实际上是一条 IF 语句，只需要一个 END IF，可以用来描述比较复杂的条件控制。

3. CASE 语句

CASE 语句是另一种形式的条件控制语句。CASE 语句根据条件表达式的取值，来选择执行哪个顺序处理语句。虽然 IF 语句也有类似的功能，但是 CASE 语句的可读性比 IF 语句要强得多，程序的阅读者很容易找出条件表达式和动作的对应关系。CASE 语句的格式如下：

```
CASE 表达式 IS
    WHEN 表达式的取值 1=>顺序处理语句 1;
    WHEN 表达式的取值 2=>顺序处理语句 2;
            ⋮
    WHEN OTHERS=>顺序处理语句 n;
END CASE;
```

CASE 语句以"CASE 表达式 IS"开始，以 END CASE 结束；中间是 WHEN 及其右边的表达式的取值引出的分支语句，每个关键字 WHEN 引出一个分支语句。分支语句的数量不作限制，但不允许两个分支中表达式的取值相同。如果在 CASE 语句中使用 OTHERS 分支，则必须将它放在最后一个分支，并且最多只能有一个 OTHERS 分支。

【例 10-5】 用 CASE 语句实现 3-8 译码器的 VHDL 程序。

```
LIBRARY ieee;
USE ieee.std_logic_1164.ALL;
ENTITY decoder3_8 IS
    PORT(a,b,c,g1,g2a,g2b:1N std_logic;
        y: OUT std_logic_vector(7 DOWNTO 0));
END decoder3_8;
ARCHITECTURE behav OF decoder3_8 IS
    SIGNAL indata: std_logic_vector (2 DOWNTO 0);
BEGIN
    indata<=c & b & a;
    PROCESS (indata, g1, g2a, g2b)
    BGEIN
        IF(g1='1' AND g2a='0' AND g2b='0') THEN
            CASE indata IS
                WHEN "000"=>y<="11111110";
                WHEN "001"=>y<="11111101";
                WHEN "010"=>y<="11111011";
                WHEN "011"=>y<="11110111";
                WHEN "100"=>y<="11101111";
                WHEN "101"=>y<="11011111";
                WHEN "110"=>y<="10111111";
                WHEN "111"=>y<=" 01111111";
                WHEN OTHERS=>y <="11111111";
            END CASE;
        ELSE
                y <="ZZZZZZZZ ";
        END IF;
    END PROCESS;
END behav;
```

需要说明的是，在上述程序中，WHEN 后面跟的=>符号不是关系运算操作符，它在这里仅仅描述值和相应执行语句的对应关系。

3-8 译码器的仿真波形如图 10.3 所示。从图中可以看到，在 0～1.0μs 期间内，当译码器的 3 个控制端 g1、g2a、g2b 为 1、0、0，3 个数据输入端 c、b、a 为 0、0、0 时，译码器的输出 y 为 FE(十六进制)；在 1.0～2.0μs 期间内，当 g1、g2a、g2b 仍为 1、0、0，3 个数据输入端 c、b、a 为 1、1、1 时，译码器的输出 y 为 7F；当 3 个控制端 g1、g2a、g2b 变为 0、1、1 时，无论 3 个数据输入端 c、b、a 为何值，输出 y 恒定为 ZZ(高阻态)。这与 VHDL 程序中所描述的逻辑功能相一致。

图 10.3　3-8 译码器的仿真波形

4. WAIT 语句

进程的状态可以通过 WAIT 语句来控制。当进程执行到 WAIT 语句时将被挂起，并设置好再次执行的条件，可以是无限等待(WAIT)或有限等待。有限等待的条件可以是：等待某些信号发生变化(WAIT ON)，等待某个条件满足(WAIT UNTIL)，等待一段时间(WAIT FOR)。这些条件还可以组合成一个复合条件。

1) WAIT ON 语句

WAIT ON 语句的格式如下：

```
WAIT ON 信号列表;
```

信号列表可以包括一个或多个信号。信号列表中只要有一个信号发生变化，进程将结束挂起状态，继续执行 WAIT ON 语句后继的语句。例如：

```
WAIT ON a , b;
```

该语句表明，它等待信号 a 或 b 中的任何一个发生变化。

WAIT ON 语句可以再次启动进程的执行，其条件是信号列表中任何一个信号的值发生变化。从这一点来看，与进程(PROCESS)指定的敏感信号发生变化时也会启动进程的情况相类似，如例 10-6 所示。

【例 10-6】

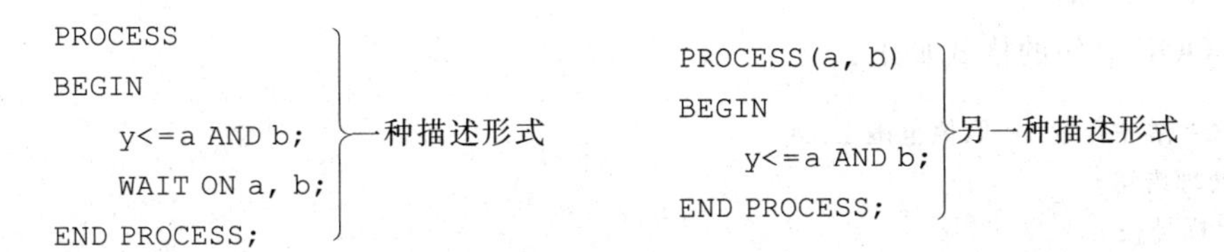

```
PROCESS
BEGIN
    y<=a AND b;
    WAIT ON a, b;
END PROCESS;
```

一种描述形式

```
PROCESS(a, b)
BEGIN
    y<=a AND b;
END PROCESS;
```

另一种描述形式

例 10-6 所示的两个进程的描述是完全等价的，只是两个进程中所使用的敏感信号 a、b 的描述方法有所不同。

2）WAIT UNTIL 语句

WAIT UNTIL 语句的格式如下：

```
WAIT UNTIL 布尔表达式;
```

WAIT UNTIL 语句后面跟的是布尔表达式，当进程执行到该语句时将被挂起，直到表达式返回一个“真”值时，进程才被再次启动，执行 WAIT UNTIL 语句的后继语句。例如：

```
WAIT UNTIL((x*10)<100);
```

在这个例子中，当信号 x 的值大于或等于 10 时，进程执行到该语句将被挂起；当 x 的值小于 10 时进程再次被启动，继续执行 WAIT 语句的后继语句。

3）WAIT FOR 语句

WAIT FOR 语句的格式如下：

```
WAIT FOR 时间表达式;
```

WAIT FOR 语句后面跟的是时间表达式，进程执行到该语句时将被挂起，直到指定的等待时间到时，进程才再开始执行 WAIT FOR 语句的后继语句。例如：

```
WAIT FOR 30ns;
WAIT FOR t1+3t2;
```

在上面的第一个 WAIT FOR 语句中，时间表达式是一个常数值 30ns，当进程执行到该语句时将等待 30ns。一旦 30ns 时间到，进程将执行 WAIT FOR 语句的后继语句。

在上面的第二个 WAIT FOR 语句中，t1＋3t2 是一个时间表达式，WAIT FOR 语句在等待时要对该时间表达式进行一次计算，计算结果返回的值就作为该语句的等待时间。例如，t1＝20ns，t2＝40ns，那么该语句相当于 WAIT FOR 140ns。

4）复合 WAIT 语句

WAIT 语句可以同时使用多个等待条件，构成一条复合 WAIT 语句。例如：

```
WAIT ON CLK UNTIL CLK='1';
```

该语句等待 CLK 信号的值发生变化，直至 CLK 的值为‘1’时，进程将结束挂起状态，执行该语句的后继语句。

5. LOOP 语句

同其他高级语言中的循环语句一样，VHDL 中的 LOOP 语句使程序能进行有规则的循环。常用的循环语句有 FOR 循环语句（FOR…LOOP）和 WHILE 循环语句（WHILE…LOOP）

1）FOR…LOOP 语句

FOR… LOOP 语句的格式如下：

```
[标号:] FOR 循环变量 IN 取值范围 LOOP
    顺序处理语句;
END LOOP[标号];
```

其中“循环变量”的值在每次循环中都会发生变化，“取值范围”规定了在循环过程中循环变量的重复次数。

【例 10-7】 用 FOR…LOOP 语句实现 8 位奇偶校验电路的 VHDL 程序。

```
LIBRARY IEEE;
USE ieee.std_logic_1164.ALL;
ENTITY parity_checker IS
    PORT(data:IN std_logic_vector(7 DOWNTO 0);
         p: OUT std_logic);
END parity_checker;
ARCHITECTURE behavior OF parity_checker IS
BEGIN
    PROCESS (data)
    VARIABLE tmp: std_logic;
    BEGIN
        tmp:='0';
        FOR i IN 7 DOWNTO 0 LOOP
            tmp:=tmp XOR data(i);
        END LOOP;
        p<=tmp;
    END PROCESS;
END behavior;
```

在这个例子中，要注意变量 tmp 的作用，它是个局部变量，只能在进程内部说明。由于变量只能在进程内有效，所以要实现输出还必须将它赋给一个信号（本例中是用 p<=tmp 实现的）。

例 10-7 描述的是一个偶校验电路。容易看出，只要把程序中 tmp 的初值改成 1，就可以实现奇校验。

2) WHILE…LOOP 语句

WHILE…LOOP 语句的格式如下：

```
[标号:]WHILE 条件 LOOP
    顺序处理语句;
END LOOP[标号];
```

在该循环语句中，如果条件为真，则执行循环；如果条件为假，则结束循环。

6. EXIT 语句

EXIT 语句表示跳过当前循环剩余的语句，并跳出当前循环，执行循环语句后的其他描述语句。EXIT 语句的格式为：

```
EXIT [标号] [WHEN 条件]
```

如果 EXIT 右边没有跟“标号”和“WHEN 条件”，则程序执行到该语句时就无条件地从循环语句中跳出，结束循环状态，继续执行循环语句后续的语句。

EXIT 右边的“WHEN 条件”返回一个布尔量。如果布尔量为真，则执行该 EXIT 语句；否则，跳过这条语句继续执行。

如果 EXIT 右边有“标号”和“WHEN 条件”，且“WHEN 条件”返回的布尔量为真时，则程序执行到该语句时，就在指明的“标号”处结束循环状态，开始执行循环语句后续的语句。

10.4.2 并行描述语句

由于硬件描述语言所描述的实际系统的许多操作是并发的，所以在对系统进行仿真时，这些系统中的元件在定义的仿真时刻应该是并发工作的。并行描述语句就是用来表示这种并发行为的。VHDL 中常见的能进行并发处理的语句有进程语句、简单信号赋值语句、条件信号赋值语句、选择信号赋值语句等。下面简单介绍这些并行描述语句的格式及使用举例。

1. 进程语句

进程(process)表示一个处理过程，在一个结构体中可以包含多个进程。进程与进程之间是并行的，进程内部包含一组顺序处理语句，进程内部的语句是按先后次序顺序执行的。

进程语句的格式如下：

```
[进程名:]PROCESS(进程敏感信号列表)
BEGIN
    顺序处理语句;
END PROCESS;
```

进程语句从 PROCESS 开始，到 END PROCESS 结束，进程名可以省略。例如，例 10-8 中的进程语句即描述了一个“二选一”电路模块。

【例 10-8】 “二选一”电路模块描述中的进程语句。

```
LIBRARY IEEE;
USE ieee.std_logic_1164.ALL;
ENTITY mux2 IS
    PORT(a, b, sel: IN std_logic;
            f: OUT std_logic);
END mux2;
ARCHITECTURE behave OF mux2 IS
BEGIN
    mux2: PROCESS(a,b,sel)
    BEGIN
        IF(SEL='0')THEN f<=a;
        ELSE f<=b;
        END IF;
    END PROCESS;
END behave;
```

在例 10-8 所示程序中，mux2 是进程名，(a，b，sel)是敏感信号列表。

在 VHDL 中，任何功能相对独立的电路模块都可以用一个进程(PROCESS)来描述，若干个进程构成一个更复杂的模块。

敏感信号列表对于进程至关重要。一般来说，如果描述的是组合电路模块，那么敏感信号列表应包括所有的输入信号；如果描述的是时序电路模块，那么敏感信号列表只需包括时钟信号和异步清零/置位信号。

2. 简单信号赋值语句

该语句的格式如下：

```
赋值目标<=表达式;
```

例如：

```
y<=a AND b AND c;
```

3. 条件信号赋值语句

条件信号赋值语句是并行描述语句，它根据不同条件将多个不同的表达式之一的值赋给目标信号，其格式为：

```
赋值目标<=表达式 WHEN 赋值条件 ELSE;
```

利用条件信号赋值语句实现“四选一”数据选择器的 VHDL 程序如例 10-9 所示。

【例 10-9】 用条件信号赋值语句实现“四选一”数据选择器。

```
LIBRARY ieee;
USE ieee.std_logic_1164.ALL;
ENTITY mux4 IS
    PORT(i0,i1,i2,i3,a,b: IN std_logic;
            y: OUT std_logic);
END mux4;
ARCHITECTURE struct OF mux4 IS
    SIGNAL sel: std_logic_vector(1 DOWNTO 0);
BEGIN
    sel<=a&b;                                    --经过并置操作 sel 成为 2 位向量
    y<=i0 WHEN sel="00"ELSE
        i1 WHEN sel="01"ELSE
        i2 WHEN sel="10"ELSE
        i3 WHEN sel="11"ELSE
        'Z';                                     --'Z'代表高阻态
END struct;
```

4. 选择信号赋值语句

选择信号赋值语句类似于 CASE 语句，它对表达式进行测试，并根据表达式的不同取值将不同的值赋给目标信号。选择信号赋值语句的格式如下：

```
WITH 表达式 SELECT
目标信号<=表达式 WHEN 选择值,
          ⋮
        表达式 WHEN 选择值;
```

下面仍以“四选一”数据选择器为例来说明该语句的使用方法，详见例 10-10。

【例 10-10】 用选择信号赋值语句实现“四选一”数据选择器。

```
LIBRARY ieee;
USE ieee.std_logic_1164.ALL;
```

```
ENTITY mux4_1 IS
    PORT(i0,i1,i2,i3,a,b:IN std_logic;
            y: OUT std_logic);
END mux4_1;
ARCHITECTURE behav OF mux4_1 IS
    SIGNAL sel: INTEGER RANGE 0 TO 3;
BEGIN
    WITH sel SELECT                          --选择信号赋值语句
        y<=i0 WHEN 0,                        --选择值用","结束
            i1 WHEN 1,
            i2 WHEN 2,
            i3 WHEN 3,
            'Z' WHEN OTHERS;
    sel<=0 WHEN a='0'AND b='0' ELSE          --条件信号赋值语句
        1 WHEN a='1' AND b='0' ELSE
        2 WHEN a='0' AND b='1' ELSE
        3 WHEN a='1' AND b='1' ELSE
        4;
END behav;
```

在上面例 10-10 所示 VHDL 程序中，虽然选择信号赋值语句和条件信号赋值语句都是并发语句，但选择信号赋值语句中的信号 y 若要赋值，信号 sel 必须变化。但 sel 的变化是发生在输入信号 a 和 b 变化的基础之上的。也就是说，y 的赋值是由条件赋值语句中 a 和 b 的变化来决定的。

5. 元件例化语句

元件(component)与元件例化(component instantiation)是层次化设计的主要方法。在 VHDL 层次化设计中，一个系统可以看做由多个元件组成，而每一个元件又由多个下层的元件组成。因此元件可大可小，既可以是一个简单的门电路，也可以是一个具有完整功能的组件，如 CPU。元件是层次化设计的基本单元。

元件例化是指用层次化设计方法实现一个大的系统时，把已经设计好的设计实体定义为一个元件或一个模块，该元件或模块可以被高层的设计所引用。引用时将会用到元件声明语句和元件例化语句，而且二者必须联合使用，缺一不可。

1) 元件声明

元件声明的格式如下：

```
COMPONENT 元件名称
    PORT(元件端口信息);
END COMPONENT 元件名称;
```

这里的元件名称，就是定义这个元件的实体的名称。

2) 元件例化

元件例化的格式如下：

```
例化名：元件名
    PORT MAP(端口列表);
```

在使用一个元件时，通常要在上层模块中给这个元件起一个名字，这个名字称为元件例化名。格式中的 PORT MAP 语句(端口映射语句)用于描述元件与上层模块的信号的连接关系。

10.5 VHDL 描述实例

为了进一步理解和掌握 VHDL 的基本语法及其使用方法，本节以常用的基本逻辑电路设计为例，介绍运用 VHDL 描述基本逻辑电路的方法。

10.5.1 组合逻辑电路的 VHDL 描述

1. 基本逻辑运算电路的描述

【例 10-11】 用 VHDL 语言描述一个 $y1=\overline{a\bar{b}+cd}$，$y2=(a\oplus\bar{c})(b\oplus d)$的组合逻辑电路。

```
LIBRARY ieee;
USE ieee.std_logic_1164.ALL;
USE ieee.std_logic_1164.ALL;
ENTITY examp IS
    PORT(a,b,c,d: IN std_logic;                 --定义输入端口 a,b,c,d
           y1,y2: OUT std_logic);               --定义输出端口 y1,y2
END examp;
ARCHITECTURE struct OF examp IS
BEGIN
    PROCESS
    BEGIN
        y1<= (a AND (NOT b)) NOR (c and d);     --y1=ab+cd
        y2<= (a XOR (NOT c))AND (b XOR d);      --y2= (a⊕c) (b⊕d)
    END PROCESS;
END struct;
```

正如本例中所示，逻辑运算中要根据运算符的优先级在需要的地方使用括号，以正确描述电路的逻辑功能。

2. 译码器的描述

【例 10-12】 用 VHDL 语言描述一个如图 10.4 所示的 7 段 LED 显示译码器。其输入为 8421 编码的 4 位二进制数，输出为驱动数码管显示的 7 个输出信号。7 段数码管为共阴极接法，7 段 LED 显示字形如图 10.5 所示。

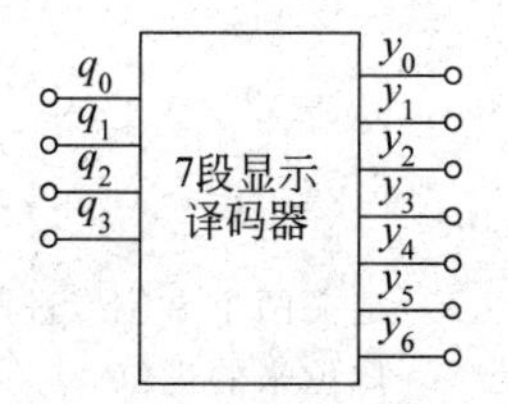

图 10.4 7 段显示译码器

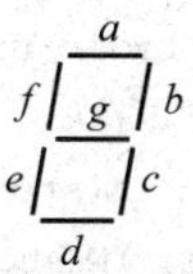

a
f g b
e c
d

图 10.5 7 段 LED 显示字形

实现该译码器的VHDL程序如下：

```
LIBRARY ieee;
USE ieee.std_logic_1164.ALL;
USE ieee.std_logic_unsigned.ALL;
ENTITY led7 IS
    PORT(q:IN std_logic_vector(3 DOWNTO 0);
            y:OUT std_logic_vector(6 DOWNTO 0));
END led7;
ARCHITECTURE behavior OF led7 IS
BEGIN
    WITH q SELECT
        y<="1111110"WHEN"0000",                  --输入0000时,显示字形0
            "0110000"WHEN"0001",                 --输入0001时,显示字形1
            "1101101"WHEN"0010",                 --输入0010时,显示字形2
            "1111001"WHEN"0011",
            "0110011"WHEN"0100",
            "1011011"WHEN"0101",
            "0011111"WHEN"0110",
            "1110000"WHEN"0111",
            "1111111"WHEN"1000",
            "1111011"WHEN"1001",                 --输入1001时,显示字形9
            "0000000"WHEN OTHERS;
END behavior;
```

7段显示译码器的仿真波形如图10.6所示，图中的输入q和输出y均为十六进制表示。从图10.6中可以看到，当输入q为0时，输出y为7E；输入q为1时，输出y为30；输入q为2时，输出y为6D等；当输入q大于9时，输出y均为为00。

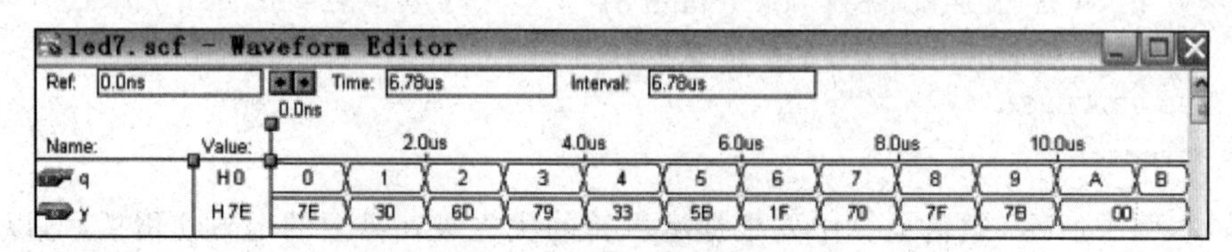

图10.6　7段显示译码器仿真波形

3. 算术运算电路的描述

【例10-13】 用VHDL语言描述一个8位二进制的加法器。

实现8位二进制加法器的VHDL程序如下：

```
LIBRARY ieee;
USE ieee.std_logic_1164.ALL;
USE ieee.std_logic_unsigned.ALL;
ENTITY adder8 IS
    PORT(a, b: IN std_logic_vector (7 DOWNTO 0);      --定义两个8位二进制数
            ci: IN std_logic;                         --低位来的进位
            sum: OUT std_logic_vector(7 DOWNTO 0);    --和输出
```

```
            co: OUT std_logic);                    --向高位的进位
END adder8;
ARCHITECTURE struc_adder8 OF adder8 IS
    SIGNAL s: std_logic_vector ( 8 DOWNTO 0);      --定义内部信号 s
BEGIN
    s<= ('0' & a)+ ('0' & b)+ ("00000000" & ci);  --将 a、b 和 ci 均并置为 9 位,然后再相加
    sum<=s(7 DOWNTO 0);                            --产生 8 位和输出
    co<=s(8);                                      --产生进位输出
END struc_adder8;
```

8 位二进制加法器的仿真波形如图 10.7 所示。从图中可以看到,当低位来的进位 ci 为 0 时,两个 8 位二进制数 02 和 03 之和为 05(十六进制表示);当低位来的进位 ci 为 1 时,03 和 04 之和为 08(加上低位来的进位)等。

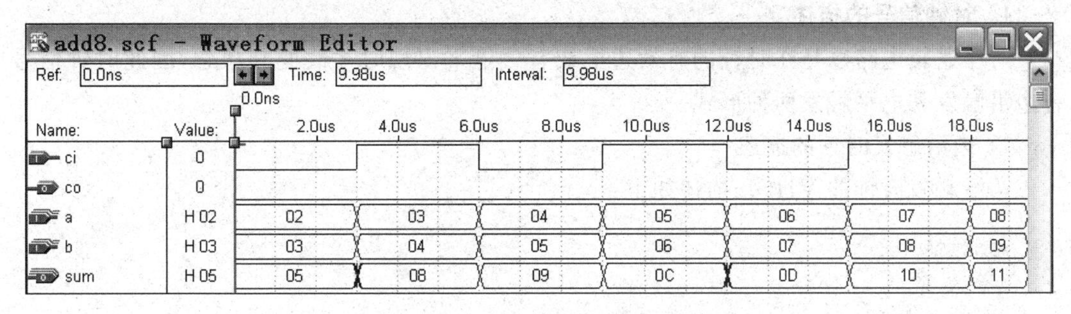

图 10.7　8 位二进制加法器仿真波形

4. 数据选择器的描述

【例 10-14】 用 VHDL 语言描述一个“八选一”数据选择器。

实现“八选一”数据选择器的 VHDL 程序如下:

```
LIBRARY ieee;
USE ieee.std_logic_1164.ALL;
USE ieee.std_logic_unsigned.ALL;
ENTITY mux_8 IS
    PORT(d: IN std_logic_vector(7 DOWNTO 0);
            a2,a1,a0: IN std_logic;
            enable: IN std_logic;
            f: OUT std_logic);
END mux_8;
ARCHITECTURE struct OF mux_8 IS
    SIGNAL sel: std_logic_vector (2 DOWNTO 0);
BEGIN
    sel<=a2 & a1 & a0;
    PROCESS (d, sel, enable)
        BEGIN
            IF enable='1' THEN f<='0';
            ELSIF sel="000"THEN f<=d(0);
```

```
            ELSIF sel="001"THEN f<=d(1);
            ELSIF sel="010"THEN f<=d(2);
            ELSIF sel="011"THEN f<=d(3);
            ELSIF sel="100"THEN f<=d(4);
            ELSIF sel="101"THEN f<=d(5);
            ELSIF sel="110"THEN f<=d(6);
            ELSIF sel="111"THEN f<=d(7);
        END IF;
    END PROCESS;
END struct;
```

10.5.2 时序逻辑电路的 VHDL 描述

1. 时钟信号的描述

时序逻辑电路总是在时钟的有效边沿或有效电平出现时才改变其状态,因此时钟信号有边沿触发和电平触发两种形式。

1) 边沿触发时钟的描述

边沿触发时钟的 VHDL 描述如下:

```
PROCESS (clk)
BEGIN
    IF(clk'event and clk='1') THEN
        顺序语句;
    END IF;
END PROCESS;
```

上面描述中的(clk'event and clk='1')为时钟边沿表达式,clk'event 表示 clk 信号发生变化,若变化的结果 clk='1'则表示时钟上升沿出现。

也可用 WAIT UNTIL 语句来描述时钟上升沿:

```
PROCESS
BEGIN
    WAIT UNTIL clk'event and clk='1';
        顺序语句;
END PROCESS;
```

上面描述中的 WAIT UNTIL clk'event and clk='1'表示等待时钟上升沿的出现。注意,当使用 WAIT UNTIL 语句时,PROCESS 语句中不用列出敏感量。

2) 电平触发时钟的描述

电平触发时钟的 VHDL 描述如下:

```
IF clk='1' THEN                                --时钟高电平有效
    顺序语句;
END IF;
```

或

```
IF clk='0'THEN                                         --时钟低电平有效
    顺序语句;
END IF;
```

2. 置/复位信号的描述

置/复位信号的作用是用来设置时序逻辑电路的初始状态。时序电路的置/复位方式有两种：同步置/复位方式和异步置/复位方式。所谓同步置/复位方式是指在置/复位信号和时钟信号同时有效时，时序电路才被置/复位；而异步置/复位方式则是指当置/复位信号有效时，时序电路立即被置/复位，与时钟信号无关。

1）同步置/复位信号的两种描述方法

(1) 方法一：

```
PROCESS(clk)
BEGIN
    IF(clk'event and clk='1')THEN
        IF (置/复位条件表达式) THEN
            置/复位语句;
        ELSE
            顺序语句;
        END IF;
    END IF;
END PROCESS;
```

(2) 方法二：

```
PROCESS
BEGIN
    WAIT UNTIL clk'event and clk='1';
        IF (置/复位条件表达式) THEN
            置/复位语句;
        ELSE
            顺序语句;
        END IF;
END PROCESS;
```

注意，当使用 WAIT UNTIL 语句时，PROCESS 语句中不用列出敏感量。

2）异步置/复位信号的描述方法

```
PROCESS(置/复位信号,CLK)
BEGIN
    IF(置/复位条件表达式)THEN
        置/复位语句;
    ELSIF(时钟边沿表达式)THEN
        顺序语句;
    END IF;
END PROCESS;
```

3. 触发器的描述

1）D触发器的描述

【例 10-15】 不带置/复位端的D触发器的逻辑符号如图10.8所示，其VHDL描述如下：

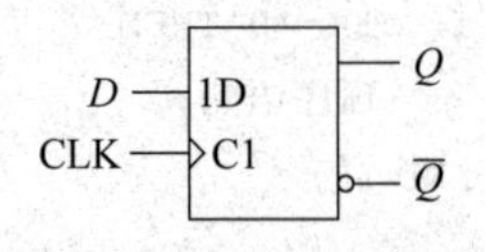

图 10.8 不带置/复位端的D触发器

```
LIBRARY ieee;
USE ieee.std_logic_1164.ALL;
ENTITY dff IS
    PORT(clk,d: IN std_logic;                          --D触发器的输入端口
            q:OUT std_logic);                          --D触发器的输出端口
END dff;
ARCHITECTURE rtl1 OF dff IS
BEGIN
    PROCESS(clk)
    BEGIN
        IF clk'event and clk='1'THEN                   --时钟信号上升沿出现
            q<=d;
        END IF;
    END PROCESS;
END rtl1;
```

【例 10-16】 带异步置位、复位端的D触发器的逻辑符号如图10.9所示，其VHDL描述如下：

图 10.9 带异步置位、复位端的D触发器

```
LIBRARY ieee;
USE ieee.std_logic_1164.ALL;
ENTITY asy_res_dff IS
    PORT(clk, d, sd, rd: IN std_logic;
                   q: OUT std_logic);
END asy_res_dff;
ARCHITECTURE rtl2 OF asy_res_dff IS
BEGIN
    PROCESS(clk, sd, rd)
    BEGIN
        IF rd='0'THEN
            q<='0';
        ELSIF sd='0'THEN
            q<='1';
        ELSIF(clk'event and clk='1')THEN
            q<=d;
        END IF;
    END PROCESS;
END rtl2;
```

2) JK 触发器的描述

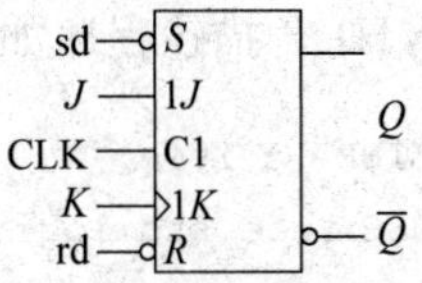

【例 10-17】 带异步置位、复位端的 JK 触发器如图 10.10 所示，其 VHDL 描述如下：

图 10.10 带异步复位、置位端的 JK 触发器

```
LIBRARY ieee;
USE ieee.std_logic_1164.ALL;
ENTITY JK_ff IS
    PORT(sd, rd, clk, J, K: IN std_logic;                   --定义输入
            q,qn:OUT std_logic);                            --定义输出
END JK_ff;
ARCHITECTURE struct OF JK_ff IS
    SIGNAL qs, qns: std_logic;
BEGIN
    PROCESS(sd, rd, clk, J, K)
    BEGIN
        IF (sd='0'AND rd='1') THEN
            qs='1';                                         --触发器置位
            qns<='0';
        ELSIF (rd='0' AND sd='1') THEN
            qs<='0';                                        --触发器复位
            qns<='1';
        ELSIF(clk'event and clk='1') THEN                   --时钟信号上升沿出现
            IF(J='0'AND K='1')THEN                          --J=0,K=1
                qs<='0';                                    --触发器被置为0状态
                qns<='1';
            ELSIF(J='1'AND K='0')THEN                       --J=1,K=0
                qs<='1';                                    --触发器被置为1状态
                qns<='0';
            ELSIF(J='1'AND K='1')THEN                       --J=K=1
                qs<=NOT qs;                                 --触发器翻转
                qns<=NOT qns;
            END IF;
        END IF;
            q<=qs;                                          --将qs和qns信号送到输出端
            qn<=qns;
    END PROCESS;
END struct;
```

4. 寄存器的描述

【例 10-18】 用 VHDL 语言描述一个由 4 位 D 触发器组成的 4 位串入串出移位寄存器，其电路如图 10.11 所示。

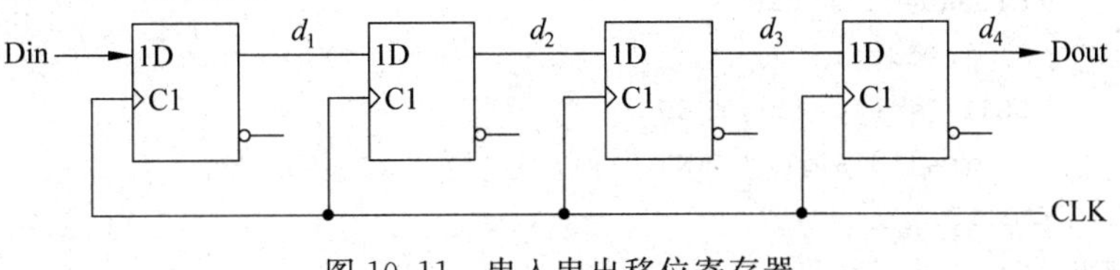

图 10.11 串入串出移位寄存器

VHDL 描述程序如下：

```
LIBRARY ieee;
USE ieee.std_logic_1164.ALL;
ENTITY shift4 IS
    PORT(Din,clk: IN std_logic;
           Dout: OUT std_logic);
    END shift4;
ARCHITECTURE behav OF shift4 IS
    SIGNAL d1, d2, d3,d4: std_logic;
BEGIN
    PROCESS(CLK)
    BEGIN
        IF(clk'event and clk='1')THEN
            d1<=Din;
            d2<=d1;
            d3<=d2;
            d4<=d3;
        END IF;
            Dout<=d4;
    END PROCESS;
END behav;
```

【例 10-19】 8 位并行输入串行输出移位寄存器的 VHDL 描述。

```
LIBRARY ieee;
USE ieee.std_logic_1164.ALL;
USE ieee.std_logic_arith.ALL;
ENTITY shift8 IS
    PORT(clk,shift,load: IN std_logic;
           data: IN std_logic_vector(7 DOWNTO 0);
           serial_out: OUT std_logic);
END shift8;
ARCHITECTURE struct OF shift8 IS
BEGIN
    PROCESS(CLK)
    VARIABLE q: std_logic_vector (7 DOWNTO 0);
    BEGIN
        serial_out<=q(0);
        IF(clk'event and clk='1')THEN
            IF(load='1')THEN
                q:=data;
            ELSIF (shift='1')THEN
                q:=('0'& q(7 DOWNTO 1));
            END IF;
        END IF;
```

```
    END PROCESS;
END struct;
```

5. **计数器的描述**

【例 10-20】 用 VHDL 语言描述一个带异步复位功能的 8 位二进制加法计数器。

```
LIBRARY ieee;
USE ieee.std_logic_1164.ALL;
USE ieee.std_logic_unsigned.ALL;
ENTITY count8 IS
    PORT(clk,cr: IN std_logic;                              --cr 为异步复位信号
            q:OUT std_logic_vector(7 DOWNTO 0);
            co:OUT std_logic);                              --co 为进位输出信号
END count8;
ARCHITECTURE struct OF count8 IS
    SIGNAL cnt: std_logic_vector(7 DOWNTO 0);               --定义内部信号
BEGIN
    PROCESS(cr,clk)
    BEGIN
        IF cr='0'THEN                                       --异步复位
            cnt<=(others=>'0');
        ELSIF clk'event and clk='1'THEN
            cnt<=cnt+1;                                     --加法计数
        END IF;
    END PROCESS;
        q<=cnt;
    PROCESS(cnt)                                            --描述进位输出信号的状态
    BEGIN
        IF cnt=255 THEN
            co<='1';                                        --计到 255 产生进位输出
        ELSE
            co<='0';
        END IF;
    END PROCESS;
    END struct;
```

带异步复位端的 8 位二进制加法计数器仿真波形如图 10.12 所示。从图中可以看到，当异步复位信号 cr 为 1 时，计数器进行加 1 计数；当 cr 为 0 时，计数器被复位；当 cr 再次变

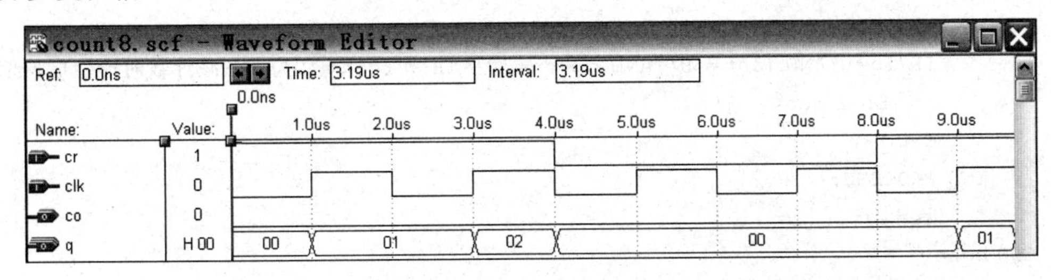

图 10.12 带异步复位端的 8 位二进制加法计数器仿真波形

为1时，计数器又开始计数。

【例 10-21】 用VHDL语言描述中规模集成计数器74LS169。

中规模集成计数器74LS169具有加/减可逆计数及同步并行预置功能。在本例所示的VHDL描述程序中，load是并行预置控制信号，低电平有效；ent和enp是计数控制信号，低电平有效；up_dn为加/减计数控制信号，为1时进行加计数，为0时进行减计数。计数进位信号rco在ent=0的条件下产生。另外，由于描述中使用了unsigned数据类型，因此要引用IEEE. std_logic_arith。

VHDL描述程序如下：

```
LIBRARY ieee;
USE ieee.std_logic_1164.ALL;
USE ieee.std_logic_arith.ALL;
ENTITY V74169 IS
    PORT(clk,up_dn,load,ent,enp: IN std_logic;
                d: IN unsigned (3 DOWNTO 0);
                q: OUT unsigned(3 DOWNTO 0);
                rco: OUT std_logic);
END V74169;
ARCHITECTURE behav OF V74169 IS
    SIGNAL iq: unsigned (3 DOWNTO 0);
BEGIN
    PROCESS(clk,ent,iq)
    BEGIN
        IF ( clk'event and clk='1')THEN                         --时钟信号上升沿出现
            IF load='0'THEN
                iq<=d;                                          --并行预置
            ELSIF(ent OR enp)='0'THEN
                IF up_dn='1'THEN
                    iq<=iq+1;                                   --加计数
                ELSIF up_dn='0'THEN
                    iq<=iq-1;                                   --减计数
                END IF;
            END IF;
        END IF;
        IF(iq=15)AND (ent='0')AND(up_dn='1') THEN rco<='0';  --加计数时产生进位信号
            ELSE rco<='1';
        END IF;
        IF(iq=0)AND (ent='0')AND(up_dn='0')THEN rco<='0'; --减计数时产生借位信号
            ELSE rco<='1';
        END IF;
    END PROCESS;
        q<=iq;
END behav;
```

从上述VHDL描述程序中可以看到，首先检测时钟的有效边沿，当时钟上升沿出现时，先进行并行预置，然后进行加/减计数。在加计数达到 1111 状态，或减计数达到 0000 状态时，并且在 ent='0'的条件下，进位输出信号 rco 变为低电平，表示加计数有进位信号产生或减计数有借位信号产生。

10.6 状态机设计

10.6.1 概述

状态机是按有序方式遍历预先定义的状态序列的时序逻辑电路。状态机被广泛应用于各种系统控制之中，如工业控制、通信协议、数字信号处理系统的时序控制等。这里讨论的是有限状态机（Finite State Machine，FSM）。因为状态转移图与 VHDL 的行为级代码、IF-THEN-ELSE语句、CASE-WHEN 语句有对应的映射关系，所以可以依据状态转移图进行状态机设计。

10.6.2 状态机的分类

依据输出信号的特点可将状态机分为两种类型：Moore 型状态机和 Mealy 型状态机。如果状态机的输出信号仅与状态机的当前状态（也称现态）有关，而与状态机的输入信号无关，则称此种状态机为 Moore 型状态机；如果状态机的输出信号不仅与状态机的当前状态有关，还与状态机的输入信号有关，则称此状态机为 Mealy 型状态机。也可以说，Moore 型状态机的输出信号仅是当前状态的函数；而 Mealy 型状态机的输出信号是当前状态和输入信号的函数。

这两类状态机的设计是很相似的，不同之处在于对输出信号的描述上。Mealy 型状态机在对输出信号进行描述时，需要考虑与其相关的输入信号。

10.6.3 Moore 型状态机的 VHDL 描述

一个 Moore 型状态机的状态转换表（简称状态表）如表 10-4 所示，其状态图如图 10.13 所示。例 10-22 给出了实现此状态机的 VHDL 描述。

表 10-4 Moore 型状态机的状态表

现态 \ 输入 x	0	1	输出 Z
A	B	D	0
B	C	A	0
C	D	B	0
D	A	C	1
	次态		

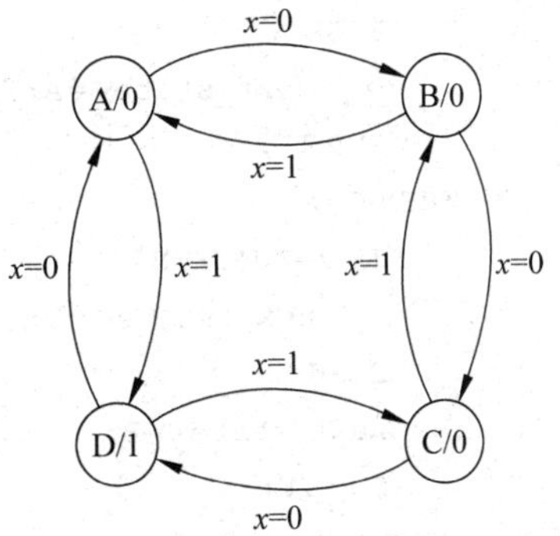

图 10.13 Moore 型状态机的状态图

【例 10-22】 Moore 型状态机的 VHDL 描述。

```
LIBRARY ieee;
```

```
USE ieee.std_logic_1164.ALL;
USE ieee.std_logic_unsigned.ALL;
ENTITY moore IS
    PORT(clk: IN BIT;
            x: IN BIT;
            z: OUT BIT);
END moore;
ARCHITECTURE behavior OF moore IS
    TYPE state_type IS (A,B,C,D);                          --用枚举类型进行状态定义
    SIGNAL current_state,next_state:state_type;  --现态和次态信号的定义
BEGIN
--同步单元
synch: PROCESS
BEGIN
    WAIT UNTIL ( clk'event and clk='1');               --等待时钟信号上升沿的出现
    current_state<=next_state;
END PROCESS;
--描述电路的状态转换
    state_trans: PROCESS (current_state)
    BEGIN
    next_state<=current_state;
    CASE current_state IS
    WHEN A=>                                     --当电路的现态为 A 时,若输入信号 x=0,则其次态为 B
        IF x='0'THEN
            next_state<=B;
        ELSE                                                    --否则,次态为 D
            next _state<=D;
        END IF;
    WHEN B=>
        IF x='0'THEN
            next_state<=C;
        ELSE
            next_state<=A;
        END IF;
    WHEN C=>
        IF x='0'THEN
            next_state<=D;
        ELSE
        next_state<=B;
        END IF;
    WHEN D=>
        IF x='0'THEN
            next_state<=A;
        ELSE
        next_state<=C;
```

```
        END IF;
    END CASE;
END PROCESS;
--描述每种状态下电路的输出
    OUTPUT_gen:PROCESS (current_state)
        BEGIN
        CASE current_state IS
            WHEN A=>
                z<='0';                         --当电路的现态为 A 时,输出信号 z=0
            WHEN B=>
                z<='0';                         --当电路的现态为 B 时,输出信号 z=0
            WHEN C=>
                z<='0';                         --当电路的现态为 C 时,输出信号 z=0
            WHEN D=>                            --当电路的现态为 D 时,输出信号 z=1
                z<='1';
        END CASE;
    END PROCESS;
END behavior;
```

10.6.4 Mealy 型状态机的 VHDL 描述

一个 Mealy 型状态机的状态表如表 10-5 所示,其状态图如图 10.14 所示。例 10-23 给出了实现此状态机的 VHDL 描述。

表 10-5 Mealy 型状态机的状态表

现态 \ 输入 x	0	1
A	D/1	B/0
B	D/1	C/0
C	D/1	A/0
D	B/1	C/0

次态/输出 Z

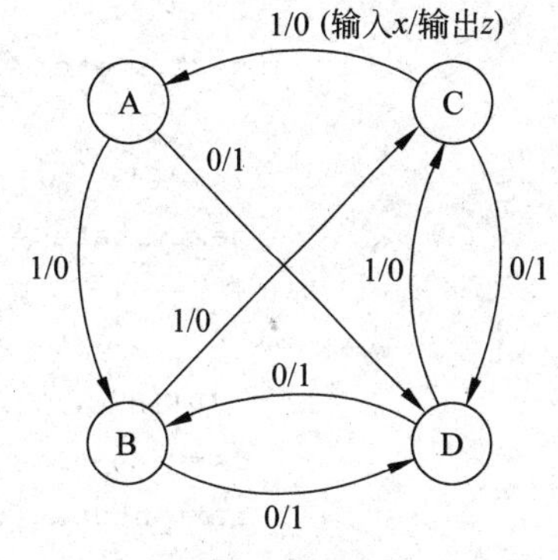

图 10.14 Mealy 型状态机的状态图

【例 10-23】 Mealy 型状态机的 VHDL 描述。

```
LIBRARY ieee;
USE ieee.std_logic_1164.ALL;
USE ieee.std_logic_unsigned.ALL;
ENTITY mealy IS
    PORT(x, clk: IN std_logic;
            z: OUT std_logic);
END mealy;
ARCHITECTURE behavior OF mealy IS
    TYPE state_type IS (A,B,C,D);                 --用枚举类型进行状态定义
```

```
    SIGNAL current_state,next_state: state_type;
BEGIN
--同步单元
    synch: PROCESS
    BEGIN
        WAIT UNTIL ( clk'event and clk='1');  --等待时钟信号上升沿的出现
        current_state<=next_state;
    END PROCESS;
--描述电路的状态转换
combin:PROCESS(current_state,x)
BEGIN
    next_state<=current_state;
    CASE current_state IS
        WHEN A=>            --当电路的现态为A时,若输入信号x=0,则输出信号z=1,次态为D
            IF x='0'THEN
                z<='1';
                next_state<=D;
            ELSE                                    --否则,电路的输出信号z=0,次态为B
                z<='0';
                next _state<=B;
            END IF;
        WHEN B=>
            IF x='0'THEN
                z<='1';
                next_state<=D;
            ELSE
                z<='0';
                next_state<=C;
            END IF;
        WHEN C=>
            IF x='0'THEN
                z<='1';
                next_state<=D;
            ELSE
                z<='0';
                next_state<=A;
            END IF;
        WHEN D=>            --当电路的现态为D时,若输入信号x=0,则输出信号z=1,次态为B
            IF x='0'THEN
                z<='1';
                next_state<=B;
            ELSE
                z<='0';
                next_state<=C;
            END IF;
```

```
        END CASE;
    END PROCESS;
END behavior;
```

10.6.5 状态机应用举例——序列码检测器

序列码检测器是具有能识别任意一串二进制码中某特殊码组功能的逻辑电路。序列码检测器在电路正常工作时，如果检测到待测码组，则能够输出识别信号。例如，在通信系统中，为了保证信息的可靠传输，一般需要在发送端加入固定的同步码组，而在接收端则需要检出同步码组，以保证信息的可靠接收。接收端的同步检测电路部分实际上就是一个序列码检测器。

【例 10-24】 用状态机实现一个序列码检测器，要求当输入连续 3 个或 3 个以上 1 时，电路输出为 1；否则，输出为 0。例如：

输入序列 x：1 1 0 1 0 1 1 1 1 1 0 0 1 0
输出序列： 0 0 0 0 0 0 0 1 1 1 0 0 0 0

电路的状态转移图如图 10.15 所示。

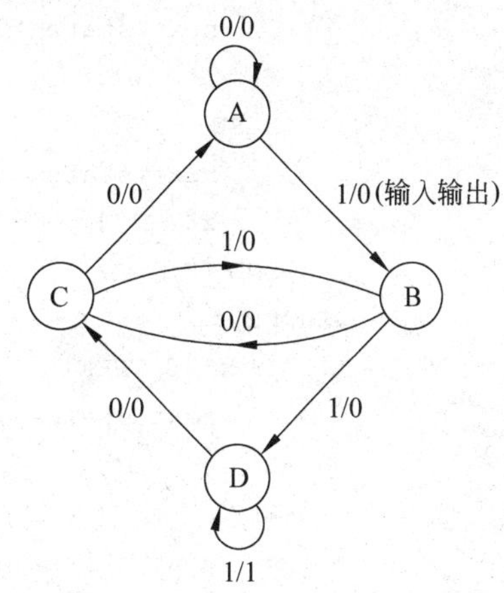

图 10.15 状态转移图

检测器的 VHDL 描述如下：

```
LIBRARY ieee;
USE ieee.std_logic_1164.ALL;
USE ieee.std_logic_unsigned.ALL;
ENTITY tes_111 IS
    PORT(clk, x: IN std_logic;
            z: OUT std_logic);
END tes_111;
ARCHITECTURE behavior OF tes_111 IS
    TYPE state_type IS (A,B,C,D);          --用枚举类型进行状态定义
    SIGNAL current_state, next_state: state_type;
BEGIN
    synch: PROCESS
    BEGIN
        WAIT UNTIL( clk'event and clk='1');
        current_state<=next_state;
END PROCESS;
--描述电路的状态转换
    state_trans:PROCESS(current_state,x)
    BEGIN
        next_state<=current_state;
        CASE current_state IS
            WHEN A=>
            IF x='0'THEN
                next_state<=A;
                z<='0';                       --现态为 A,若输入 x=0, 则次态为 A,输出 z=0
            ELSE
```

```
                next_state<=B;
                z<='0';                     --否则次态为B,输出 z=0
            END IF;
        WHEN B=>
            IF x='0'THEN
                next_state<=C;
                z<='0';                     --现态为B,若输入 x=0,则次态为 C,输出 z=0
            ELSE
                next_state<=D;
                z<='0';                     --否则次态为 D,输出 z=0
            END IF;
        WHEN C=>
            IF x='0'THEN
                next_state<=A;
                z<='0';
            ELSE
                next_state<=B;
                z<='0';
            END IF;
        WHEN D=>
            IF x='0'THEN
                next_state<=C;
                z<='0';
            ELSE
                next_state<=D;
                z<='1';                     --检测到特定序列码,输出 z=1
            END IF;
        END CASE;
    END PROCESS;
END behavior;
```

本章小结

本章首先介绍了 VHDL 的特点和常用描述语句,给出了组合逻辑电路和时序逻辑电路的描述实例。最后介绍了有限状态机(FSM)的概念、分类和应用举例。

(1) VHDL 是一种描述数字系统硬件结构和信号之间连接关系的语言。一个完整的 VHDL 语言程序通常包括实体、结构体、配置、库和程序包(也称包集合)5 个组成部分。

实体用来描述设计单元的名称和端口信息。结构体用来描述实体的具体行为与功能,跟在实体的后面。库用来存放已经编译的实体、结构体、程序包和配置。程序包是 VHDL 为了使一组元件、子程序、数据类型等能够被多个设计单元所共享而提供的一种机制,它是一个可编译的设计单元,也是库结构的一个层次,配置语句用来描述层与层之间以及实体与结构体之间的连接关系。当一个实体具有多个结构体时,可以利用配置语句为实体选定某个结构体;当实体只有一个结构体时,程序中不需要配置语句。

(2) VHDL 将可以赋予一个值的客体称为数据对象。VHDL 的数据对象主要有信号、变量和常量 3 种类型。信号代表电路内部各元件间的连接线，可以在程序包、实体和结构体中说明。变量用来暂存某些数据，它是局部量，只能在进程语句和子程序中使用。常量是在设计描述中固定不变的值，它是全局量，可以在程序包、实体、结构和进程说明中定义。

(3) VHDL 的数据类型有标准数据类型和自定义数据类型。运算操作符有逻辑运算符、算术运算符、关系运算符和并置运算符。在使用时，要注意运算符的优先级，必要时可使用括号来保证正确的运算顺序。

(4) VHDL 的描述语句有顺序描述语句和并行描述语句。顺序描述语句都在进程内使用，而进程与进程之间是并发的。在使用进程语句描述电路的功能时，要注意正确描述进程敏感信号列表。

(5) 状态机模型被广泛应用于各种系统控制的描述中，尤其适合能够分解出状态转移关系的复杂时序电路的描述。根据输出信号与输入信号及当前状态之间的关系，状态机分为 Moore 型和 Mealy 型两种类型。

习　题　10

10.1　试说明 VHDL 的主要特点。

10.2　一个完整的 VHDL 程序通常包含哪几个组成部分？各部分的基本功能是什么？

10.3　试用 VHDL 描述一个“二选一”数据选择器。

10.4　写出用 CASE 语句实现 2-4 译码器的 VHDL 程序。

10.5　用 VHDL 描述时序电路时，时钟和置/复位信号的描述方法有哪几种？

10.6　用 VHDL 描述带同步置/复位端的 D 触发器。

10.7　用 VHDL 描述一个 4 位并行输入串行输出的移位寄存器。

10.8　用 VHDL 描述一个具有异步复位端的 4 位二进制加法计数器。

10.9　试说明 Moore 型状态机和 Mealy 型状态机的主要区别。

10.10　试用状态机设计一个串行序列码检测电路，当输入序列为 110 时，输出为 1，否则输出为 0，可重复检测。例如：

输入序列 x：1 0 1 1 0 0 1 1 0 1

输出序列 z：0 0 0 0 1 0 0 0 1 0

第11章 可编程逻辑器件及其开发工具

可编程逻辑器件(Programmable Logic Device，PLD)是20世纪70年代发展起来的新型逻辑器件，可以完全由用户配置以完成某种特定逻辑功能。经过几十年的发展，今天PLD技术已经成为逻辑电路设计的基本技术，PLD行业已初步形成，PLD产品已成为半导体领域中发展最快的产品之一。

本章首先介绍PLD的发展过程及主要特点，然后介绍现场可编程门阵列(FPGA)的工作原理与基本结构，最后介绍PLD的开发工具MAX＋PlusⅡ。

11.1 可编程逻辑器件概述

11.1.1 PLD的产生

传统的硬件电路设计方法一般是先选用标准通用集成电路芯片，再由这些芯片“自下而上”地构成电路、子系统和系统。采用这种设计方法，对系统进行设计并调试完毕后，所形成的设计文件主要是由若干张电原理图构成的文件。设计者在电原理图中详细标注各逻辑单元、器件名称及互相间的连接关系。该文件是用户使用和维护系统的依据。对于小系统，这种电原理图可能有几十张至几百张就可以了；但对于大系统，由于电路系统十分复杂，所以其电原理图可能需要成千上万张，这给阅读、归档、修改和使用均带来极大的麻烦。

随着计算机技术和大规模集成电路技术的发展，这种传统的设计方法已不能适应现代电子技术发展的需要。一种崭新的、采用硬件描述语言的硬件电路设计方法已经兴起，并给硬件电路的设计带来一次重大的变革。

近年来发展起来的电子设计自动化(Electronic Design Automation，EDA)技术，采用“自上而下”的设计方法来进行逻辑电路的设计。在这种崭新的设计方法中，可以由用户对整个电路系统进行方案设计和功能划分，系统的关键电路由一片或几片专用集成电路(Application Specific Integrated Circuits，ASIC)构成。ASIC的设计与制造，已不再完全由半导体厂家独立承担，用户本身就可以在自己的实验室里设计出合适的ASIC器件，并且可以立即投入实际使用之中。这种电子技术设计领域中的重大变革，主要得益于可编程逻辑器件(PLD)的产生与应用。

采用PLD技术，用户利用专门的硬件描述语言，根据自己的应用需求定义和构造逻辑电路，描述其逻辑功能，利用EDA工具软件，经过特定的编译或转换程序，生成相应的目标文件，再由编程器和下载电缆将设计文件配置到PLD器件中，即可得到满足用户要求的专用集成电路了。

PLD的产生与应用，不仅简化了电路设计，降低了成本，提高了系统的可靠性，而且还有力地推动了数字电路设计方法的革新。

11.1.2 PLD的发展

1. 可编程只读存储器(PROM)

最早出现的PLD是20世纪70年代初期推出的熔丝工艺可编程只读存储器(Programmable Read Only Memory，PROM)，后来又相继出现紫外线可擦除的只读存储器EPROM及电可擦除的只读存储器E^2 PROM。由于这类器件的阵列规模大，价格便宜，易于编程，适合存储计算机程序和数据表格，因此，主要用作存储器。典型的芯片如应用广泛的Intel 2716、2732等。

2. 可编程逻辑阵列(PLA)

针对PROM器件的存储单元内容利用率不高，没能充分节省芯片面积的缺点，20世纪70年代中期出现了可编程逻辑阵列(Programmable Logic Array，PLA)，PLA是由可编程的"与阵列"和可编程的"或阵列"组成，即它的"与阵列"和"或阵列"均是可编程的，最终实现的是逻辑函数的最简"与或"表达式，所以电路的阵列结构相对简单。但由于编程复杂，价格较贵，支持PLA的开发软件较少，因而没有得到广泛应用。

3. 可编程阵列逻辑(PAL)

1977年推出的可编程阵列逻辑(Programmable Array Logic，PAL)器件由可编程的与阵列和不可编程的(固定的)或阵列组成，采用熔丝方式编程，双极型工艺制造，器件的工作速度很高。由于它的输出结构种类很多，设计灵活，因而成为第一个得到普遍应用的可编程逻辑器件。

4. 通用阵列逻辑(GAL)

1985年Lattice公司发明了通用阵列逻辑(Generic Array Logic，GAL)器件，GAL在PAL器件基础上采用了输出逻辑宏单元结构，具有电可擦写、重复编程、设置加密位和重新组合结构等优点。GAL所具有的优秀性能使它几乎可以完全取代PAL器件，并可以取代大部分小规模和中规模数字集成电路(如标准的54/74系列器件)，因而得到广泛应用。

上述PROM、PLA、PAL和GAL器件结构简单，对开发软件的要求低，但它们的电路规模小，难以实现复杂的逻辑功能，所以均属简单可编程器件(SPLD)。随着技术的发展，包括CPLD(Complex Programmable Logic Device)和FPGA在内的复杂PLD器件迅速发展起来。

5. 现场可编程门阵列(FPGA)

1985年，Xilinx公司推出世界上第一片现场可编程门阵列(Field Programmable Gate Array，FPGA)。它是一种新型高密度的PLD器件，采用CMOS-SRAM工艺制作，其内部有许多独立的可编程逻辑模块(CLB)组成，逻辑模块之间可以灵活地互连起来。FPGA结构通常包括3种逻辑模块：可编程逻辑模块(CLB)、可编程输入输出模块(I/OB)和可编程连线资源(PI)。较复杂的FPGA结构中还有其他一些功能模块，这里先不做介绍。CLB的功能很强,不仅能实现逻辑函数,还可以配置成移位寄存器或 RAM 等复杂形式。配置数据存放在片内的 SRAM 或者熔丝图上,基于 SRAM 的 FPGA 器件工作前需要从芯片外部加载配置数据。加载的配置数据可以存储在片外的 E^2PROM 或者计算机上,设计人员可以控制加载过程,在现场修改器件的逻辑功能,即所谓现场可编程。

FPGA 出现后受到了电子工程设计人员的广泛关注与普遍欢迎,并有力地推动了电子设计技术的改革与进步。经过二十余年的发展,许多公司都推出了各种不同的 FPGA 器件,比较典型的是 Xilinx 公司的 FPGA 器件系列和 Altera 公司的 CPLD 器件,它们开发较早,占据了较大的 FPGA 市场。

11.1.3 PLD 的主要特点

1. 高密度

PLD 的电路规模已达几百万门,逻辑宏单元近 10 万或更多,不仅能实现单元电路,而且可以实现子系统,甚至全系统,可包括一个或多个嵌入式系统处理器、各类通信接口、控制模块和 DSP(Digital Signal Processor)模块等。

2. 低功耗

由于制造工艺的改进,PLD 的功耗越来越低。例如有 Lattice 公司推出的 ispMACH 4000Z 系列芯片的静态电流仅为 20μA,达到前所未有的低功耗。

3. 高速度

集成电路制造水平的提高,使 PLD 的集成元件尺寸不断减小,从而使元件的寄生电容不断减小,电容量的降低,使器件的工作速度得以大大提高。

4. 高开发效率

各种 PLD 均有相应开发工具软件给予支持,电路设计人员在很短的时间内就可以完成电路输入、编译、仿真、综合和配置(编程),直至最后芯片的制作,从根本上改变了传统的电子电路设计方法。另外,PLD 本身可以反复编程、擦除、从而使开发、设计效率得到极大提高。

11.1.4 PLD 的基本结构

数字电路分为组合逻辑电路和时序逻辑电路两大类型。时序逻辑电路在结构上是由组合逻辑电路和具有记忆功能的触发器组成的,同时具有输出端至输入端的反馈回路。而组合逻辑电路总可以用一组“与或”表达式来描述,因而可以用一组“与”门和“或”门来实现。所以,PLD 的基本结构是由“与阵列”、“或阵列”、“输入缓冲电路”和“输出电路”构成,反馈信号通过内部反馈通道馈送到输入端,如图 11.1 所示。其中“与阵列”和“或阵列”是 PLD 电路的主体,“与阵列”用来产生乘积项,“或阵列”用来产生乘积项之和。输入缓冲电路可以使输入信号具有足够的驱动能力,并产生输入变量的原变量和反变量。根据电路功能的不同,PLD 可以由“或阵列”直接输出(组合电路方式),也可以通过触发器或寄存器输出(时序电路方式)。输出可以是高电平有效,也可以是低电平有效,输出端通常都采用三态门结构。

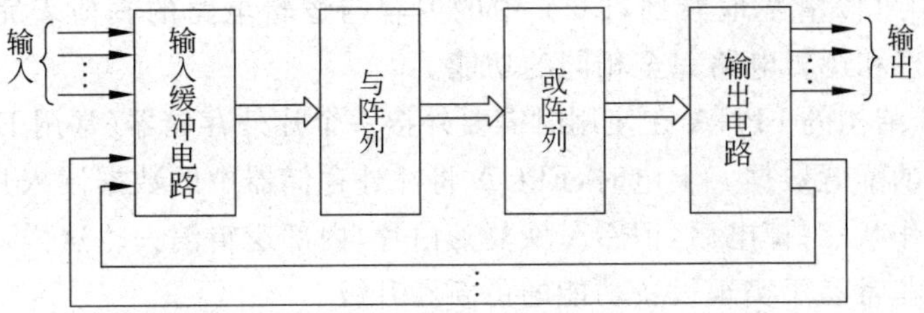

图 11.1　PLD 的结构框图

11.2　FPGA 的工作原理与基本结构

11.2.1　FPGA 的工作原理

从前面的介绍可以看到，FPGA 是在 PAL、GAL 等可编程器件的基础上发展起来的，由于 FPGA 可以被反复擦写，因此它所实现的逻辑电路不是通过固定门电路的连接来完成，而是采用一种易于反复配置的结构，查找表可以很好地满足这一要求。目前，主流 FPGA 都采用了基于 SRAM 的查找表结构，也有一些高可靠性要求的 FPGA 产品采用 Flash 或者熔丝工艺的查找表结构。可通过擦写文件改变查找表内容的方法实现对 FPGA 的重复配置。

根据数字电路的基本知识可以知道，对于一个具有 n 个输入的逻辑运算，不管是与、或、非运算还是“异或”运算，最多有 2^n 种输出结果(例如对于 3 输入的“与非”门，共有 $2^3=8$ 种输出结果)。所以，如果事先将输入变量的所有取值可能及对应输出结果(即真值表)存放于一个 RAM 存储器中，然后通过查表来由输入找到对应的输出值，就相当于实现了与真值表的内容相对应的逻辑电路的功能。FPGA 的基本原理就是如此，它通过擦写文件去配置查找表的内容，从而在相同的电路情况下实现了不同的逻辑功能。

查找表(Look-Up-Table)简称 LUT，LUT 实际上就是一个 RAM。目前，FPGA 中多数使用 4 输入的 LUT，每一个 LUT 可以看成一个有 4 位地址线的 16×1 的 RAM。当用户通过原理图或硬件描述语言(Hardware Discription Language，HDL)描述了一个逻辑电路以后，FPGA 开发软件就会自动计算逻辑电路的所有可能结果，并把这些计算结果(即逻辑电路的真值表)事先写入 RAM 中，这样，每输入一组逻辑值进行逻辑运算时，就等于输入一个地址进行查表，找到地址对应的内容后进行输出即可。

表 11-1 给出了一个使用 LUT 实现 4 输入“与非”门逻辑功能的具体情况。

表 11-1　4 输入与非门的 LUT 实现

逻辑电路(真值表)		LUT 的实现方式	
A,B,C,D(逻辑输入)	逻辑输出	RAM 地址	RAM 单元中存储的内容
0000	1	0000	1
0001	1	0001	1
⋮	⋮	⋮	⋮
1111	0	1111	0

从表 11-1 中可以清楚地看到,LUT 中的内容与逻辑电路的真值表完全相同,也就是说,LUT 可以实现和逻辑电路完全相同的功能。

基于 SRAM 结构的 FPGA 在使用时需要外接一个片外存储器(常用 E^2PROM)来保存设计文件所生成的配置数据。上电时,FPGA 将片外存储器中的数据读入片内 RAM 中,完成配置后进入工作状态;掉电后,FPGA 恢复为白片,内部逻辑消失。这样,FPGA 可以反复擦写。这种特性非常易于实现设备功能的更新和升级。

11.2.2 FPGA 的基本结构

FPGA 的基本组成结构包括可编程输入输出模块、可配置逻辑模块、可编程布线资源、内嵌块 RAM、底层内嵌功能单元和内嵌专用硬核模块等,如图 11.2 所示。不同系列的 FPGA,其内部组成结构有所不同。下面简要介绍这几个模块的组成情况。

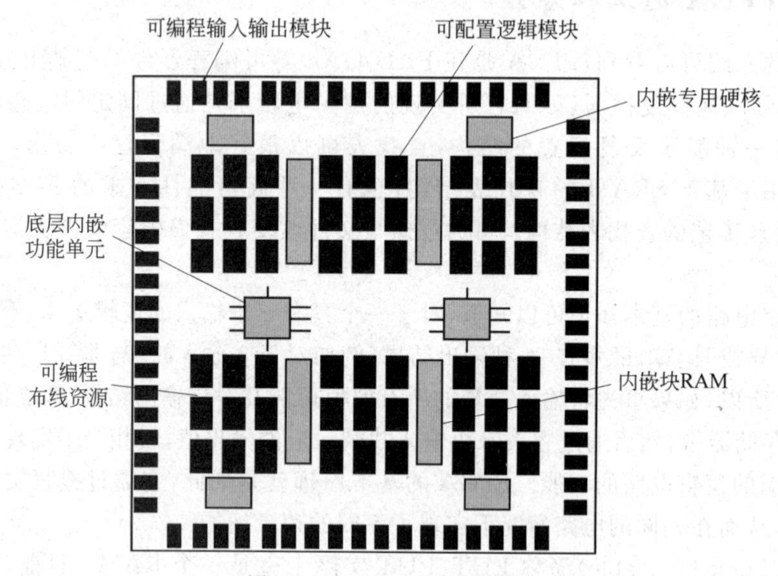

图 11.2　FPGA 的结构框图

1. 可编程输入输出模块

可编程输入输出模块(I/O Block,IOB)是 FPGA 芯片与外界电路的接口部分,用于完成不同电路特性下对输入输出信号的驱动与配置要求。一种结构比较简单的 FPGA 芯片(Xilinx 公司的 XC2064)的 IOB 结构如图 11.3 所示。由图可见,它由一个输出缓冲器、一个输入缓冲器、一个 D 触发器和两个多路选择器(MUX1 和 MUX2)组成。一个 IOB 与一个外部引脚相连,在 IOB 的控制下,外部引脚可以为输入输出或者双向信号使用。

每个 IOB 中含有一条可编程输入通道和一条可编程输出通道。当多路选择器 MUX1 输出为高电平时,输出缓冲器的输出端处于高阻态,外部 I/O 引脚用作输入端,输入信号经输入缓冲器转换为适合芯片内部工作的信号,同时,缓冲后的输入信号被送到 D 触发器的 D 输入端和多路选择器 MUX2 的一个输入端。用户可编程选择直接输入方式(即不经 D 触发器而直接送入 MUX2)或者寄存器输入方式(即经 D 触发器寄存后再送入 MUX2)。当多路选择器 MUX1 输出为低电平时,外部 I/O 引脚作输出端使用。

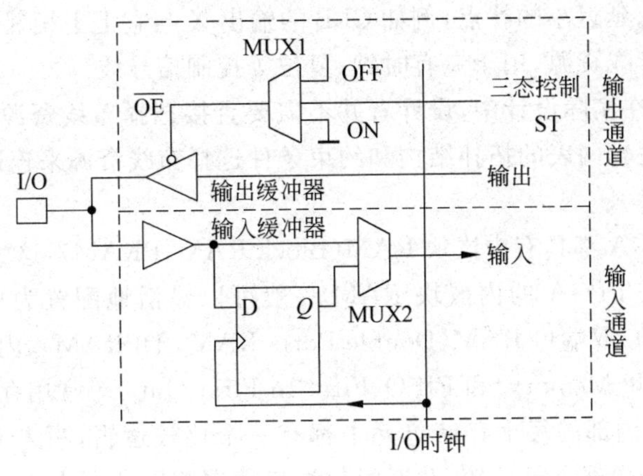

图 11.3 可编程输入/输出模块

2. 可配置逻辑模块

可配置逻辑模块(Configurable Logic Block,CLB)是可配置逻辑的主体,以矩阵形式安排在器件中心,其实际数量和特性依器件不同而不同。在 Xilinx 公司的 XC2064 中有 64 个 CLB,排列成 8×8 的矩阵结构,每个 CLB 中包含组合逻辑电路、存储电路和由一些多路选择器组成的内部控制电路,外有 4 个通用输入端 A、B、C、D,2 个输出端 X、Y 和一个专用的时钟输入端 K,如图 11.4 所示。

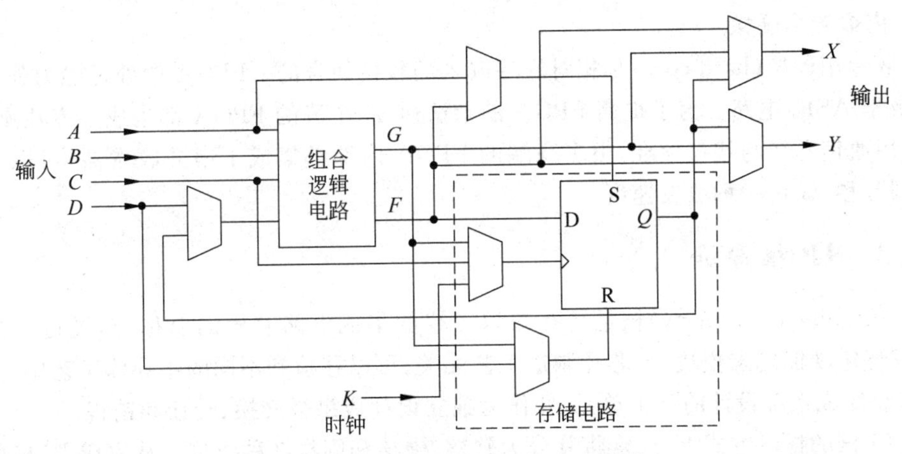

图 11.4 FPGA(XC2064)的 CLB 结构

组合逻辑电路部分可以根据需要将其编程为 3 种不同的组合逻辑形式,分别产生一个 4 输入变量的函数、两个 3 输入变量的函数和一个 5 输入变量的函数,输入变量可以来自 CLB 的 4 个输入端,也可以来自 CLB 内部触发器的 Q 端输出,使整个控制逻辑具有较强的灵活性。

3. 可编程布线资源

FPGA 芯片内部有着丰富的可编程布线资源(Programmable Interconnect,PI)。根据工艺、连线长度、宽度和布线位置的不同而划分为 4 种类型。第一类是全局布线资源,用于芯片内部全局时钟和全局复位/置位信号的布线;第二类是长线资源,用于完成芯片中各模块间信号的长距离传输,或用于以最短路径将信号传送到多个目的地的情况;第三类是短线资源，它具有连线短、延迟小的特点，例如CLB的输出X与它上下相邻的CLB输入的连接；第四类是分布式的布线资源，用于专有时钟、复位等控制信号线。

需要说明的是，在实际设计中，设计者并不需要直接选择布线资源，布局布线器(软件)可自动地根据输入逻辑网表的拓扑结构和约束条件选择布线资源来连通各个模块单元。

4. 内嵌块RAM

目前大多数FPGA都具有内嵌块RAM(Block RAM，BRAM)，这大大拓展了FPGA的应用范围和灵活性。FPGA的内嵌块RAM一般可以灵活地配置为单端口RAM(Single Port RAM，SPRAM)、双端口RAM(Double Ports RAM，DPRAM)、内容地址存储器CAM(Content Addressable Memory)和FIFO(First In First Out)等常用存储结构。

在CAM存储器内部的每个存储单元中都有一个比较逻辑，写入CAM中的数据会和其内部存储的每一个数据进行比较，并返回与端口数据相同的所有内部数据的地址。这种功能特性在路由的地址交换器中有广泛的应用。

5. 底层内嵌功能单元

底层内嵌功能单元指的是那些通用程度较高的嵌入式功能模块，如DLL(Delay Locked Loop)、PLL(Phase Locked Loop)、DSP和CPU等。正是由于集成了丰富的内嵌功能单元，才使FPGA能够满足各种不同场合的需求。

DLL和PLL具有类似的功能，可以完成时钟高精度，低抖动的倍频和分频，以及占空比调整和移相等功能。

6. 内嵌专用硬核

内嵌专用硬核(hard core)是相对底层嵌入的软核而言的。FPGA中处理能力强大的硬核，等效于ASIC电路。为了提高FPGA的乘法速度，主流的FPGA都集成了专用乘法器；为了适用通信总线与接口标准，很多高端的FPGA内部都集成了串并收发器，可以达到几十吉比特/秒(G bps)的收发速度。

11.2.3 IP核简介

IP(Intelligent Property)核是具有知识产权的集成电路芯核的总称，是经过反复验证的、具有特定功能的宏模块，与芯片制造工艺无关，可以移植到不同的半导体工艺中。目前，IP核已经变成系统设计的基本单元，并作为独立设计成果被交换、转让和销售。

从IP核的提供方式上，通常将其分为软核、硬核和固核3种类型。从完成IP核所花费的成本来讲，硬核代价最大；从使用灵活性来讲，软核的可复用性最高。

1. 软核

在EDA设计领域中，软核指的是综合(Synthesis)之前的寄存器传输级(RTL)模型。具体在FPGA设计中，指的是对电路的硬件语言描述，包括逻辑描述、网表和帮助文档等。软核只经过功能仿真，需要经过综合以及布局布线后才能使用。其优点是灵活性高，可移植性强，允许用户自己配置。其缺点是对模块的可预测性较低，在后续设计中存在发生错误的可能性，存在一定的设计风险。软核是IP核应用最广泛的形式。

2. 固核

在EDA设计领域中，固核指的是带有平面规划信息的网表。具体在FPGA设计中，可以看作带有布局规划的软核，通常以RTL代码和对应具体工艺网表的混合形式提供。将

RTL描述结合具体标准单元库进行综合优化设计，形成门级网表，再通过布局布线工具即可使用。与软核相比，固核的设计灵活性稍差，但在可预测性上有较大提高。目前，固核也是IP核的主流形式之一。

3. 硬核

在EDA设计领域中，硬核指的是经过验证的设计版图。具体在FPGA设计中，指布局和工艺固定、经过前端和后端的设计，设计人员不能对其修改。硬核的这种不允许修改特点使其复用有一定困难，所以通常用于某些特定应用中，使用范围较窄。

11.3 FPGA的设计与开发

11.3.1 FPGA的基本开发流程

FPGA的基本开发流程主要包括设计输入(design entry)、仿真(simulation)、综合(synthesize)、布局布线(place and route)和下载编程等步骤。FPGA的一般开发流程如图11.5所示。

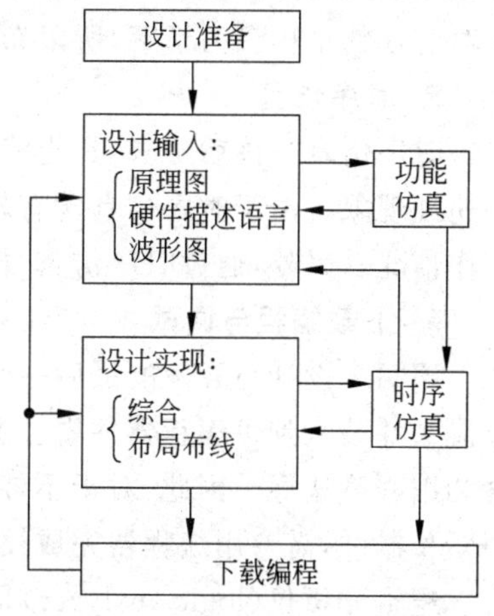

图11.5 FPGA的一般开发流程

1. 设计输入

设计输入是将所设计的电路或系统以开发软件所要求的某种形式表示出来，并输入给EDA工具的过程。常用的方法有硬件描述语言(HDL)输入方式和原理图输入方式等。原理图输入方式在可编程器件发展的早期应用比较广泛，它将所需要的器件从元件库中调出来，画出电路原理图，完成输入过程。这种方法的优点是直观、便于理解、元器件资源丰富。但在大型设计中，这种方法的效率较低，且不易维护，不利于模块构造和重用，更主要的缺点是可移植性差，当芯片升级后，所有的原理图都需要作一定的改动。

目前，在实际开发中应用最广的是HDL语言输入法，利用文本(程序代码)描述设计，可以分为普通HDL和行为HDL。普通HDL(如ABEL-HDL)，支持逻辑方程、真值表和状态图等表达方式，主要用于简单的小型设计；在中、大型设计中，主要使用行为HDL，如Verilog HDL和VHDL。这两种语言(普通HDL和行为HDL)的共同特点是语言与芯片工艺无关，利于自顶向下设计，便于模块的划分与移植，具有很强的逻辑描述功能，而且输入效率很高。

2. 功能仿真

功能仿真也称前仿真或行为仿真，是在综合之前对用户所设计的电路进行逻辑功能验证。这时的仿真没有时延信息，仅对初步的功能进行检测。仿真前，需先利用波形编辑器建立波形文件和测试向量(输入信号序列)。仿真结果将会生成报告文件和输出信号波形，从中可以观察各个节点信号的变化情况是否符合功能要求。如果发现错误，则返回设计输入进行修改。

尽管功能仿真不是FPGA开发过程中的必须具有的步骤，但却是整个系统设计中至关重要的一个环节。

3. 综合

综合就是将较高级抽象层次的描述转化成较低层次的描述。它根据设计目标与要求(约束条件)优化所生成的逻辑连接,使层次设计平面化,供 FPGA 布局布线软件实现。具体而言,综合就是将 HDL 语言描述、原理图等设计输入翻译成由与门、或门、非门、RAM、触发器等基本逻辑单元组成的逻辑连接网表,而并非真实的门级电路。真实、具体的门级电路需要利用 FPGA 制造商的布局布线功能,根据综合后生成的标准门级网表来产生。为了能够转换成标准的门级网表,HDL 程序的编写必须符合特定综合器所要求的风格。

4. 实现与布局布线

实现是将综合生成的逻辑连接网表适配到具体的 FPGA 芯片上,布局布线是其中最重要的过程。布局将逻辑连接网表中的底层单元确定到芯片内部的合理位置上,并且要在速度最优和面积最优之间作出权衡和选择。布线根据布局的拓扑结构、利用芯片内部的各种连线资源,正确地连接各个元件。由于 FPGA 的结构非常复杂,只有 FPGA 芯片生产厂商才对芯片的结构最为了解,所以布局布线必须选择开发商提供的工具。

5. 时序仿真

时序仿真也称后仿真,是指将布局布线的时延信息反标注到设计网表中来检测有无时序违规现象。由于时序仿真含有较为全面、精确的时延信息,所以能较好地反映芯片的实际工作情况。另外,通过时序仿真,检查和清除电路中实际存在的冒险现象是十分必要的。

6. 下载编程与调试

FPGA 设计与开发的最后一步就是下载编程与调试。下载编程是将设计阶段所生成的位流文件装入到可编程器件中。通常,器件编程需要满足一定的条件,如编程电压、编程时序和编程算法等。因此,对于不能进行在系统编程(ISP)的 CPLD 器件和不能在线配置的 FPGA 器件,需专用编程器完成器件编程。

逻辑分析仪(logic analyzer)是 FPGA 设计的常用调试工具,但需引出大量的测试管脚,且设备的价格较贵。目前,主流的 FPGA 芯片厂商都提供了内嵌的在线逻辑分析仪来解决上述矛盾,它们只占用芯片的少量逻辑资源,具有很高的使用价值。

11.3.2 FPGA/CPLD 开发工具 MAX+PlusⅡ简介

FPGA/CPLD 的开发工具很多,Altera 公司的 MAX+PlusⅡ是其中较常用的一种。它集设计输入、编译、仿真、综合、编程(配置)于一体,带有丰富的设计库,并有较详细的联机帮助功能,且许多操作如元器件复制、删除、拖动和文件操作等与 Windows 的操作方法类似,是一个集成化的、易学易用的可编程器件开发环境。

下面分别以原理图输入方式和 VHDL 语言输入方式设计为例,具体介绍利用 MAX+PlusⅡ进行可编程逻辑器件设计的详细过程。

1. 原理图输入方式

首先需启动 MAX+PlusⅡ,启动后先出现的是 MAX+PlusⅡ管理器窗口,如图 11.6 所示。一个新项目(Project)设计的第一步是为项目指定一个名称,以便管理属于该项目的数据和文件。指定项目名称的方法是:在管理器窗口选择 File 菜单中的 Project 选项的 Name 子项,弹出 Project Name 对话框,在 Project Name 对话框中选择适当的驱动器和目录，输入项目名称(例如 add1)，单击 OK 按钮，如图 11.7 所示。

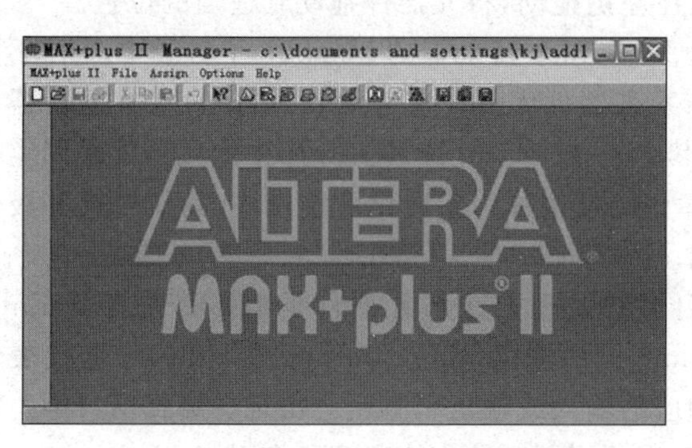

图 11.6　MAX+PlusⅡ管理器窗口

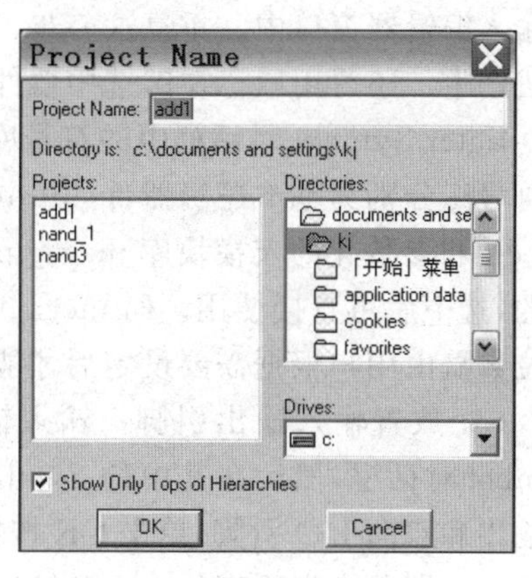

图 11.7　项目命名窗口

在 MAX+PlusⅡ中，用户的每个独立设计都对应一个项目，每个项目可包含一个或多个设计文件。这些文件中必须包含一个顶层文件，而且顶层文件名必须和项目名相同。项目的文件中还包括编译过程中产生的各种中间文件，这些文件的后缀有所不同，如 hif、cnf、mmf 等。

1）建立原理图输入文件

(1) 打开原理图编辑器。在管理器窗口中选择 File 菜单中的 New 选项，将出现如图 11.8所示的新建文件夹对话框。在该对话框中选择 Graphic Editor file(后缀为.gdf)项，然后单击 OK 按钮，便会出现一个原理图编辑窗口，此时即可输入原理图文件。输入完后选择 File 菜单中的 Save As 选项，则会出现如图 11.9 所示的对话窗口。

注意，这里将文件名保存为 add1，与项目名字相同，单击 OK 按钮结束。

(2) 输入元器件和模块。在原理图编辑窗口空白处双击鼠标左键或在 Symbol 菜单中选择 Enter Symbol，便弹出 Enter Symbol 对话框，如图 11.10 所示。在 Symbol Libraries 框中双击所需的库名(共4种库)，接着在SymbolFiles框中单击所选器件名(例如prim库

图 11.8　新建文件对话框

图 11.9　保存图形输入文件

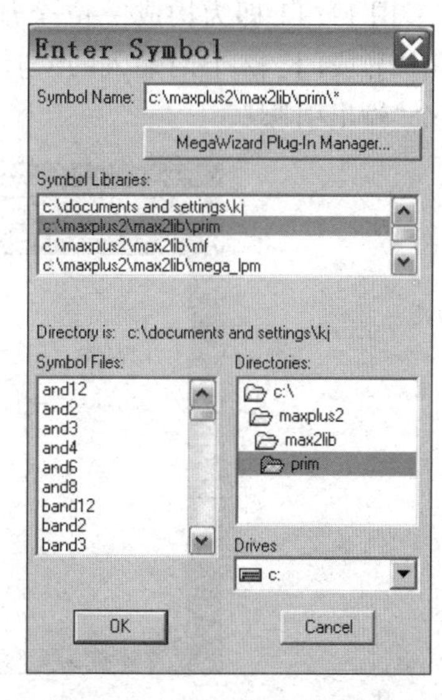

图 11.10　元器件选择对话框

中的 and2、mf 库中的 74138 等)，然后单击 OK 按钮。这样所选择器件(模块)就出现在原理图输入编辑器窗口中。重复这一步，直至选中所需的全部器件。相同的模块也可用复制的方法产生。还可用鼠标左键选中器件并按住左键拖动，将元器件拖动到适当的位置。

Enter Symbol 对话框中的符号库位于 Maxplus2 目录下的 Max2lib 子目录中，4 种不同的符号库分别为基本逻辑器件库 prim、74 系列器件库 mf、基于网表 SNF 的基本逻辑器件库 edif 和参数化的宏模块库 mega_lpm。其中 prim 库、mf 库和 edif 库中的元器件是固定不变的，选中后可直接使用。而 mega_lmp 库中的模块称为参数化的宏模块，其信号及其极性和位数需由用户根据需要设定后才能使用。

(3) 放置输入输出引脚。输入输出引脚的处理方法与元器件类似。首先打开 Enter Symbol 对话框，然后在其中的 Symbol Name 框中输入 input、output 或 bidir，分别代表输入输出和双向 I/O 引脚，单击 OK 按钮，相应的输入或输出引脚就会出现在编辑窗口中。重复这一步即可产生所有的输入和输出引脚，也可用复制的方法得到所有引脚。

电源(V_{CC})和地(GND)与输入输出引脚类似，也作为较特殊元件，采用上述方法在 Symbol Name 框中输入 V_{CC}或 GND，即可使它们出现在编辑窗口所选位置上。

(4) 连线。将电路中两个端口(即连线端点)连接起来的方法为：将鼠标指向一个端口，鼠标箭头会自动成＋形状。按住鼠标左键拖至另一端口，放开左键，则会在两个端口间产生一根连线。连线时若需转折，则在转折处松一下左键，再按住继续移动至终点处。连线的粗细可通过右击菜单中的 Line Style 选择，总线通常选用粗线表示。

(5) 输入输出引脚命名。对输入输出引脚命名的方法是在引脚 PIN-NAME 位置双击，然后输入信号名。

(6) 保存文件。选择 File 菜单中的 Save As 或 Save 选项，单击 OK 按钮保存输入文件。若是第一次保存，需输入文件名。

(7) 建立一个默认的符号文件。在层次化设计中，如果当前编辑的文件不是顶层文件，则往往需要为其产生一个符号，将其打包成一个模块，以便在上层电路设计时加以引用。建立符号文件的方法是，在 File 菜单中选择 Create Default Symbol 项即可。

图 11.11 即为构成一位全加器所需的全部元器件及输入输出引脚。由图可见，共需 2 个“异或门”、2 个两输入的“与门”和 1 个两输入的“或门”。此外，还有 3 个“输入引脚”和 2 个“输出引脚”。

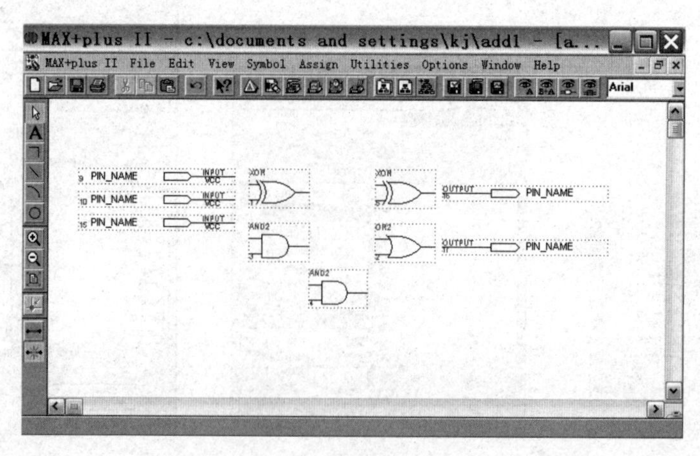

图 11.11 放置元件和引脚到合适位置

双击引脚的PIN-NAME位置，将3个输入引脚分别命名为A、B和C_in，2个输出引脚分别命名为S和C_out。其中A、B代表相加的2个一位二进制数，C_in为低位进位输入；S为全加和，C_out为全加进位输出。连接元器件之间的相关连线形成的全加器原理图文件如图11.12所示。

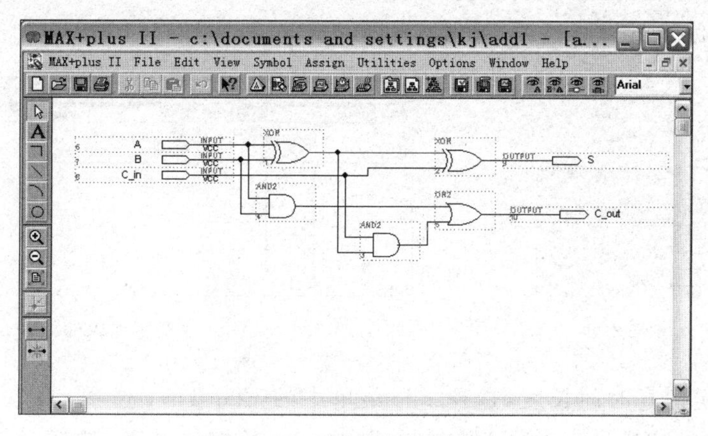

图11.12　全加器原理图输入

2）编译

编译的作用是检查设计输入中有无描述性错误，若无错，则提取出电路网表(netlist)；若有错，则给出出错信息(包含出错信息和出错位置)，并有联机帮助功能帮助用户改正。

在编译之前应当先指定器件，这里的器件是指每个设计所使用的FPGA或EPLD芯片，Altera公司具有代表性的FPGA芯片系列有ACEX1K、FLEX10K、FLEX8000等，具有代表性的EPLD芯片系列有MAX 3000、MAX 7000、MAX 8000等。指定器件的操作如下：

(1) 在Assign菜单中选择Device选项，将出现如图11.13所示的Device对话框。

(2) 在Device Family选项内，选择一个器件系列(如FLEX10K)。

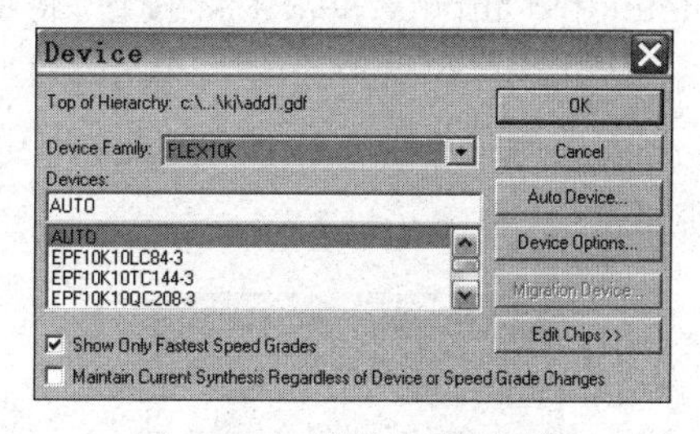

图11.13　器件选择对话框

(3) 在Devices选项内，选择器件系列中某一器件(如FLEX10K10LC84-3)或选择AUTO让MAX+PlusⅡ自动选择一个器件。

(4) 单击OK按钮。

运行编译器的方法是，选择MAX+PlusⅡ菜单中的Compiler选项，则出现如图11.14

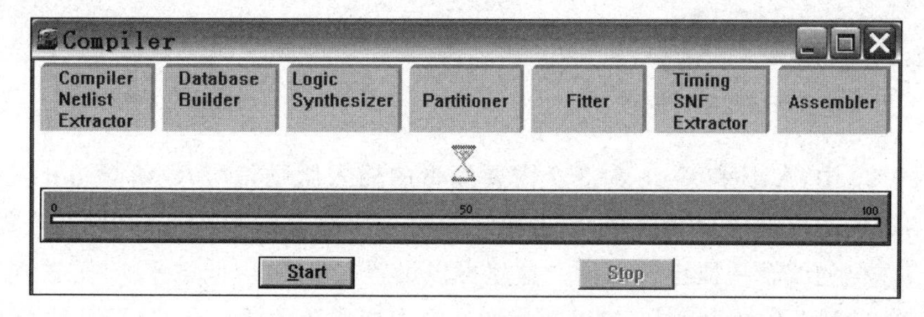

图11.14　编译对话框

所示的对话框。单击 Start 按钮即开始进行编译,如果有错,则输出相应提示信息及出错位置;若编译成功,则显示如图 11.15 所示的编译成功信息。

3) 仿真

仿真可以检查设计的正确性,在仿真之前要建立一个波形输入文件。选择 MAX+Plus Ⅱ 菜单中的 Waveform Editor 选项,弹出波形图编辑窗口,如图 11.16 所示。

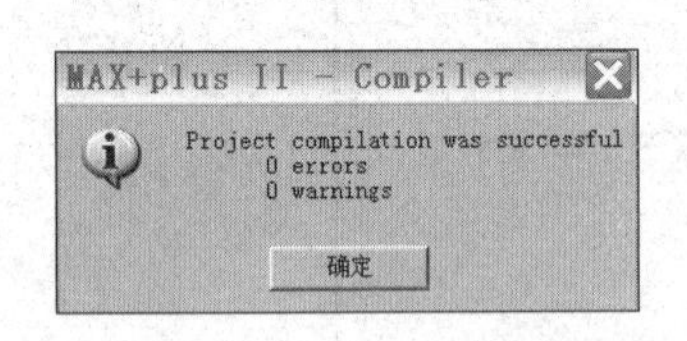

图 11.15 编译结果

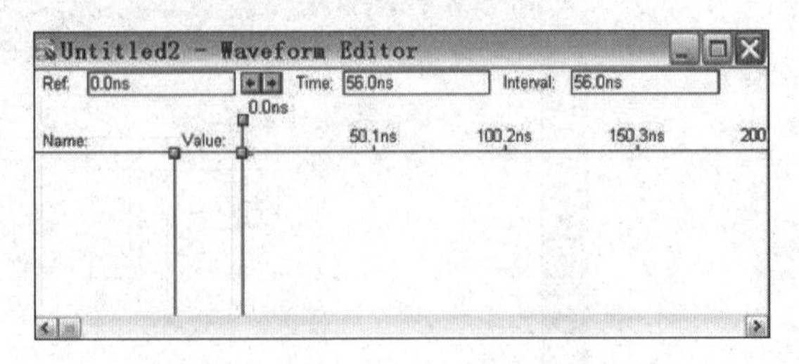

图 11.16 波形图编辑输入窗口

需首先确定仿真时间长度,选择 File 菜单中的 End Time 选项,弹出如图 11.17 所示的对话框,输入仿真结束时间(如 100μs),单击 OK 按钮结束;选择 Options 菜单中的 Grid Size 选项,输入显示网格间距时间(如 500ns),单击 OK 按钮结束,如图 11.18 所示。

在波形图编辑窗口空白处右击,选择 Enter Nodes from SNF(SNF 指仿真网表文件),弹出如图 11.19 所示对话框。在该对话框的 Type 框中选择信号类别(Type),常用的是 Inputs 和 Outputs;单击 List 按钮,将所选类别的所有管脚信号均列于 Available Nodes & Groups 框中;然后单击 => 箭头,将选出的管脚信号全部送入右边的 Selected Nodes & Groups 框中;单击 OK 按钮,此时,所选信号将出现在波形图编辑窗口中,如图 11.20 所示。

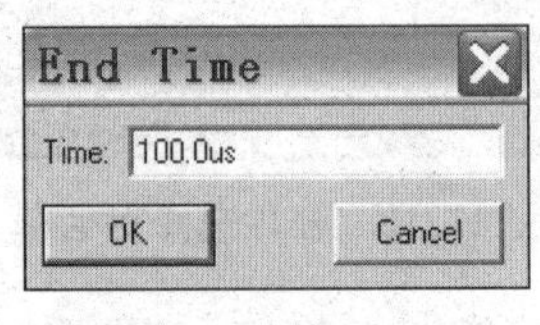

图 11.17 仿真时长设置

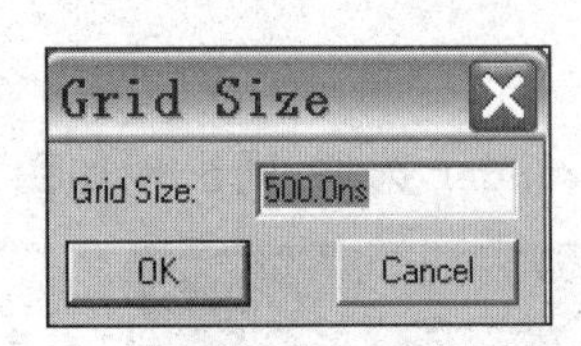

图 11.18 仿真显示网格间距时间设置

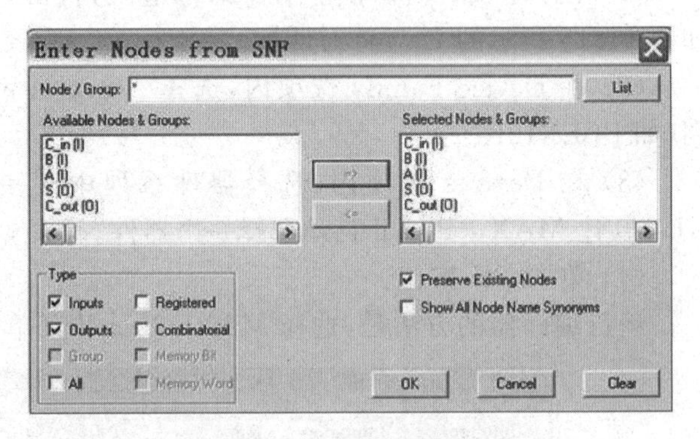

图 11.19 选择输入输出引脚

在图 11.20 中,A、B 和 C_in 为 3 个需要编辑的输入激励信号,S 和 C_out 是用来检查设计正确与否的输出响应观测信号,双击要编辑信号所对应的引脚名称,则相应的行变黑,同时在窗口左侧的编辑快捷键被激活。这里可以设置高电平 1、低电平 0、任意值 X 及高阻 Z 等值。可通过单击快捷键 来编辑产生按一定周期变化的输入信号波形,这里将 A 的周

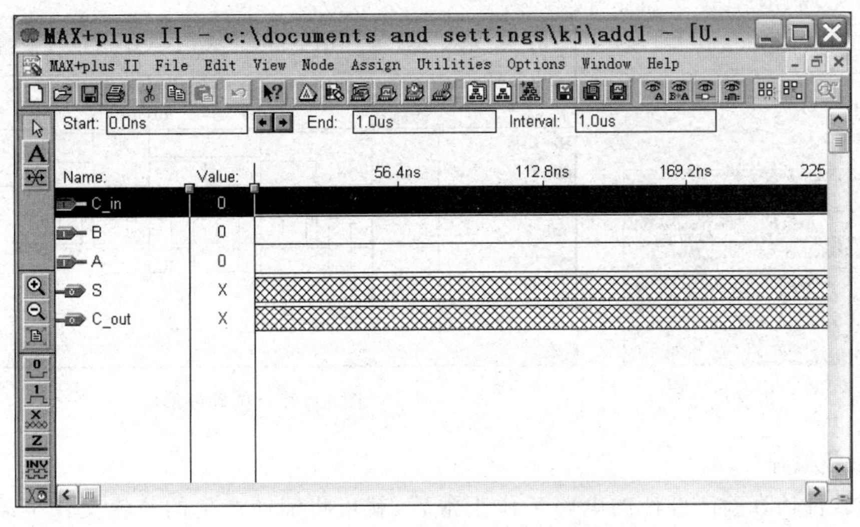

图 11.20 波形图输入文件编辑

期设为“网格间距时间”的 2 倍，即在图 11.21 所示的对话框中将 Multiplied By 设置为 2；类似地，将 B 的周期设为 5 倍；C_in 设为 10 倍。此外，还可设定输入信号的起始值(Starting Value)，例如像图 11.21 中所示的那样将输入信号起始值设为 1(或 0)。

完成上述设置后，选择 File 菜单中的 Save As 选项保存波形文件，单击 OK 按钮，对话框如图 11.22 所示。接着选择 MAX＋PlusⅡ菜单中的 Compiler 选项编译一次，编译过程同前。完成编译后选择 MAX＋Plus Ⅱ菜单中的 Simulator 选项，弹出如图 11.23 所示的对话框，单击 Start 启动仿真，仿真结束后弹出如图 11.24 所示对话框，单击“确定”按钮。最后单击 Open SCF，即可观察如图 11.25 所示的仿真波形。时序分析可由用户人工进行，也可以采用 MAX＋PlusⅡ提供的时序分析功能(Timing Analyzer)进行(后面再介绍)。

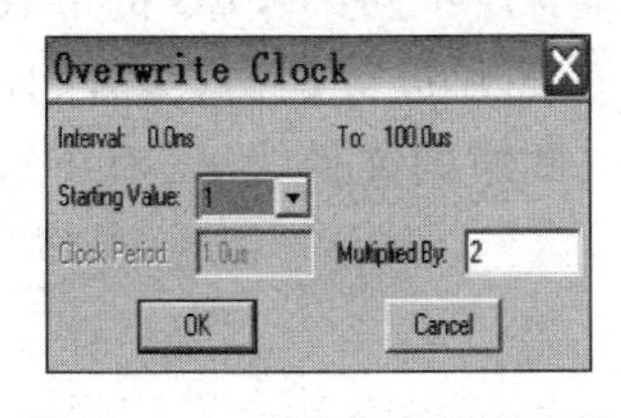

图 11.21 时钟信号波形编辑

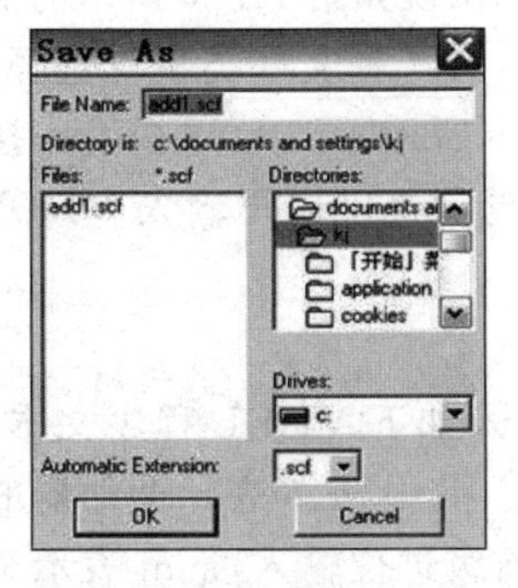

图 11.22 保存波形文件

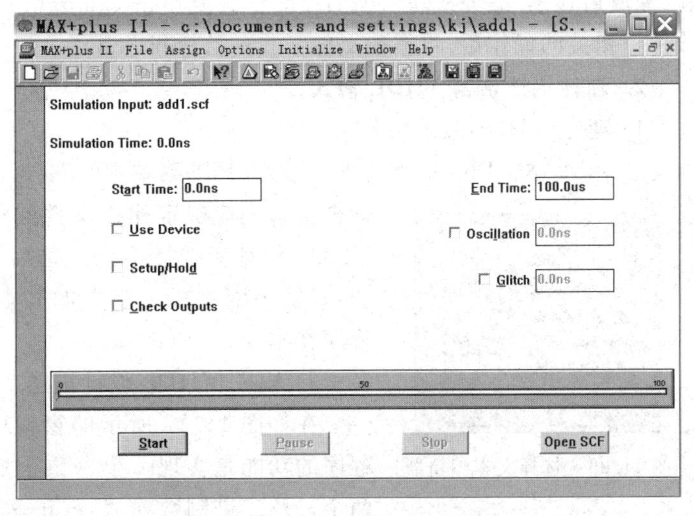

图 11.23 仿真窗口

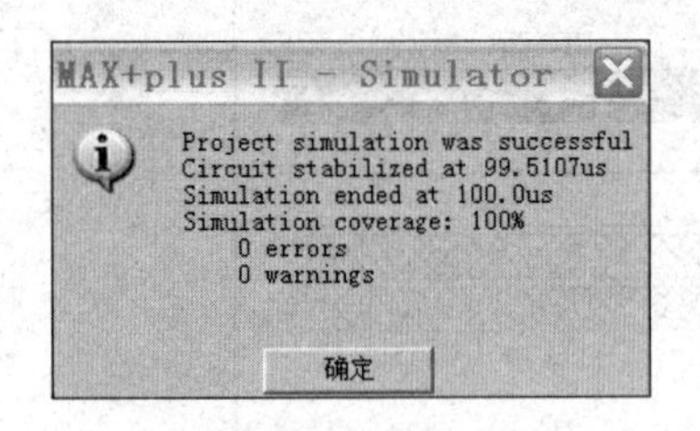

图 11.24　仿真成功

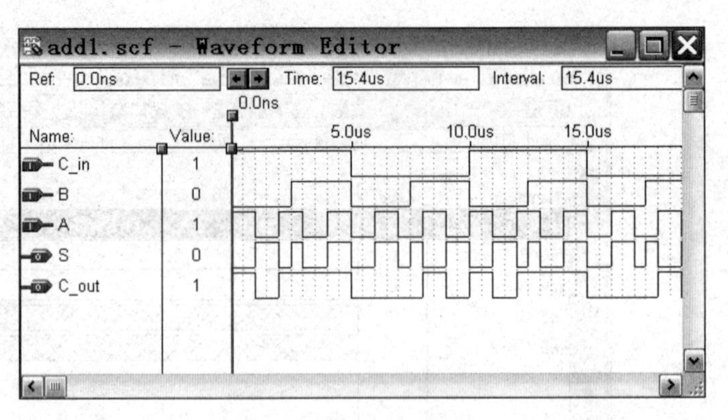

图 11.25　仿真波形图

4) 下载编程

当用软件仿真验证设计的电路工作正常后，就可将编译产生的位流文件下载编程到 FPGA 或 CPLD 芯片上，与外围电路一起对设计进行硬件验证。下载编程的主要步骤如下：

(1) 在下载编程前，首先用下载电缆将计算机的打印口连接到接有 FPGA/CPLD 芯片的目标板上，接通目标板电源。

(2) 选择 MAX+PlusⅡ菜单中的 Programmer 选项，打开编程窗口。

(3) 在编程界面下，从 Options 菜单中选择 Hardware Setup，再在 Hardware Setup 对话框中选择 Byte Blaster 或 Bit Blaster，单击 OK 按钮。

(4) 选择编程文件。默认情况下，编程文件已根据当前项目名选好，并显示在编程窗口的右上角。若发现编程文件不对，可在 File 菜单中单击 Select Programming File，进行选择。

(5) 下载。在下载编程窗口中，CPLD 的下载与 FPGA 的下载有所不同：CPLD 的下载是单击 Program 按钮(此时文件为 *.POF)，软件会对目标板上的芯片进行检测、编程、校验，完成后显示"编译成功"；FPGA 的下载要单击 Configure 按钮(此时的文件为 *.SOF)，软件作相关的操作后，将编程文件下载到目标板芯片中。

2. 硬件描述语言 VHDL 输入

1) 建立 VHDL 设计文件

启动 MAX+PlusⅡ开发环境，选择 File 菜单中的 New 选项，出现如图 11.26 所示的对话框。首先应确定建立文件的类型，有 4 种文件类型可选择，VHDL 设计应选择第三个选项 Text Editor file。单击 OK 按钮，开发环境生成一空白的文本编辑窗口供用户输入 VHDL 程序文本。

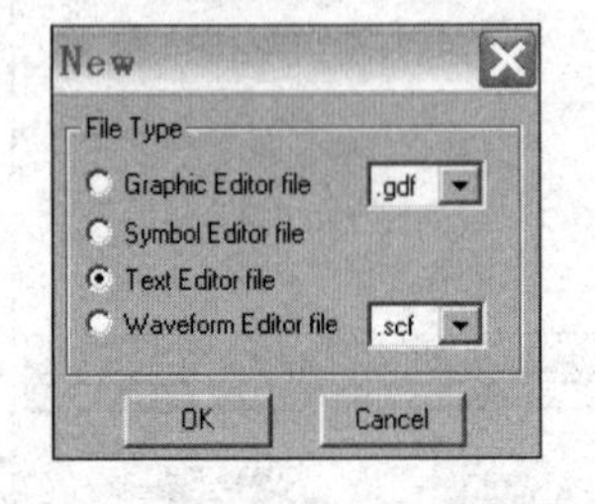

图 11.26　选择文本编辑器

2) 输入 VHDL 设计描述

在如图 11.27 所示的窗口中输入如下 VHDL 程序文本，程序的功能是实现一个一位全加器。其中，a、b 表示全加器的两个一位二进制数输入，c_in 表示前级进位输入，sum 表示全加和，c_out 表示全加进位。

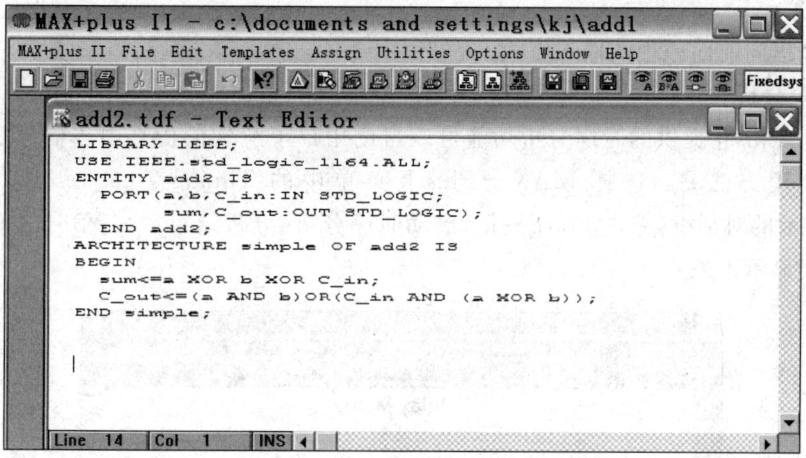

```
MAX+plus II - c:\documents and settings\kj\add1
MAX+plus II  File  Edit  Templates  Assign  Utilities  Options  Window  Help
add2.tdf - Text Editor
LIBRARY IEEE;
USE IEEE.std_logic_1164.ALL;
ENTITY add2 IS
  PORT(a,b,C_in:IN STD_LOGIC;
       sum,C_out:OUT STD_LOGIC);
  END add2;
ARCHITECTURE simple OF add2 IS
BEGIN
  sum<=a XOR b XOR C_in;
  C_out<=(a AND b)OR(C_in AND (a XOR b));
END simple;

Line 14  Col 1  INS
```

图 11.27　输入 VHDL 程序文本

```
LIBRARY IEEE;
USE IEEE.std_logic_1164.ALL;
ENTITY add2 IS
    PORT(a, b, c_in: IN STD_LOGIC;
          Sum, c_out: OUT STD_LOGIC);
    END add2;
ARCHITECTURE simple OF add2 IS
BEGIN
    sum <=a xor b xor C_in;
    c_out <= (a AND b) or (c_in AND (a xor b));
END simple;
```

3）保存 VHDL 程序文本

输入 VHDL 程序后，选择 File 菜单中的 Save As 选项保存文件，在 File Name 处填写保存文件名 add2.vhd，单击 OK 按钮确认。注意，这里的保存文件名（指主文件名 add2）必须与 VHDL 程序中的实体名相同。否则，编译时将产生出错提示信息。

4）将当前文件设为项目的主文件

在可编程逻辑器件设计中，一个项目按功能不同或设计层次不同，可以包括很多设计描述文件。设计时，可以按功能分模块完成。将当前文件设为项目的主文件，可以使后来所进行的编译、仿真、测试都是以此文件为顶层文件来完成，而此文件的上层文件和并行文件都不受影响。选择 File 菜单中的 Project 选项的 Set Project to Current File 子项，即可以将当前文件设成项目的主文件。

5）选择设计所使用的器件

选择过程同前面原理图输入方式，此处不再赘述。

6）编译设计项目

选择 MAX+PlusⅡ菜单中的 Compiler 选项，单击 Start 按钮开始编译。如果有错，程序会提示相应出错信息及出错位置，用户改正后，再重新编译，直至编译通过。

7) 仿真

仿真过程同前面原理图输入方式。

8) 时序分析

MAX+PlusⅡ提供的时序分析功能可以帮助用户了解软件仿真中各信号之间的具体时延量。使用方法是：选择 MAX+PlusⅡ菜单中的 Timing Analyzer 选项，出现如图 11.28所示的对话框，单击 Start 按钮，启动时序分析，分析结束后，各信号之间的时延以表格的形式显示出来。

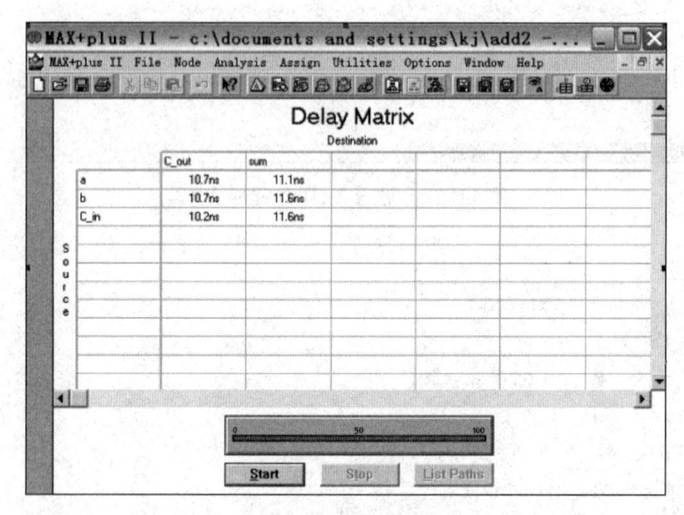

图 11.28　时序分析

9) 芯片的管脚分配

上面所做的只是电路逻辑功能及时序的软件仿真，它与实际硬件的执行不一定完全一致，所以还须做硬件验证。在做硬件验证时，各个输入输出信号必须锁定到具体芯片的管脚上(即实现芯片的管脚分配)，才能将外部信号加进来，将输出信号接出去。

MAX+PlusⅡ推荐让编译器自动为项目进行管脚分配。如果用户希望自己分配管脚，可按以下步骤进行：

(1) 确定已经选择了一种器件。

(2) 在 Assign 菜单中选择 Pin/Location/Chip 项，出现如图 11.29 所示的信号与管脚锁定对话框。

(3) 在 Node Name 框内填入需要输入输出的信号名。

(4) 在 Pin Type 框内选择该信号的输入输出类型(Input、Output 或 Bidir)，在 Pin 框内选择芯片的管脚序号(1、2、3、…)。

(5) 单击右下角的 Add 按钮将信号与管脚的锁定关系加入 Existing Pin/Location/Chip Assignments 框内。

(6) 当所有的信号都加入后，单击 OK 按钮退出。

10) 重新编译设计项目

完成芯片的管脚分配后，需对项目重新进行编译，重新编译产生的数据文件中包含着管

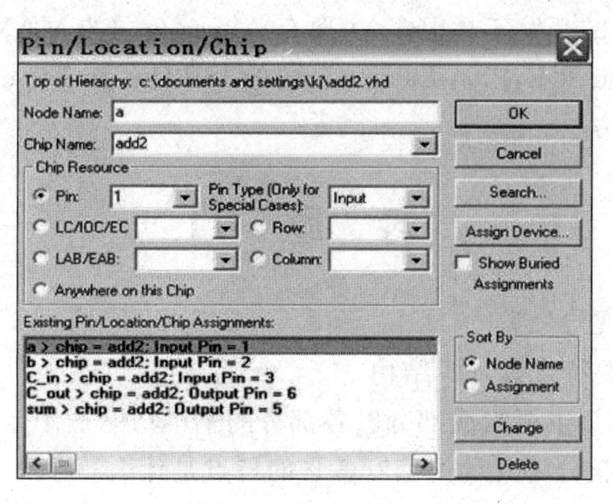

图 11.29　芯片的管脚分配

脚的定义信息。选择 MAX+PlusⅡ菜单中的 Compiler 选项，出现编译窗口，按窗口内的 Start 按钮，重新编译。

11) 下载编程

下载编程过程同前。

本章小结

本章简要介绍了可编程逻辑器件 PLD 的产生、发展、主要特点及基本结构，重点讨论了 FPGA 的工作原理、组成结构及基本开发过程。本章最后具体介绍了 FPGA/CPLD 开发工具 MAX+Plus Ⅱ的使用方法。

(1) 与传统的硬件电路设计方法不同，EDA 技术采用"自上而下"的设计方法进行逻辑电路的设计。在这种新的设计方法中，可以由用户对整个电路系统进行方案设计和功能划分，完成逻辑设计、性能分析、时序测试及电路实现。

(2) PLD 的最大特点是用户可通过编程来设定电路的逻辑功能，设计人员在很短的时间内就可以完成电路的输入、编译、仿真和下载编程，直至最后芯片的制作，从根本上改变了传统的电子电路设计方法。

(3) FPGA 的基本结构包括可编程输入输出模块(IOB)、可配置逻辑模块(CLB)、可编程布线资源(PI)、内嵌块 RAM、底层内嵌功能单元和内嵌专用硬核模块等。不同系列的 FPGA，其内部组成结构有所不同。

(4) IP 核是具有知识产权的集成电路芯核的总称。从 IP 核的提供方式上，可分为软核、硬核和固核 3 种类型。从成本上，硬核代价最大；从使用灵活性上，软核可复用性最高。

(5) FPGA 的基本开发流程主要包括设计输入、仿真、综合、布局布线和下载编程等步骤。设计输入是将所设计的电路以开发软件要求的某种形式表达出来，并输入到相应软件中。常用的方法有原理图输入方式和硬件描述语言(HDL)输入方式。仿真分功能仿真和时序仿真两种类型，功能仿真(也称前仿真)是在综合之前对所设计的电路进行逻辑功能验证。时序仿真(也称后仿真)由于含有时延信息，因此能较好地反映芯片的实际工作情况。下载编程是将设计阶段所生成的位流文件装入可编程器件中。

(6) FPGA/CPLD的开发工具很多,主要有Altrea公司的MAX+PlusⅡ、QuartusⅡ,Xilinx公司的Fundation、ISE,以及Lattice公司的ISP Design Expert等。本章重点介绍了MAX+PlusⅡ的使用方法。

习 题 11

11.1 简述PLD的发展与分类。

11.2 说明PLD的主要特点及基本结构。

11.3 FPGA包括哪几个主要组成部分?各部分的基本功能是什么?

11.4 何谓IP核?IP核分哪几种类型?各自的特点是什么?

11.5 FPGA的基本开发流程分哪几个主要步骤?简述各步骤的基本操作。

11.6 简述用MAX+PlusⅡ进行可编程逻辑电路开发的基本过程。

11.7 试用MAX+PlusⅡ开发实现一个“二选一”选择器。要求分别采用原理图和VHDL程序文本方式进行输入,最后给出仿真波形图。

11.8 用卡诺图化简下列逻辑函数式,写出化简结果函数式的VHDL描述,用MAX+PlusⅡ完成VHDL程序文本方式输入、编译、仿真,最后给出仿真波形图。

$$F(A, B, C) = \overline{A}\,\overline{B}\overline{C} + A\overline{B}C + ABC + AB\overline{C}$$

附录 A 常用逻辑符号对照表

名　称	IEEE/ANSI 符号	国家标准符号	其他常见符号
与门	&	&	
或门	≥1	≥1	+
非门	1	1	
与非门	&	&	
或非门	≥1	≥1	+
与或非门	& ≥1	& ≥1	+
异或门	=1	=1	⊕
同或门	=	=	⊙
集电极开路的与非门	& ◇	& ◇	
三态输出的非门	1 ▽ EN	1 ▽ EN	
带施密特触发特性的与非门	&	&	
CMOS 传输门	TG	TG	TG

续表

名　　称	IEEE/ANSI 符号	国家标准符号	其他常见符号
半加器	Σ CO	Σ CO	HA
全加器	Σ CI CO	Σ CI CO	FA
基本 RS 触发器	S R	S R	S_D Q R_D $\overline{Q}$
电平触发的 RS 触发器	1S C1 1R	1S C1 1R	S Q CP R $\overline{Q}$
边沿（上升沿）D 触发器	S 1D C1 R	S 1D C1 R	D S_D Q CP R_D $\overline{Q}$
边沿（下降沿）JK 触发器	S 1J C1 1K R	S 1J C1 1K R	J S_D Q CP K R_D $\overline{Q}$
脉冲触发（主从）JK 触发器	S 1J C1 1K R	S 1J C1 1K R	J S_D Q CP K R_D $\overline{Q}$
下降沿触发的 T 触发器	1T C1	1T C1	T Q CLK $\overline{Q}$

附录 B 部分习题参考答案

习题 1

1.3 (1) $(1001010)_2$ (2) $(11)_2$ (3) $(110010)_2$ (4) $(1101)_2$

1.4 12,173,255,10.3125

1.5 $(1001011)_2$,$(1100010)_2$,$(1000000)_2$,$(10000000)_2$,$(1111111111)_2$,$(100000.0101)_2$

1.7

真 值	原 码	补 码	反 码
0.1001011	0.1001011	0.1001011	0.1001011
−0.1011010	1.1011010	1.0100110	1.0100101
+1100110	01100110	01100110	01100110
−1100110	11100110	10011010	10011001

习题 2

2.3 (1) $F_1=F_2$ (2) $F_1=F_2$

2.4 (1) (0,0,1)(0,1,1)(1,1,0)(1,1,1) (2) (0,0,0)(1,0,0)(1,0,1)(1,1,0)(1,1,1)

(3) (0,1,1)(1,0,0)(1,0,1)

2.5 (1) $f'=[AB+\overline{A}C+C(D+E)]F$ (2) $f'=\overline{A+\overline{B+C}}+\overline{A}C$

2.6 (1) $\overline{f}=\overline{A}BC+A\overline{B}\overline{C}$ (2) $\overline{f}=(\overline{A}+B)(B+\overline{C})(\overline{C}+A\overline{D})$

2.7 (1) 证明

左边$=AB+C(\overline{A}+\overline{B})=AB+\overline{AB}C=AB+C=$右边,证毕。

(3) 证明

左边$=BC+D+(\overline{B}\overline{D}+\overline{C}\overline{D})(DA+B)=BC+D+B\overline{C}\overline{D}=BC+D+B\overline{C}=B(C+\overline{C})+D$

$=B+D=$右边,证毕。

(5) 证明

左边$=(A\overline{B}+B\overline{C}+C\overline{A})+\overline{C}A+\overline{B}C+\overline{A}B=\overline{A}B+\overline{B}C+\overline{C}A=$右边,证毕。

2.8 (1) $F=\overline{A}\overline{B}\overline{C}+AB+BC$ (3) $F=\overline{A}+D+\overline{B}\overline{C}$

(5) $F=AB+\overline{A}C+\overline{B}\overline{C}[=A\overline{C}+BC+\overline{A}\overline{B}]$

习题 3

3.2 由 3 输入“与非”门的输出逻辑表达式 $F=\overline{A_1 \cdot A_2 \cdot A_3}$ 可知，若其中任意一个输入端的电平为低电平(逻辑 0)，则可确定其输出一定为高电平(逻辑 1)；否则，不能确定其输出电平。对于“或非”门，若其中任意一个输入端的电平为高电平(逻辑 1)，则可确定其输出一定为低电平(逻辑 0)；否则，不能确定其输出电平。

3.7 原式的最简“与或”表达式为 $F=A\overline{B}+\overline{A}\overline{C}+\overline{C}\overline{D}+BE$。若所实现电路的输入端既提供原变量，又提供反变量，则需用 5 块“与非”门实现，逻辑图从略。

习题 4

4.4 (1) $F=\sum m(0,1,2,3,6,10,12,13,14,15)$ (2) $F=\sum m(7,8,9,10,11,14)$

(3) $F=\sum m(1,4,5,6,7)$

4.10 (1) $F=G$ (2) $F=\overline{G}$

4.11 (1) $F(A,B,C,D)=\overline{A}\overline{B}\overline{C}+\overline{A}B\overline{D}+ABC+A\overline{C}D$ $[=\overline{A}\overline{D}\overline{C}+\overline{B}\overline{C}D+ABD+BC\overline{D}]$

(3) $F(A,B,C,D)=\overline{C}D+AB\overline{D}+\overline{B}C\overline{D}$ $[=\overline{C}D+AB\overline{C}+\overline{B}C\overline{D}]$

4.14 分别找出两个电路的输出逻辑表达式，从中可以发现，两个电路的逻辑功能相同。

习题 6

6.8 相应的状态图如图 B.1 所示。

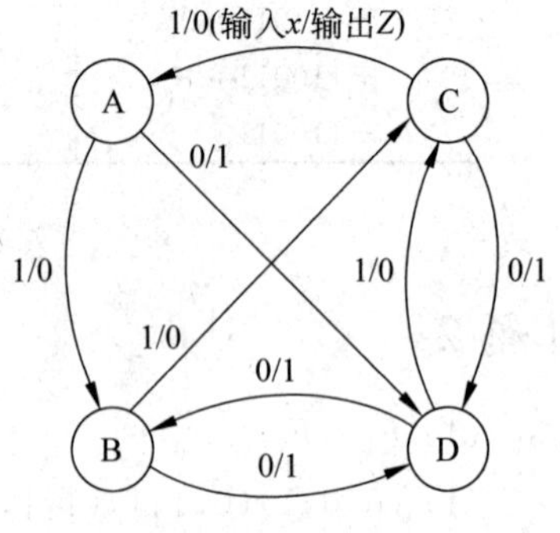

图 B.1 状态图

6.9 (1) 列出电路的输出函数表达式和触发器的激励函数表达式：

$$Z=\overline{Q \cdot x}$$

$$D=x \oplus Q$$

(2) 把触发器的激励函数表达式代入 D 触发器的次态方程 $Q^{n+1}=D$ 中，得：

$$Q^{n+1}=x \oplus Q=\bar{x}Q+x\overline{Q}$$

(3) 列状态表和状态图，如表 B-1 和图 B.2 所示。

表 B-1 状态表

现态 Q \ 输入 x	0	1
0	0/1	1/1
1	1/1	0/0

Q^{n+1}/Z(次态/输出)

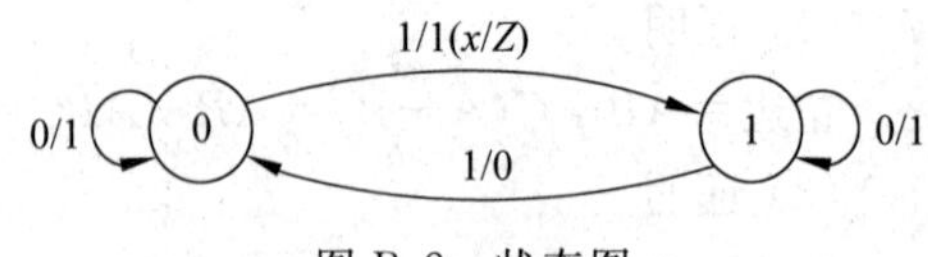

图 B.2 状态图

该电路属 Mealy 型；当输入序列为 10110111 且电路的初始状态为 0 时，其时序波形图如图 B.3 所示。

6.11 (1) 给定状态图的对应状态表如表 B-2 所示。

(2) 由表 B-2 所示状态表及 D 触发器的激励表导出各触发器的激励函数表达式和电路的输出函数表达式，其导出表如表 B-3 所示。

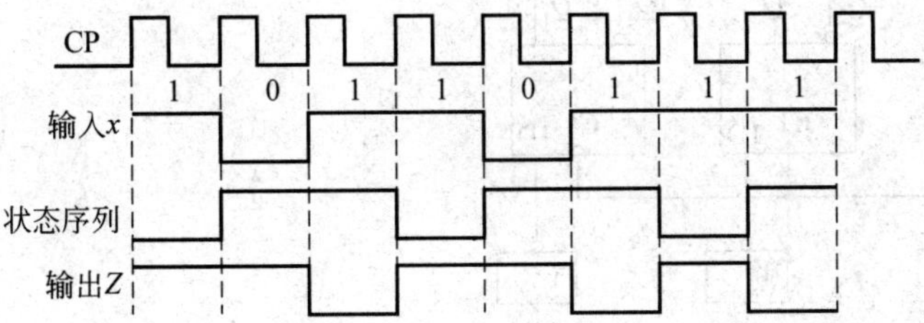

图 B.3　时序波形图

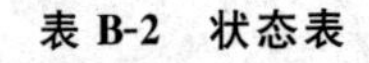

表 B-2　状态表

现态 Q_1Q_2 ＼ 输入 x	0	1
0　0	00/0	10/1
0　1	11/0	01/0
1　0	01/0	10/1
1　1	11/0	00/0

次态/输出

表 B-3　导出表

x	Q_1	Q_2	Q_1^{n+1}	Q_2^{n+1}	D_1	D_2	Z
0	0	0	0	0	0	0	0
0	0	1	1	1	1	1	0
0	1	0	0	1	0	1	0
0	1	1	1	1	1	1	0
1	0	0	1	0	1	0	1
1	0	1	0	1	0	1	0
1	1	0	1	0	1	0	1
1	1	1	0	0	0	0	0

用卡诺图化简，如图 B.4 所示。

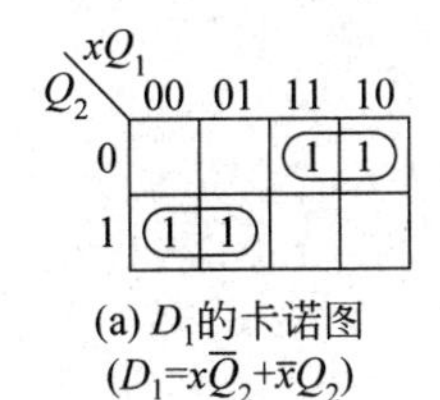

(a) D_1的卡诺图 ($D_1=x\overline{Q}_2+\bar{x}Q_2$)

(b) D_2的卡诺图 ($D_2=\bar{x}Q_1+\overline{Q}_1Q_2$)

(c) Z的卡诺图 ($Z=x\overline{Q}_2$)

图 B.4　用卡诺图化简

（3）电路的逻辑图从略。

习题 7

7.1　用D触发器、JK触发器可以构成移位寄存器；基本RS触发器、钟控RS触发器不能用来构成移位寄存器，理由是：基本RS触发器没有时钟控制端，难以实现在移位脉冲作用下的移位操作。钟控RS触发器虽有时钟控制端，但它要求在时钟脉冲期间输入信号严格保持不变，而移位操作恰好会在移位脉冲（即时钟脉冲）期间输入信号发生改变。

7.4　应满足的关系式为：$2^{n-1}<M\leqslant 2^n$。

7.7　3位移位寄存器的逻辑图如图 B.5 所示。

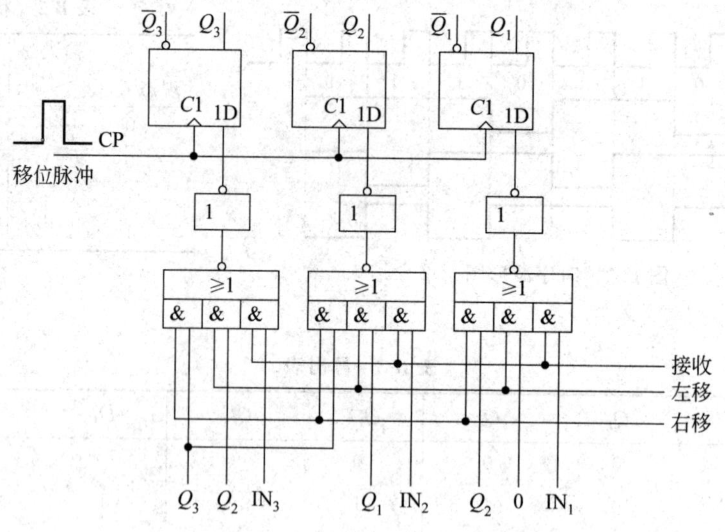

图 B.5　3 位移位寄存器逻辑图

习题 9

9.13　根据采样定理($f_s \geqslant 2f_{max}$)，采样频率应选择为 $f_s \geqslant 2\times 5$MHz。

9.14　该 A/D 转换器为一路输入的 A/D 转换器。当输入模拟量后，加入 START 信号启动转换；当转换结束时，转换结束信号 EOC 有效，在输出端输出转换后的数字量。

习题 10

10.3　“二选一”数据选择器的 VHDL 描述如下：

```
LIBRARY ieee;
USE ieee.std_logic_1164.ALL;
ENTITY mux21 IS
   PORT ( a,b: IN std_logic;
            s: IN std_logic;
            y: OUT std_logic);
END mux21;
ARCHITECTURE fxn_body OF mux21 IS
BEGIN
   y<=a WHEN s='0'ELSE
        b;
END fxn_body;
```

10.4　2-4 译码器的 VHDL 程序如下：

```
LIBRARY ieee;
USE ieee.std_logic_1164.ALL;
ENTITY decoder 2_4 IS
   PORT ( A,B,ST: IN std_logic;
                 y: OUT std_logic_vector (3 DOWNTO 0 ));
```

```
END decoder2_4;
ARCHITECTURE comb OF decoder 2_4 IS
   SIGNAL temp: std_logic_vector (1 DOWNTO 0);
BEGIN
   temp<=A & B;
   PROCESS (temp,ST)
   BEGIN
      IF(ST='0')THEN
         CASE temp IS
            WHEN"00"=>y<="1110";
            WHEN"01"=>y<="1101";
            WHEN"10"=>y<="1011";
            WHEN"11"=>y<="0111";
            WHEN OTHERS=>y<="1111";
         END CASE;
      ELSE
         y <="ZZZZ";
      END IF;
   END PROCESS;
END comb;
```

10.6 带同步置/复位端的D触发器的VHDL描述如下：

```
LIBRARY ieee;
USE ieee.std_logic_1164.ALL;
ENTITY syn_res_dff IS
   PORT(clk,d,sd,rd: IN std_logic;     --sd为置位输入端,rd为复位输入端
             q: OUT std_logic);
END syn_res_dff;
ARCHITECTURE rtl OF syn_res_dff IS
BEGIN
   PROCESS (clk)
   BEGIN
      IF (clk'event and clk='1')THEN
         IF rd='0'THEN
            q<='0';                    --触发器复位
         ELSIF sd='0'THEN
            q<='1';                    --触发器置位
         ELSE
            q<=d;                      --将d打入触发器
         END IF;
      END IF;
   END PROCESS;
END rtl;
```

10.7 参见书中例10-19,只需将程序中的(7 DOWNTO 0)改为(3 DOWNTO 0)即可实现

本题功能。

10.8 参见书中例10-20,对相关处进行修改即可实现本题功能。

10.10 序列码110检测器的状态转移图如图B.6所示,VHDL代码如下:

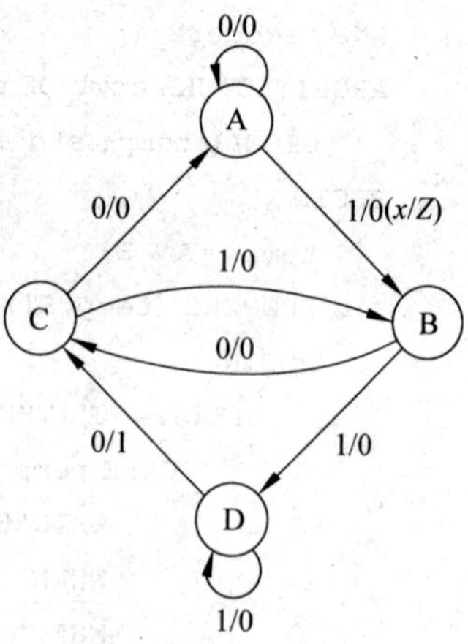

图B.6 状态转移图

```
LIBRARY ieee;
USE ieee.std_logic_1164.ALL;
USE ieee.std_logic_unsigned.ALL;
ENTITY tes_110 IS
    PORT(clk,x: IN std_logic;
          z: OUT std_logic);
END tes_110;
ARCHITECTURE behavior OF tes_110 IS
TYPE state_type IS (A,B,C,D);              --用枚举类型进行状态定义
    SIGNAL current_state,next_state: state_type;
BEGIN
    synch: PROCESS
    BEGIN
        WAIT UNTIL clk'event and clk='1';
        current_state<=next_state;
    END PROCESS;
--描述电路的状态转换
    state_trans:PROCESS(current_state)
    BEGIN
        next_state<=current_state;
        CASE current_state IS
            WHEN A=>
                IF x='0'THEN
                    next_state<=A;
                    z<='0';              --现态为A,若输入x=0,则次态为A,输出z=0
                ELSE
                    next_state<=B;
                    z<='0';              --否则次态为B,输出z=0
                END IF;
        WHEN B=>
            IF x='0'THEN
                next_state<=C;
                z<='0';                  --现态为B,若输入x=0,则次态为C,输出z=0
            ELSE
                next_state<=D;
                z<='0';                  --否则次态为D,输出z=0
            END IF;
        WHEN C=>
            IF x='0'THEN
```

```
                next_state<=A;
                z<='0';
            ELSE
                next_state<=B;
                z<='0';
            END IF;
        WHEN D=>
            IF x='0'THEN
                next_state<=C;
                z<='1';                        --检测到特定序列码 110,输出 z=1
            ELSE
                next_state<=D;
                z<='0';
            END IF;
        END CASE;
    END PROCESS;
END behavior;
```

习题 11

11.7 实现“二选一”选择器的 VHDL 程序如下：

```
LIBRARY ieee;
USE ieee .std_logic_1164.ALL;
ENTITY mux21 IS
    PORT(a, b: IN std_logic;
            s: IN std_logic;
            y: OUT std_logic);
END mux21;
ARCHITECTURE behav OF mux21 IS
BEGIN
    y <=a WHEN S='0' ELSE
        b;
END behav;
```

“二选一”选择器的仿真波形如图 B.7 所示。

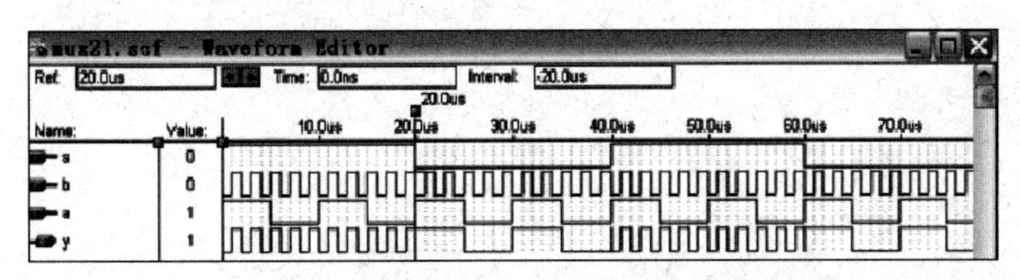

图 B.7 “二选一”选择器的仿真波形

11.8 化简结果为：$F(A,B,C)=\overline{A}\,\overline{B}\overline{C}+AB+AC$

VHDL 描述如下：

```
LIBRARY ieee;
USE ieee.std_logic_1164.ALL;
USE ieee.std_logic_unsigned.ALL;
ENTITY ww IS
    PORT(A,B,C: IN BIT;
              F: OUT BIT);
END ww;
ARCHITECTURE behav OF ww IS
BEGIN
    F<=((NOT A) AND (NOT B) AND (NOT C)) OR (A AND B) OR (A AND C);
END behav;
```

化简结果的仿真波形如图 B.8 所示。

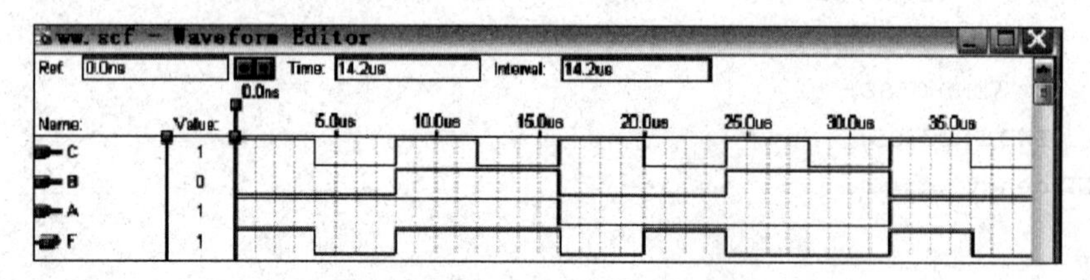

图 B.8　化简结果的仿真波形

参考文献

[1] 王克义编著. 数字逻辑. 北京：北京大学出版社,1987.
[2] 李中发主编. 电子技术. 北京：中国水利水电出版社,2005.
[3] 席志红主编. 电子技术. 哈尔滨：哈尔滨工程大学出版社,2004.
[4] 杨春玲,朱敏主编. 可编程逻辑器件应用实践. 哈尔滨：哈尔滨工业大学出版社,2008.
[5] 杨颂华等编著. 数字电子技术基础(第二版). 西安：西安电子科技大学出版社,2009.
[6] 侯伯亭,顾新编著. VHDL 硬件描述语言与数字逻辑电路设计(修订版). 西安：西安电子科技大学出版社,1999.
[7] 李晶皎,李景宏,曹阳编著. 逻辑与数字系统设计. 北京：清华大学出版社,2008.
[8] 高书莉,罗朝霞编著. 可编程逻辑设计技术及应用. 北京：人民邮电出版社,2001.
[9] 程云长主编. 可编程逻辑器件与 VHDL 语言. 北京：科学出版社,2005.
[10] 田耘,徐文波编著. Xilinx FPGA 开发实用教程. 北京：清华大学出版社,2008.

普通高等教育“十一五”国家级规划教材
21世纪大学本科计算机专业系列教材

近期出版书目

- 计算概论(第2版)
- 计算概论——程序设计阅读题解
- 计算机导论(第3版)
- 计算机导论教学指导与习题解答
- 计算机伦理学
- 程序设计导引及在线实践
- 程序设计基础(第2版)
- 程序设计基础习题解析与实验指导
- 程序设计基础(C语言)
- 程序设计基础(C语言)实验指导
- 离散数学(第2版)
- 离散数学习题解答与学习指导(第2版)
- 数据结构(STL框架)
- 算法设计与分析
- 数据结构与算法
- 算法设计与分析(第2版)
- 算法设计与分析习题解答(第2版)
- C++程序设计(第2版)
- Java程序设计
- 面向对象程序设计(第2版)
- 形式语言与自动机理论(第2版)
- 形式语言与自动机理论教学参考书(第2版)
- 数字电子技术基础
- 数字逻辑
- 计算机组成原理(第2版)
- 计算机组成原理教师用书(第2版)
- 计算机组成原理学习指导与习题解析(第2版)
- 微机原理与接口技术
- 微型计算机系统与接口(第2版)
- 计算机组成与系统结构
- 计算机组成与体系结构习题解答与教学指导
- 计算机组成与体系结构(第2版)
- 计算机系统结构教程
- 计算机系统结构实践教程
- 计算机系统结构学习指导与题解
- 计算机操作系统(第2版)
- 计算机操作系统学习指导与习题解答
- 编译原理
- 软件工程
- 计算机图形学
- 计算机网络(第3版)
- 计算机网络教师用书(第3版)
- 计算机网络实验指导书(第3版)
- 计算机网络习题解析与同步练习
- 计算机网络软件编程指导书
- 计算机网络工程(第2版)
- 计算机网络工程实验教程
- 人工智能
- 多媒体技术原理及应用(第2版)
- 信息安全原理及应用